汉译世界学术名著丛书

小逻辑

〔德〕黑格尔 著

贺麟 译

商务印书馆
创于1897 The Commercial Press

G. W. F. Hegel

SYSTEM DER PHILOSOPHIE

ERSTER TEIL. DIE LOGIK.

Fr. Frommanns Verlag(H. Kurtz).

Stuttgart, 1929.

汉译世界学术名著丛书
出 版 说 明

我馆历来重视移译世界各国学术名著。从五十年代起,更致力于翻译出版马克思主义诞生以前的古典学术著作,同时适当介绍当代具有定评的各派代表作品。幸赖著译界鼎力襄助,三十年来印行不下三百余种。我们确信只有用人类创造的全部知识财富来丰富自己的头脑,才能够建成现代化的社会主义社会。这些书籍所蕴藏的思想财富和学术价值,为学人所熟知,毋需赘述。这些译本过去以单行本印行,难见系统,汇编为丛书,才能相得益彰,蔚为大观,既便于研读查考,又利于文化积累。为此,我们从 1981 年着手分辑刊行。限于目前印制能力,每年刊行五十种。今后在积累单本著作的基础上将陆续汇印。由于采用原纸型,译文未能重新校订,体例也不完全统一,凡是原来译本可用的序跋,都一仍其旧,个别序跋予以订正或删除。读书界完全懂得要用正确的分析态度去研读这些著作,汲取其对我有用的精华,剔除其不合时宜的糟粕,这一点也无需我们多说。希望海内外读书界、著译界给我们批评、建议,帮助我们把这套丛书出好。

商务印书馆编辑部

1985 年 10 月

译者引言

一

本书是自黑格尔著《哲学全书》中第一部《逻辑学》译出。这书讲黑格尔哲学的人有时称《全书本逻辑学》，有时称《小逻辑》，以示有别于他的较大的两厚册《大逻辑》而言。此册译本称为《小逻辑》，取其方便易于辨别。小逻辑或大逻辑是后人用来区别这两种逻辑学的名词，并不是黑格尔原来的书名。

因为本书名叫《小逻辑》，一提到《小逻辑》就会令人联想到《大逻辑》。我愿意在这里略谈两者的差别和各自的特点所在，以供读者参考。《大逻辑》分上、下二册，第一册包含"存在论"及"本质论"，黑格尔叫做"客观逻辑"。出版于 1812 年，格罗克纳本共 721 页。第二册专讨论"概念论"，他叫做"主观逻辑"。出版于 1816 年，格罗克纳本共 353 页。都是黑格尔在鲁恩堡当中学校长时期内写成的。这书的优点在于思想深邃，问题专门，系统谨严，发挥透彻。也可说是黑格尔全部著作中最富于学院气息的一种。他似乎有意要表现他的科学知识，特别加进了许多科学材料，特别是数学材料，在"量论"里，单是讨论量就占了 200 页左右(《小逻辑》中讨论量的材料仅有 19 页)，使得全书的分配欠匀称。这书出版后他从未修改过，直至 1831 年冬他才准备刊行第二版。恰当第二版序言写成后的第七天(11 月 14 日)，他就感染霍乱症逝世了。

黑格尔的《小逻辑》是构成他的《哲学全书》的一个主要环节，本来是印发给学生的讲义性质。1817 年出第一版，1827 年出第二版，内容比第一版增加了一倍。1830 年出第三版，内容比第二版只增加了 8 页。（依格罗克纳本共 452 页，比《大逻辑》篇幅少一半多。）足见《小逻辑》是黑格尔于最后十余年内随时留心增删，最足以代表他晚年成熟的逻辑系统的著作。这书可说是《大逻辑》的提要钩玄和补充发挥。它的好处在于把握住全系统的轮廓和重点，材料分配均匀，文字简奥紧凑，而意蕴深厚。初看似颇难解，及细加咀嚼，愈觉意味无穷，启发人深思。他的学生在他逝世后编订全集时，再附加以学生笔记作为附释，于是使得这书又有了明白晓畅、亲切感人的特点。从内容的分配来说，《大逻辑》有 478 页讲"存在论"（中有 60 多页是序和导言），243 页讲"本质论"，353 页讲"概念论"。对于"存在论"讲得过分的多，讲"量"时参加数学材料太多。《小逻辑》一书，序言、导言，综论逻辑性质、方法，批评对客观性的三种态度，共占 200 页。"存在论"仅 60 页。"本质论"92 页。"概念论"100 页。没有畸重畸轻的偏差。比较参照两种逻辑著作的结果，我们发现下面几个特点：凡是《大逻辑》有，而《小逻辑》上没有的材料，可以省略。凡两书皆有的材料，须得详加贯通研究。凡《小逻辑》有、而《大逻辑》没有的材料，那便是黑格尔晚年所发挥的较新较成熟的思想，值得特别注意。譬如《小逻辑》中论逻辑的性质和方法，较《大逻辑》为详。关于思想对客观性的三种态度及概念的推论等，也是《大逻辑》所没有或极少见的，都是特别值得重视的。

讲到这里，我愿意附带介绍列宁著《黑格尔〈逻辑学〉一书摘要》。列宁这书是以《大逻辑》为主,参读《小逻辑》写成的。他摘要的内容和方法以及他所加的评语,是代表马克思列宁主义者如何批判吸收黑格尔哲学的最高尺度。譬如他在原书200页、论量的材料中仅摘录了3页,而在130页论质的材料中却摘录了15页。足见他的注重之点与黑格尔在《小逻辑》上所注重的相同。又如他在《小逻辑》中摘录145节及146节论偶然性必然性和论内在与外在部分,摘录156节论相互关系一大段,摘录182、183及187节讨论抽象概念与具体概念,自由与必然和概念的推论(即辩证法的推论以别于旧三段论式),摘录214节论理念是永远的生命——辩证法,215节论理念是一过程,真理是过程部分。他不仅是摘录精要的语句,复加有很多深彻切要的评语。此外他复将《小逻辑》"概念篇"自第227节至244节讨论分析法综合法和辩证法部分而为《大逻辑》所未详加发挥的新材料,特别摘要加以评语;叫做"概要",附在后面。他复于篇首加了一段对黑格尔最欣赞最深刻的评语道:

> "值得注意地,关于'绝对理念'的整个一章,几乎没有一句讲到神……此外——注意这点——没有特别包含着唯心论,可是有着辩证的方法作为自己主要的对象。黑格尔逻辑学的总计和摘要,最后一言的精髓,是辩证的方法,——这是非常值得注意的。还有一点:在黑格尔这部最唯心论的著作中,是最少的唯心论,最多的唯物论。矛盾着,然而是事实!"

总结起来,列宁著《黑格尔〈逻辑学〉一书摘要》,是以《大逻辑》为主,而又参酌摘录并评释了《小逻辑》中许多精要的篇章,予以补充。我们读这册《小逻辑》,最好参读列宁的《摘要》。

二

本书是根据下列三种版本参考对照译成的。这三种版本是：

（一）格罗克纳（Hermann Glockner）1929年出版的纪念黑格尔逝世百年的全集本第八册，书名：System der Philosophie. Erster Teil. Die Logik. 简称《格罗克纳本小逻辑》。

（二）拉松（Georg Lasson）1919年再版的校订本黑格尔著：《哲学全书纲要》，第一部，《逻辑学》。原名为：Encyclopädie der Philosophischen Wissenschaften im Grundrisse. Erster Teil. Die Wissenschaft der Logik. 简称《拉松本小逻辑》。

（三）瓦拉士的英文译本《黑格尔的逻辑学》（The Logic of Hegel, translated by William Wallace），1892年牛津大学本第二版，简称《瓦拉士英译本小逻辑》。

《拉松本小逻辑》校订精详，附有长篇导言，且曾部分地根据保存下来的黑格尔手稿校勘过。因此错字较少。且他曾比较过《哲学全书》在黑格尔逝世前三次版本的异同，而注明某几行某几字是第三版新增，或某几行某几字第二版原有，而在第三版删去。此册译本中对第二版原有的字句，经黑格尔于第三版删去的，曾酌量摘要根据拉松本增译了几条过来。可惜拉松本有一大缺陷，他未刊出编者附加的注释或学生笔记（Zusatz 本书译作“附释”）。而这些附加的解释，篇幅几乎与正文同样多，除文字流利，意义晓畅外，尚含有黑格尔许多重要的哲学思想。这是编者所不应省去不刊，更是读者所不应省去不读的。

《格罗克纳本小逻辑》是现行德文本中最完备的小逻辑。书中虽偶有几个错字，我也根据拉松本校正过来了。此册译本除正文曾参照拉松本外，全部（正文和附释）皆系根据格罗克纳本译出。

瓦拉士的英译本对我有很大的帮助和启示。德文原著有许多困难和费解的地方，英译本帮助我更能明白了解。而且瓦拉士本人对黑格尔哲学不仅有译述，且复有研究与发挥。（除译《小逻辑》外，还译有黑格尔的《精神哲学》。此外还撰有一册《黑格尔逻辑学导言》。）他的译文力求曲折表达黑格尔原来意思和哲学思想，因此他有时不拘泥文字，只求达意。原文同一个字，有时他用三四个甚或六七个不同的字去译它。有时他加一句于一段之首作为提纲，有时他加一句以补足语意。有时他加第一……第二等字，以标明原文所说的两层意思。他的启示使得我比较胆大，有时为求曲折地清楚有力地表达原文的哲学思想，我不复拘泥于生硬的直译。有时我也酌量偶尔略增加几个字以补足语意。凡译者所增的皆用〔 〕号标出。但整个讲来，我仍逐字逐句毫无增损地直译原文，力求与原文的语气、句法符合。

瓦拉士英译本于理解德文原著和翻译方法方面，对于我虽有很大的助益和启示，但中译本很有几点与英译本不同和改进的地方，也愿顺便提出来说一说：

第一，他省略了黑格尔《哲学全书》的三个序言和一篇新到柏林大学的开讲词，未曾译出。这四篇东西德文本共30余页，译成中文约2万余字。这一部分材料是根据拉松本译出。而拉松本又是根据黑格尔手稿校订过的。这些序言和开讲词表示黑格尔：(1)对于逻辑方法与内容结合的注重；(2)指出哲学与热情及实践联系之必要，坚持哲学有权过问关于信仰及情感方面的问题；(3)

对康德的不可知论的严刻的批评，及对其他时代思潮的批评。这些序言虽说没有《精神现象学》那篇有名的长序和《大逻辑》的两篇序文那样重要，但译者似不应完全省去不译。读者却不妨择要阅读，无须全读，关于谈到宗教部分或第二版序的长篇小注，可不读或缓读。

第二，瓦拉士没有把德文原书中很详细且可表明逻辑学内容的辩证发展的目录表翻译过来，反将《小逻辑》分成九章。而且每章的分量又很不均匀。譬如，第六章仅 13 页，第九章 93 页。殊不知黑格尔只注重范畴的内在辩证发展，对形式地分章分节素所蔑视。在《大逻辑》序言中他特别提到一般用外在形式去分章分节的不对。所以我们不采纳瓦拉士分成九章的办法，特译出原书的全目录。望读者不仅把它当作目录看，而要能看出黑格尔三个范畴一组的格式。这些格式也许太机械、太公式化，但可帮助我们了解逻辑范畴矛盾发展的层次和线索。

第三，瓦拉士附有注释 40 多页于书末。而本书译者的注释和按语皆附在正文中间，以免检阅的不方便。瓦拉士的注释大都与了解原书并不直接相干，所以我只采用了几条。大部分的译者注是用黑格尔解释黑格尔，特别注重义理的说明，有时或恐名词和译文生硬费解，特略加按语使读者容易理解。

第四，瓦拉士英译本有多处脱漏和错误，我都已经改正。例如英译本第 169 页第 22 行，将原文 Gegensatz（对立）误译成 Object（对象）：第 177 页倒数第 3 行，将原文 Gegensatzes（依拉松本校正，格罗克纳本误作 Gegenstandes）译成 distinction；第 254 页倒数第 10 行，原文 nur（仅仅）误译作 more（更多）；第 300 页倒数第

13行，将原文Satz(命题)误译作judgment(判断)；第208节德文Mitte(中，或中项)一字出现几次，他皆误译作means(工具)，显系将Mitte误认作Mittel之故。此外，英译本尚有脱落遗漏一二字或一二句的地方，因无关重要，且或系手书之误，用不着指出了。至于英译本不错，而我的中文译本可能还有弄错了的地方，尚望读者指正。

第五，瓦拉士英译本将学生笔记译出，用小一号的字低一格印出，以示与正文有别。本册译本则采德文原本的办法，排印时用同样大的字，不低二格，以示与正文几有同等重要。这些学生的笔记有亲切晓畅，联系实际，使短简紧凑的正文活泼生动、有感人力量，这是它们的长处。而且这些附加的解释是此书的编者，根据黑格尔自己的讲稿和几位高足听讲的笔记整理出来的。中间大部分材料亦已散见于《大逻辑》中，不过此处更用亲切明畅的话说出来。所以材料仍十分正确可靠，绝不因其为附加的注释而贬损其价值。黑格尔《小逻辑》的学生笔记，有似斯宾诺莎《伦理学》一书中的Scholium(亦可译作"附释")。凡读过斯宾诺莎《伦理学》的人当可知道他的附释之亲切有味和哲学价值。

我在翻译本书时，有些名词的译法与一般不同，这里提出几个较重要的名词解释一下。如有不妥，还望读者多提意见。

一、"总念"——德文原文是Begriff，英译本作Notion。我们译成总念，是为了表示黑格尔所了解的特殊意义的"总念"和一般所了解的"概念"有着重大区别。概念指抽象的普遍性的观念，总念指具体的、有内容的、普遍性的观念。如果照黑格尔的专门名词来说，则概念指抽象共相，亦即脱离特殊的一般性，总念指具体共相，亦即与特殊相结合的一般性。总念是由事实中或经验材料中提炼而得，是特殊具体事实的总结。总念不是单纯孤立的甲等于甲的同一性，而是包含其对方，或对立统一的观念。总念不是静止的观念，而是由扬弃低级观念，扬弃对立观念，经过发展提高而达到的观念（参看本书160至165节论总念各段）。

二、共相——德文 Das Allgemeine 很难译，有译作“一般者”、“普遍者”的，亦有单纯译作“一般”或“普遍”的，都不能很好表达原意，且在中文文字方面颇不习用。如译为“普遍的东西”或“一般的东西”又嫌太笨冗。因此在这册译本里，我把它译作“共相”。“共”表示“普遍”、“一般”，“相”表示“东西”、“观念”，“共相”实即普遍的东西、普遍的观念的简称。“共相”二字虽是从中国旧哲学中借用而来，并不因此就陷于“古雅”、“陈旧”，读者试细玩黑格尔对这字的用法，就可以知道，比起“一般”、“一般者”、“一般的东西”等名词，似乎更简便而易于通晓。

三、知性——德文 Verstand 一字，一般多译作“悟性”，本书中一般译作“知性”，有时译作“理智”。我不同意译 Verstand 为悟性，因为悟性指颖悟、了悟、省悟、觉悟等能力，主要包含有直觉的意味，而“悟”也并不是认识外界，理解对象的重要性能，因此谈认识论者很少用到“悟”字，柏拉图所谓“回忆”，多少有中文“悟”字的意思，但那是一种神秘的认识方法，根本与黑格尔所谓 Verstand 的含义相反 。按知性（Verstand）是从动词 Verstehen（理解、了解）转变成的名词。本义为智力、理解力、分析辨别事物的能力，作抽象思想的能力。也就是指一般所谓抽象的形式的理智作用和认识能力。Verstand 与英文的 Understanding 同义，且亦与英文的

Intellect 同义，Intellect 一字一般译作智力或理智。因此，我把 Verstand 译作“知性”，以表示它是与理性、感性并列的三个阶段的认识能力，有时译作“理智”以表示它是与情感、欲望、直觉有区别的抽象的理智作用。康德有时称知性为“获得知识的能力”，有时又称知性为“形成概念的能力”。黑格尔在本书第 80 节里，对知性的性质比较有了全面的说明。他说：“思想无疑地本是知性的运用。……知性的活动，概括言之，可以说是在于赋予其内容题材以普遍性的形式。不过由知性所建立的普遍性乃是一抽象的普遍性，此普遍性与特殊性坚执地对立着。……知性对于其对象既持分离和抽象的态度，故知性乃是当下的直观和感觉的反面。”又说：“在理论方面，理智固属重要，在实践方面，理智也不可少。”（本书第 172—174 页）由此可见，知性或理智在康德哲学以及在黑格尔哲学中有这样广泛的意义，决不是表示直觉颖悟能力的“悟性”二字所能确切表达，因此用意义广泛的“知性”、“理智”等名词去表达，似乎更恰当些。

从马克思列宁主义的立场去批判吸收黑格尔的逻辑学，我愿意指出有关下列各题目的章节，促请读者特别注意：

论现实性与合理性——第 6 节。

论哲学史的性质——第 13 至 15 节，又第 86 节附释二。

评形而上学——第 26 至 36 节。

评经验主义——第 37 至 39 节。

评康德哲学——第 40 至 60 节。

评直观主义——第 61 至 78 节。

评辩证法——第 79 至 82 节，第 119 至 120 节，又第 238 节。

论否定之否定——第 94 至 95 节。

论质变量变——第 108 至 109 节。

评形式逻辑的同一律及矛盾律——第 115 节。

评形式逻辑的排中律——第 119 节。

评充足理由律——第 121 节。

论内容与形式——第 133 节。

论内在与外在——第 138 至 141 节。

论可能与必然,论自由与必然——第 143 至 147 节,又第 157 至 159 节。

论具体的普遍性,一般与特殊的结合——第 166 至 180 节。

评形式的推论——三段论式——第 181 至 192 节。

以上不过择其与辩证法唯物论比较有关的题目,标出其处所,以便检查,并请参看篇首的目录。这目录可当作内容的辩证发展的阶段看,前已说过。此外还可当作简明的题目索引看,并可当作重要名词中德文对照表看。看黑格尔批评形式逻辑的判断时,须特别注意他所谓总念的判断。看黑格尔对传统的三段论式的批评时,尤须注意他对于"推论"(指矛盾发展)或"三段论式"(指三项的有机结合,或对立的统一)的新用法,亦即特别注重他所了解的辩证法意义的推论或三段论式。

三

我开始着手翻译黑格尔的《小逻辑》是在 1941 年的春天,但因外务纷扰、工作不集中,直至北平解放时止,我仅译了全书的一半,约十一二万字。解放后学习马克思列宁主义并参加北京哲学界人士的哲学交流会和批判旧哲学的座谈会(经常每两星期举行一次),得到不少新的启示和鼓舞,使得我很兴奋地在半年之内完成全部译稿。译毕之后,一面请人重抄底稿,一面请友好代为校阅。友人校毕之后,我自己又从头至尾全稿校改一遍,这又费了半年的工夫。

书首的三篇序言和开讲词,本身就比较难译,又因无英译本参考对照,所以更觉困难。这部分译稿除请冯至同志校阅一遍外,又请王太庆同志校阅一遍。又本册译稿的前一半曾经郑昕同志校阅过,又曾经陈镇南同志校阅过。他们都曾纠正过不少错误。此外在解放前读过我前一半译稿的有汪子嵩、陈修斋、谢邦定诸同志。在1949年至1950年这一学年内,我在北京大学授"黑格尔哲学研究"一科,班上有杨宪邦、张岂之、杨祖陶、陈世夫、梅得愚诸同学,并有王太庆、徐家昌二同志参加。上学期我们研读《小逻辑》,下学期我们研读列宁的《黑格尔〈逻辑学〉一书摘要》,他们都参读了我的译稿,有几位同学并曾根据我的译稿与英文或德文本对照读,作有读书报告。他们对于名词和译文的斟酌修改,都曾贡献过宝贵的意见。

此外,这书在商务印书馆出版三年多以来,我与读者发生了一些联系,且得到多位读者同志的鼓励与帮助。为了使这一新版的《小逻辑》更能减少错误,并进一步使翻译黑格尔其他重要著作的工作可以做得更好,我希望能多取得与读者同志们的联系,并多得到读者同志们的帮助。

贺 麟

一九五四年二月八日,北京大学

新版序言

黑格尔著《小逻辑》(《哲学全书》中的“逻辑学”部分)的中译本,自1950年10月由商务印书馆(上海)初版,经修改后于1954年7月由三联书店再版(印刷了四次),1959年9月改由商务印书馆(北京)出版,原样又印行了三次,到1962年止,累计印行了八次,共八万余册。这个印数是比较多的,这说明国内外黑格尔哲学思想研究的重视,这种情况只有在解放后才会出现。

这次新版对译文作了全面的修订,依据的版本除格罗克纳和拉松的德文本外,并参考瓦拉士的英译本,还对照了莫尔登豪尔和米歇尔(Eva Moldenhauer und Karl Markus Michel)所编《黑格尔著作集》二十卷本第八卷《小逻辑》(1970年,美因河畔法兰克福)。莫尔登豪尔和米歇尔的1970年版和格罗克纳本只在个别词句上略有出入,有的地方增加了编者注。我这次修订也采纳了该书的几条编者注。

前两版译文的章节次序的编排和使用的章节符号与德文原著不尽一致,这次新版大体上按原文加以改动。首先是竖排改为横排,其次把旧译本里面的甲、乙、丙序号,改为A、B、C;把每章内的子目改成a、b、c;把子目下的细目,改用希腊文字母,如α、β、γ、δ。全书共244节,每节序号均按原著改为§1、§2、§3……在排印方面，德文原著在每一节都有一段或两段纲要性的正文，并附有学生听讲的笔记“附释”，此外，在正文之后常有低排两格的段落（例如在本书开始的“导言”里，第 2、3、4、5、7、8、9、10、11、12、13、14、16 等节中都有低排两格的段落），黑格尔提到这种低排两格的段落中的词句时，总是说参看某节中的 Anmerkung（说明）。例如在 170 节的正文内，就有参看 163 节和 166 节的〔说明〕的话；又如在 164 节的〔说明〕内，就有参看 159 节的〔说明〕的话。这类〔说明〕都是指低排两格的段落。我觉得这个排印形式并不醒目，这次新版，不再沿用低排两格的形式，而用方括号〔 〕来标明，以便读者注意，并了解这些〔说明〕，也是出于黑格尔的手笔。这类低排两格的〔说明〕，在本书旧译本上没有与正文区别开来。《小逻辑》中“附释”部分约占全书的一半篇幅，〔说明〕的篇幅比纲要性的正文的篇幅也较多些。纲要性的正文常有难懂的地方，翻译起来也较困难。我们如果认识到〔说明〕与“附释”在不同意义上对于正文都有补充解释的作用，并有明白晓畅、联系实际的特点，那么，对于纲要性的简短紧凑的正文，也就比较容易理解了。

遵循列宁关于从唯物主义观点来理解或解释黑格尔辩证法的指示，我把马克思、恩格斯的著作和《列宁全集》中评论或引证《小逻辑》的地方，在这次新版里都在脚注上标出见《马克思恩格斯全集》或《列宁全集》某卷某页，以便读者查对参考。可能还有遗漏，望读者指出见告，以便以后补上。

新版译本对一些重要名词的翻译和前两版有些不同。这次改译主要根据“约定俗成”的原则，凡是一般通用的名词，尽量采纳，非不得已时，我不自创新词。在第二版“译者引言”中，我曾经就我译的名词、术语与一般译名不尽同一加以说明，现在译名又有变动，需再解释一下：

1.以前用“总念”一词来翻译德文 Begriff 和英译本的 notion，目的在表明具体概念与抽象概念的区别。这次新版里我采用了一般的译法，把“总念”一律改为“概念”。同时也特别考虑到马克思主义哲学所了解的 Begriff 一词，大都是指具体的概念，而不是抽象的概念。尤其值得注意的是，列宁突出地指出：思维从具体的东西〔指生动的直观〕上升到正确的抽象的东西〔即抽象概念〕都“不是离开真理，而是接近真理”。使我体会到列宁所了解的认识过程，是由生动的直观过渡到正确的科学的抽象，由正确的抽象思维到实践的辩证发展的过程。正确的抽象概念也是“认识真理、认识客观实在的辩证的途径”中的一个环节（《列宁全集》第 38 卷，第 181 页。〔下面引文，凡出自《列宁全集》第 38 卷者均只注卷数和页码，不再注卷名〕）。因此我决定放弃“总念”，采纳“概念”这一译名。我国早期黑格尔哲学研究者中有人曾把 Begriff 译成“总念”，个别日本学者从强调“具体概念”着眼，也曾表示赞同把 Begriff 译成“总念”，也有读者在与我谈话或通信中，曾表示同意译“总念”的，所以“总念”这一译名也不是不可用的。但是，无论用“总念”或“概念”，都应该明确了解具体的概念与抽象的概念的差别。并且特别要明确了解列宁指出的：“一切科学的（正确的、郑重的、不是荒唐的）抽象，都更深刻、更正确、更完全地反映着自然”（第 38 卷，第 181 页）。

2.关于“共相”一词，德文原文是 das Allgemeine，与概念（der Begriff）有密切的联系，“共相”这一译法是从中国哲学借用来的。

概括它的德文含义可译成“普遍”、“一般”、“普遍物”、“普遍的东西”、“普遍性”、“共相”、“共体”等等。这次修订时，我根据上下文不同的具体情况，斟酌采用不同的译名。

3.“知性”一词德文是 Verstand，英文是 intellect 或 understanding。这次仍译“知性”。我不赞成将 Verstand 译为“悟性”。因为译为“悟性”，就把 Verstand 与“了悟”、“省悟”、“回忆”等包含有直觉意味的“悟性”混同起来了。“知性”一词指理解的性能，包括规定、判断、分析、推论、区别、比较等认识的性能或求知的能力在内，简称“知性”。特别就认识能力而言，感性、知性、理性都是认识能力辩证发展的三个阶段。最近见到日本学者畠中尚志把斯宾诺莎著：《Tractatus de Intellectus Emendatione》译成《知性改善论》（见 1968 年改译本，1976 年第 30 次印刷，日本岩波书店出版），这和我在 1964 年把原译本《致知篇》改译为《知性改进论》中的“知性”一词不谋而合（畠中尚志译有斯宾诺莎主要著作共十卷，其他各卷本也广泛用“知性”一词）。日本翻译家畠中尚志以“知性”代替在日本早已流行的“悟性”一词，是特别值得注意的。此外在商务印书馆 1926 年出版的《哲学词典》一书中，将“intellect”一词译为“知性”，又将 intellectual attention 译为“知性的注意”，可见译为“知性”是较为通行的，并不生僻。有不少人也认识到译“悟性”不妥，改译“理智”，至于“理智”一词的意义和应用及其与意志、情感、欲望、信仰的差别和联系，参阅斯宾诺莎、康德、黑格尔等人的有关著作，当可有助于理解。西方十七、十八世纪的各派哲学家多把“理智”与“理性”不加区别，特别是康德既区别开“理智”（或“知性”）与“理性”不同之处，而有时又把“理性”与“理智”混同使用，这是值得进一步探讨研究的。

4. 列宁说："自在＝潜在，尚未发展，尚未展开"（第 38 卷，第 244 页）。列宁这句话对于 an sich 的理解完全切合黑格尔的原来意思，也可以与亚里士多德的《形而上学》一书中所讲"潜在"（potential）与"现实"（actual）的对立联系起来。例如黑格尔在《逻辑学》中，an sich 多是潜在的意思，特别是黑格尔把康德提出不可知的"自在"之物了解为"潜在"之物，在他看来，所谓物自体或自在之物，就是潜在之物，也就是尚未发展之物，不是不可知的，而是"再也没有比物自体更容易知道的东西"（见本书 § 44）。黑格尔所谓自在存在，也就是潜在存在。因此，我把 an sich 不单纯译成"自在"，就是采纳列宁的解释与黑格尔的本意。"潜在"一词英文本译成"implicit"，亚里士多德叫做"potenial"。当然康德所谓物自体是指独立在主体外面持存着的事物本身，有其一定的唯物主义意义，而黑格尔从客观唯心主义出发，对不可知论的批评也有其合理的地方。

5. 关于存在（Sein）一词，根据黑格尔《逻辑学》是由存在论辩证发展到本质论，并由本质论上升到概念论的，存在论是这一发展过程的最初阶段，也即亚里士多德认为思辨哲学是一种"研究存在之为存在（Being as Being）以及存在之为自在自为的性质的科学"（见亚里士多德《形而上学》第 6 卷，第一章，并参看黑格尔《哲学史讲演录》中译本第 2 卷，第 289 页）。这里包含有本体论与逻辑学统一的思想。所以我这次把旧译本的"有论"改为"存在论"，有些地方，根据上下文具体情况，特别在谈到有与无的对立和同一时，仍保留"有"字。

6. 变易,原文是 Werden,英译本作 becoming,一般译为变或变化。我认为 Werden 作为动词可译成“变为”或“变成”,法文是 devenir 译为“形成”。作为名词,以译为“变易”较为适当,因为变易既包含有变化(德文是 Veränderung,英文是 change),又包含有发生和消灭两个环节,简称生灭(见《大逻辑》拉松本上卷第 92 页,中译本上卷,第 118 页)。形象的说法就叫做“流逝”。《小逻辑》里“变易”一词和《易经》一书中的“易”字有近似的含义,后者包含有“变易、简易、不易”等意义,但主要是变易的意思。它是有与无的统一。列宁《黑格尔〈逻辑学〉一书摘要》中译本(1965 年版)也采用了“变易”(见第 27、28 页)。

7. 定在(Dasein)这个名词,我原译为“限有”,指有限的存在,本来是对的,因为黑格尔也提到“限有”可以说是一种有限的存在。今改为“定在”,是指存在在那里(ist da),或特定的存在。而“定在”一词似乎出现得很早。在解放初期,甚至在解放前翻译出版的列宁《黑格尔〈逻辑学〉一书摘要》中,已经把 Dasein 一词译成“定在”了。此外,《马克思恩格斯全集》中译本,何思敬同志译马克思《经济学——哲学手稿》(1957),以及我本人所译马克思《博士论文》(1961)和《黑格尔哲学和辩证法一般的批判》(1955)也曾把 Dasein 一词译成“定在”。在《小逻辑》中,定在(Dasein)这个词有时又用德文“bestimmtes Sein”来表达,这也是“特定存在”的意思。但并不是固定不变的存在,也与规定的存在有别,因为只有知性才有规定能力(参看第 38 卷,第 64 页:“理智〔知性〕提出规定”),而且指在某时某地当前的“特定的存在”。《列宁全集》第 38 卷中译本,根据俄文本把 Dasein 译成“现有的存在”,也是可取的。因为黑格尔所说的“这里”、“这个”和“这时”，都有特定存在的意思，在某个时刻（现时）的存在，与在某地方某一个东西的存在，都包含有特定存在的意思。但不含有明确规定的具体内容。如果把 Dasein 译成“具体的存在”或“客观的存在”便和黑格尔的原意不完全符合。因为特定的存在都是指感性方面的某物或他物而言，都是具有偶然性的抽象的存在。虽然比纯有或纯无或抽象的变易比较具体一些，但与黑格尔所了解的有丰富内容的具体对象或具体概念（指多样性、个体性、特殊性、普遍性的统一和对立统一的对象或概念）是大有差别的。如果说定在是具体的，那也就相当于黑格尔所说的“这里、这个、这时是最具体的东西，同时也是最抽象的东西”（见本书 § 85“附释”，也可参看《精神现象学》“这一个和意谓”那一章）。此外，也不可把“定在”译成“客观的存在”。因为客观性在黑格尔看来是与必然性不可分离的，应属于本质论的范畴，是指有必然性普遍性的现实世界来说的，不是属于存在论阶段的范畴。

8. 尺度（Das Maß）是指质与量的统一，质量初步的统一，叫做程度（Grad），也可译为等级，指可以划分为第一、第二……等次序的数量。黑格尔认为程度或等级是不同于外延之量的内涵之量，即包含有深度的量，如像地理学上的经度、纬度或气候的温度、音量大小以及车辆开动的速度等。由于尺度一词既然包含着限度、程度、等级的意思，如果单用一个“度”字便觉意思不够明白。黑格尔明确指出希腊人认为“所有一切人世间的事物、财富、荣誉、权力、甚至快乐、痛苦等皆有其一定的尺度”（见本书 § 107）。其次，质与量在尺度中的统一，最初只是潜在的，尚未显明地实现出来，在这个意义下，量可以增减变动而不致影响它的质或存在。但这种量的增减虽在一定程度内不影响质的变化，但也有其限度，一超出其限度，就会引起质的改变（见本书§108“附释”）。足见“尺度”一词还和量变引起质变这一辩证规律相联系。如果超出尺度，就成为“无尺度”，但“无尺度”仍然同样是一种尺度（见本书§109）。简单讲来，“尺度”一词代表了希腊雅典时期的智者派哲学家普罗泰戈拉所提出的“人〔个人〕是万物的尺度(measure)”，也包含着苏格拉底进一步提出的“思维的人是万物的尺度”（第38卷，第305页，这里 measure 一词都译成“尺度”，而同书124页以下，又将 measure 全译为“度”字，显然前后不一致）。当然也包含着黑格尔这里所提出的认为“尺度是‘绝对’的一个界说”等意思，同时黑格尔又说：“上帝是万物的尺度”，并认为这种看法“构成古代希伯来颂诗的‘基调’”（见本书§107）。据我看来，这里“尺度”一词还具有柏拉图所说“节制”和亚里士多德所谓“持中”等有道德意义的概念。“尺度”这个词不单是指事物的程度，限度或者分寸，而且包含了“权衡”和“标准”的意思。这也足以表明巴门尼德的存在经过一系列的发展到尺度，是古希腊哲学范畴由抽象到比较具体一个较高阶段的完成。而尺度潜在的就是本质，而被扬弃的存在也就是本质，本质既是存在的真理，也是尺度的真理，这样就由存在论过渡到本质论。所以尺度这个概念内容是相当丰富的。单用一个度字是不能充分表达清楚的。

9. 实存（Existenz）。过去我一直把 Sein 译成“有”，把 Existenz 译成“存在”，显然不够恰当。这次反过来把 Sein 译成“存在”，把 Existenz 译成“实存”。采纳了许多译者（包括日本译者）的译法。据我理解，“实存”这个名词是“实际的存在”的略写，而实际存在照黑格尔的规定是“有根据的存在”;或者有理由的存在,因此实存不是属于存在论中的直接性的感性范畴,而是属于本质论的有中介性、有关系中的反思范畴。黑格尔指出,“实存”一词根据拉丁文看来“有从某种事物而来之意”(见本书§123)。他又指出:“如果某一事物(Sache)具备了一切条件,那么它就是实存的”(第38卷,第154页,拉松本《大逻辑》下卷,第99页,中译本《逻辑学》下卷,第113页)。简言之,实存是本质论阶段有中介性的、有根据或有理由的、有某些条件而产生出来的“实际存在”。尽管在一般常识看来,存在、定在、实存等名词,似乎没有多少差别,但作为逻辑范畴由抽象而逐渐表述认识上升深化、具体化的过程来说,黑格尔却把纯粹存在、特定存在、实际存在的差别规定得很清楚。

10. 反思(Reflexion),在《大逻辑》和《小逻辑》里都出现得很多,特别在本质论开始后几节内,“反思”一词出现得更多。此词很费解。过去我的译法也不一致。现在经过初步摸索,认为“反思”这个字有(1)反思或后思(nachdenken),有时也有“回忆”或道德上的“反省”的意思;(2)反映;(3)返回等意义(德文有时叫 sich reflektiert 或 sich zurückreflektiert)。另外“反思”一词与下面(4)(5)(6)诸词的意义有密切联系:(4)反射(Reflex)、(5)假象(Schein)、(6)映现或表现(erscheinen)。列宁也指出,黑格尔论“反思性的种类……非常晦涩”;又指出“怎么翻译呢?反思性?反思的规定?译反思是不合适的”(第38卷,第139页)。足见“反思”一词的烦难,因此务请读者从上下文联系去了解“反思”一词的意义和译法。

11. 理念(Idee)。理念一词与英文观念(idea),及观念的同义词德文“表象”(Vorstellung)在哲学史上的含义与用法一般很不相同。一般常识所了解的最广泛意义的观念(idea),英国的经验派哲学家和联念派的心理学家所了解的基于感性的观念以及叔本华所说“观念(Vorstellung 一般也译为“表象”)的世界”,都具有相同的意义。而在哲学史上所谓理念如希腊文的 logos,eidos 和 nous 等词,从哲学史范畴的发展过程来看,都和“理念”这一词的含义相近,是各哲学体系的最高范畴,而与“观念”一词有显著差别,不可相混。

黑格尔认为所有哲学家,特别是一元论的哲学家,不论唯心或唯物论者,其目的都在于追求“绝对”或绝对理念。譬如说巴门尼德认为存在是真理,是绝对,而“非存在”只是“意见”。佛教徒或西方的虚无主义者认“无”为“绝对”。赫拉克利特认“变化”(change)为绝对,他把变易说成是万物之父、万物之王,并肯定变易是理性(logos)。安那克萨哥拉认为本身内在于自然中的心灵或思维(nous)是最高范畴。德谟克利特认为原子是自为的存在,是各自独立自存,不可分割的存在。后面三个哲学家都是素朴的唯物主义者。德谟克利特形成了系统的唯物主义与柏拉图的唯心主义体系正相对立。柏拉图所谓理念(eidos)的意义较为麻烦费解,各家解释也有分歧。英译本一般译成形式(form),我国研究柏拉图哲学的人有的译为“范型”、“理型”或“型式”,也有译成“相”或“式”的,日本新出版的《哲学事典》译为“形相”。我这次采纳多数哲学史研究者的译名,把它译成“理念”。在柏拉图理念论的体系里是以“善的理念”作为最高范畴,他认为神也要遵循理念的模式创造世界。他最早形成一个诸多理念辩证发展的客观唯心主义体系。最后黑格尔明确指出:理念经过不同阶段的发展作为我们认识的对象,“现在理念自己以它自身为对象,这就是亚里士多德早就指明为最高形式的理念,也就是纯思维或思想之思想(νόησιςνό-ησεως)”(参看本书§236“附释”)。这就是黑格尔绝对理念从继承发展亚里士多德的纯思维或纯形式,亦即作为“不动之推动者的神”,而形成黑格尔自己的绝对理念的客观唯心论体系的思想根源。这样一种在西方哲学史上有思辨高度的理念这一范畴,如果译为基于感性认识和一般了解的和日本译者一贯应用的观念,是不恰当的。而且即在日本近来出版的《哲学事典》第1470页中,也已明确把意味着超感性事物的原型的Idee与经验论哲学者所意味着人间意识内容的心理观念idea区别开了,并且还把康德提出的认识形式的“纯粹悟性概念”与人的认识范畴所不可知道的“纯粹理性理念”(灵魂、世界、神)也加以明确区别。足见用“观念”来译Idee一词,就在日本哲学界也逐渐过时了。因为黑格尔认为理念就是“理性的概念”、“真理的概念”、“在意识中、在思想中的真理”(参看本书§213),“无限与有限、主观与客观、思想与存在在辩证发展过程中达到否定性的统一的概念”,因此可以简称“理念”,理指“真理”,念指意识,概念,思想。因此理念必须与感性的观念或表象区别开。

此外,关于“理念”一词,从哲学史上的意义和用法着眼,我一直和其他哲学翻译工作者一样,把Idee一词译为“理念”。在中译本《列宁全集》第38卷中,我们读到“黑格尔细致地渲染柏拉图的……荒谬透顶的理念的神秘主义”,原文是Ideenmystik(第312页),“亚里士多德对柏拉图的‘理念’的批判”(第313页)以及“神是λogos、‘一切理念的总和’、‘纯存在’”、“理念(柏拉图的)和神”

(第337—338页)等语中的Idee一词都译为“理念”。又马克思在《黑格尔法哲学批判》中称黑格尔哲学为“逻辑的泛神论”(《马克思恩格斯全集》第1卷,第250页),实际上就意味着黑格尔以理念、理性为神。费尔巴哈也肯定“黑格尔的唯心主义是泛神论的唯心主义”(《费尔巴哈选集》上卷第146页)。“思辨哲学是真实的彻底的理性的神学”(同上,第123页)。马克思在《黑格尔法哲学批判》里指出:“黑格尔的主要错误在于他把现象的矛盾理解为本质中的理念中的统一”(《马克思恩格斯全集》第1卷,第358页),又说“在黑格尔看来,本来的物质原则是理念,……是本身不包含任何消极因素、任何物质因素的绝对理念”(同上,第390页)。我认为这些地方,译Idee为理念,既符合原文意思,有助于揭露和批判理解黑格尔的客观唯心主义及其理念神秘主义。当然这里不是要系统理解、评价和批判黑格尔的理念论思想,不过可以借此深刻理解列宁扼要概括的话:“关于‘绝对理念’的整整一章,几乎没有一句话讲到神。”事实上,黑格尔所谓的理念即是神。整个理念论,特别是绝对理念就是逻辑的神学、亦即费尔巴哈所谓“泛神的唯心主义”。列宁说,“逻辑学是最唯心主义的著作”,因为黑格尔的思辨哲学是“理念的神秘主义”(Ideenmystik,第38卷,第323页),是费尔巴哈所说的“真实的、彻底的理性的神学”。列宁又说:“在黑格尔这部最唯心的著作中,唯心主义最少,唯物主义最多。”这是因为它的由感性的反映物质世界,发展为由知性反映有中介性在关系中的客观现实世界,最后发展到理性的辩证的上升到主观与客观、理论与实践、有限与无限得到统一的全体的绝对理念。总之因为“真理是一个过程”正表明“黑格尔逻辑学的总结和概要、最高成就和实质，就是辩证的方法。”这样的一种矛盾着的事实，从历史的和逻辑的进程的一致来看，其最后解决和成果必然是辩证唯物论和历史唯物论。

下面谈谈我学习马列主义经典著作和译述黑格尔哲学的几点体会：

1. 我深刻认识到马克思主义经典作家比任何一个学派甚至比欧美各国任何一个青年黑格尔学派和新黑格尔学派都更为重视辩证法。

2. 恩格斯曾经说过：“蔑视辩证法是不能不受惩罚的。”我对这句话深有体会。因为蔑视辩证法，必然就会陷入形而上学的深渊，在实践中就会受到惩罚。当然这里所说的辩证法是指将黑格尔辩证法的合理内核，加以批判地吸收发展的唯物辩证法。

3. 恩格斯说：“黑格尔的思维方式不同于所有其他哲学家的地方，就是他的思维方式有巨大的历史感作基础……他的思想发展却总是与世界历史的发展紧紧地平行着，而后者按他的本意只是前者的验证。”（《马克思恩格斯全集》第 13 卷，第 531 页）恩格斯在另一处又补充道：“历史就是我们的一切，我们比任何一个哲学学派，甚至比黑格尔，都更重视历史”（《马克思恩格斯全集》第 1 卷，第 650 页），恩格斯还指出，“现今发展阶段上的德国的辩证方法比旧时庸俗唠叨的形而上学的方法优越，至少像铁路比中世纪的交通工具优越一样”（《马克思恩格斯全集》第 13 卷，第 534 页）。这句话生动而形象地说明了辩证法优越于形而上学。

4. 马克思说：“理论只要说服人，就能掌握群众；而理论只要彻底，就能说服人。所谓彻底，就是抓住事物的根本。但人的根本就是人本身”(《马克思恩格斯全集》第1卷,第460页)。我们可以把马克思这句话和恩格斯的一句话联系起来理解:“思想被掌握以后就会自然而然地实现”(同上,第653页)。这些具有深远意义的名言,使我深切体会到:(1)把德国古典唯心主义哲学家理论上的彻底性改造成辩证唯物主义基础上的彻底性。(2)正确的思想或理论被掌握以后,就会得到实现并变为物质力量。

这次修订工作始于一九七三年冬。译文和译名都作了较大改动,并增加了一些译者注。抄写后将其中一些重要章节分别送请几位同志校阅。外国文学所罗念生同志通读了全文,并对照英译本读了部分章节,校阅了希腊词句的译文;哲学所周礼全同志对照德文读了译稿,提了不少意见;叶秀山同志校阅了“思想对客观性的第二态度”;梁存秀同志校阅了“存在论”和“本质论”第一章;王玖兴同志校阅了“本质论”;薛华同志校阅了“概念论”;以上各位同志都提出了许多宝贵意见。此外又由洪汉鼎同志校对了全书的清样。在此一并致谢。

这次修改《小逻辑》的旧译本虽从一九七三年就已开始,但当时为了要先修改出版黑格尔《哲学史讲演录》第4卷和《精神现象学》下卷,便将《小逻辑》放下了,直到一九七九年春才最后修改完毕。

本书译文虽几经修改,但缺点和错误仍属难免,尚望读者指正。

贺 麟

一九八〇年一月于北京

目　录

第一版序言

为了适应我的哲学讲演的听众对一种教本的需要起见，我愿意让这个对于哲学全部轮廓的提纲，比我原来所预计的更早一些出版问世。

本书因限于纲要的性质，不仅未能依照理念的**内容**予以详尽发挥，而且又特别紧缩了关于理念的系统推演的发挥。而系统的推演必定包含有我们在别的科学里所了解的证明，而且这种证明是一个够得上称为科学的哲学所必不可少的。《哲学全书纲要》这个书名意在一方面表示全体系的轮廓，一方面表示关于个别节目的发挥，尚须留待口头讲述。

但纲要并不仅是为了适应一个**外在的目的**而加以编纂排列，像对于已有的现成的熟知的材料，依据某种特殊用意加以缩短或撮要那样。本书的陈述却不是这样，而是要揭示出如何根据一个新的方法去给予哲学以一种新的处理，这方法，我希望，将会公认为唯一的真正的与内容相一致的方法。所以也许这样对于公众或可更为有益：如果客观情况容许我将哲学的别的部门〔自然哲学及精神哲学〕先行有了详尽的著作发表，有如我对于《哲学全书》的第一部门——《逻辑学》，曾贡献给公众那样。[①] 但无论如何我相信，在目前的陈述里，接近表象和熟习的经验内容那一方面的材料虽说受了限制，但就诸过渡关键——这些过渡关键只能是通过概念〔的发展〕而产生的中介作用——看来，至少可以使人明白注意到，〔矛盾〕发展的方法从两方面说都是充分足用的，即第一，它异于别的科学所寻求的那种仅仅外在排比；第二，它异于通常处理哲学对象的办法，即先假定一套格式，然后根据这些格式，与前一办法一样，外在地武断地将所有的材料平行排列。再加以由于最奇特的误解，硬要使概念发展的必然性满足于偶然的主观任性的联系。

我们看到，同样的任性的作风，也占据着哲学的内容，并且走向思想上的冒险；有一时期这种作风颇令笃实平正的哲学工作者表示敬佩，但在别的时候也被人看成一种狂妄到了甚至于发疯的程度。尽管使人敬佩，尽管使人疯狂，而它的内容却常常充满了人所熟知的支离破碎的事实，同样它的形式也仅仅是一点有用意的有方法的容易得到的聪明智巧，加以奇异的拼凑成篇和矫揉造作的偏曲意见，但它那表面上对学术严肃的外貌却掩盖不住自欺欺人的实情。另一方面，我们又看到，一种浅薄的作风，本身缺乏深思，却以自作聪明的怀疑主义和自谦理性不能认识物自体的批判主义的招牌出现，愈是空疏缺乏理念，他们的夸大虚骄的程度反而愈益增高。学术界的这两种倾向在某一段时间内曾经愚弄了德国人对学术的认真态度，使得他们深刻的哲学要求为之疲缓松懈，而且引起了人们对于

---

① 黑格尔意谓《哲学全书》中的《逻辑学》(即《小逻辑》)先有业已出版的较详尽的《大逻辑》作底本，而《全书》中的自然哲学及精神哲学，如果先有较详尽的《大自然哲学》、《大精神哲学》出版，对公众或读者了解本书当更有裨益。——译者注

哲学这门科学的轻视或蔑视，甚至现在这种自命为理智上谦虚的态度，却对于哲学上高深的问题，反而勇敢地大放厥词，声称理性的知识——即我们认为采取证明作为形式的知识，没有权力去过问。

刚才所提到的第一种现象可以部分地被看成新时代中青年人的热忱。这种热忱表现在科学领域内，正如它表现在政治领域内的情形那样。当这种热忱以狂欢的情绪迎接那种精神的新生的朝霞，不经过深沉的劳作，立刻就想直接走去欣赏理念的美妙，在某一时期内陶醉于这种热忱所激起的种种希望和远景时，则对于这种过分的不羁的狂想，人们尚易于予以谅解。因为基本上它的核心是健全的，至于它散播出来围绕着这核心的浮泛的云雾，不久必会自身消逝的。但那另一种现象却更为讨厌，因为它使人认出一种理智上的软弱与无能，并努力以一种自欺欺人的，压倒千古大哲的虚骄之气来掩盖这种弱点。

但另有一件令人感到愉快的事值得注意并提出来说一说，就是反对这两个趋势的一种哲学兴趣，以及对于高深知识的认真爱好，却仍然朴素地不浮夸地保持着。这种兴趣诚不免大都以直接知识或情感的形式表现出来，但这也足以表明寻求理性的识见的内在的、深入的冲力了。——只有这种理性的识见，才能够给予人以人的尊严。对于这种兴趣，理性的识见至多只能作为哲学知识的成果，所以它最初好像表示轻视的理智论证，却至少被它承认为一种〔达到较高知识的预备〕条件。为了满足这种认识真理的兴趣，我奉献这种尝试作为一个导言或绪论。希望这样一个目的可以获致顺利的接受。

海得尔堡，1817年5月

第二版序言

敬爱的读者，在本书的这一新版里可以看出有许多部分曾经重新改写，并且曾经以较细密的规定予以发挥。我尽力想要和缓并减轻讲演的形式，并附加详尽而较通俗的“说明”[①]，使得抽象的概念更接近通常的了解和具体的表象。本书既是一本纲要，就须将本来很艰深晦涩的材料，弄得紧凑短简，这第二版仍与第一版相同。作为讲义，尚须由口头的讲述予以必要的说明。单就《哲学全书》这书名看来，科学方法在开始的时候似乎本可以不必太谨严，也可以有容许外在编排的余地；但本书的内容实质使得我们必须以逻辑的联系作为基础。

也许有不少的机缘和激励似乎使我必须说明我的哲学思想对时代文化精神工作和“无精神工作”的外在态度。这只是写通俗方式的序言所须做的事。因为这种工作，虽说与哲学有一定的关系，总不容许科学地引进哲学，因此一般地也不容许进入哲学，而是从外面引进的，并且是对外行人说的一些话。真正讲来，一个著者走

① 这里的“说明”(Anmerkungen)指书中多数“节”的正文后面，低两格排印的附加说明而言，并不是指学生笔记(Zusatz)，中文译本叫做“附释”的东西。英文译本和前两版的中译本都没有把许多节的正文与说明区别开。这次新版才开始加上“〔说明〕”来表明这种区别。——译者注

入这种与科学疏远的土地上是不好的，也是不对的。因为这样的说明和讨论并不需要为求真知所不可少的理解力。不过谈论一些现象也许不无用处，不无需要。

我的哲学的劳作一般地所曾趋赴和所欲趋赴的目的就是关于真理的科学知识。这是一条极艰难的道路，但是唯有这条道路才能够对精神有价值、有兴趣。当精神一走上思想的道路，不陷入虚浮，而能保持着追求真理的意志和勇气时，它可以立即发现，只有〔正确的〕方法才能够规范思想，指导思想去把握实质，并保持于实质中。这样的进展过程表明其自身不是为了别的，而是要恢复绝对的内容，我们的思想最初向外离开并超出这内容，正是为了恢复精神最特有的最自由的素质。

有一种自然的、表面上看来好像很幸运的状况，恰好才过去不久。在这状况中哲学与别的科学和文化携手同行，一种温和的理智启蒙，同时可以满足理智的需要和宗教的信仰。同样，天赋人权说与现存的国家和政治相安无事，而经验的物理学采取了自然哲学的名称。但这种和平实在是表面极了，特别是理智与宗教，正如天赋人权与国家事实上都有内在矛盾。由于分离的结果，矛盾便发展了。但在哲学里，精神却恬然自安于这种矛盾。所以这种哲学不过是与上述这些矛盾本身相矛盾，并矛盾地粉饰这些矛盾而已。以为哲学好像与感官经验知识，与法律的合理的现实性，与纯朴的宗教和虔诚，皆处于对立的地位，这乃是一种很坏的成见。哲学不仅要承认这些形态，而且甚至要说明它们的道理。心灵深入于这些内容，借它们而得到教训，增进力量，正如思想在自然、历史和艺术的伟大直观中得到教训，增进力量一样，因为这些丰富的内容，只要为思想所把握，便是思辨理念的自身。它们与哲学的冲突仅在于哲学这片土地脱离了它固有的性格，它的内容在范畴中被认识，因而成为依赖于范畴，而不把这些范畴引导到概念，并上升到理念。

一般科学教育的理智导致一种重要的消极结果，即认为采取有限概念的道路就没有中介可能达到真理。但这结果常会引起另一正相反对的后果，即误以为真理是包含于直接的情感或信仰里。这就是说，那种理智的信念毋宁取消了研究范畴的兴趣，因而不注意、不留心去应用范畴，反而使得有限的关系和认识有了距离，而范畴的运用，如像在绝望的状况下那样，便成为愈无顾忌，愈不自觉，愈无批判了。误解有限范畴不足以达到真理，就会否认客观知识的可能性。结果当然是依据情感和主观意见来作肯定或否定。而且在本来应该加以科学证明的地方，便提出一些主观的论断和事实的叙述来代替。而这些事实，在意识前面越是未经过批判，便越是被认作纯粹的事实。对于一个这样空泛的范畴，如直接性，不加以进一步的研究与发展，就想在它上面寄托精神上的最高需要，并且通过直接性来决定这种最高需要。特别在讨论宗教对象时，我们可以看见许多人很明显地将哲学搁在一边，好像这样一来，便祛除了一切的邪恶，获得了抵制错误和欺骗的保证似的。于是真理的探讨便可从任何一个假定的前提开始，并用支离抽象的理论予以证明。这就是说，应用通常的思想范畴，如本质与现象，根据与后果，原因与结果等，从这一有限关系到另一有限关系，予以通常的推论。“他们丢掉了诸恶，那恶仍旧保持着”。① 但这恶比原

① 这话出自歌德著《浮士德》第1部，第5节：女妖的厨房，麦菲斯托夫语。——译者注

先的更要坏十倍,因为它〔指后一种恶〕毫不怀疑毫不批判地受到了信任。哲学就像那被认为祛除了的恶似的,可以是任何别的东西,独不是真理的探讨,不过这种真理探讨是意识到那连结着、规定着一切内容的思维关系的本性和价值罢了。

这样一来,于是哲学在这些人手里遭遇了最恶劣的命运,当他们装模作样要研究哲学,一方面要理解它,一方面要批判它时,许多物质方面,精神方面,特别宗教方面活生生的事实,由于这些反思式的抽象思想不能把捉它们,因而遭受歪曲了。这种认识方式本身也有它的意义,即首先把事实提到意识前面,但它的困难在于从事情到知识的过渡,这过渡是透过反思造成的。这个困难在科学里面却不存在。因为哲学的事实已经是一种现成的知识,而哲学的认识方式只是一种反思,——意指跟随在事实后面的反复思考。首先,批判即需要一种普通意义的反思。但那无批判的知性证实它自身既不忠实于对特定的已说出的理念的赤裸裸的认识,而且它对于它所包含的固定的前提也缺乏怀疑能力,所以它更不能重述哲学理念的单纯事实。这种知性很奇异地联合两方面于它自身,一方面,知性显得不能充分而不歪曲地把握理念,甚至它应用它的范畴去把握理念即会陷于明显的矛盾;但另一方面,它同时又毫未揣想到尚存在着别的较高的思想方式,可以应用得更妥当有效,因此它还应采取一种异于原有的思想态度去对待它。在这种方式下,思辨哲学的理念自将固执在抽象的定义里。人们总以为一个定义必然是自身明白的、固定的,并且是只有根据它的前提才可以规定和证明的。至少也由于没有人知道,一个定义的意义和它的必然证明只在于它的发展里,这就是说,定义只是从发展过程里产生出来的结果。我们既已见到,理念一般的是具体的精神的统一体。但知性的特点仅在于认识到范畴或概念的抽象性,亦即片面性和有限性。因此知性便将具体的精神的统一性当作一抽象的无精神性的同一性,在这同一性里,一切是一,没有区别,在别的范围内即使善与恶也是一样的东西。所以在思辨哲学里同一体系、同一哲学的名称已经成为一个大家共同接受的名词了。假如一个人自述他的宗教信仰说:"我相信天父上帝,这天与地的创造主",而另外一个人把他这句话的第一部分,孤立地抽出来加以推论,因而说这自述者只相信上帝为天的创造主,所以他相信地不是上帝创造的,物质是永恒的,那么我们一定会感到很奇怪。那人在他的自述里所说他相信上帝是天的创造主,事实是不错的。但这一事实如另一个人所了解的那样,便完全错了。这个例子也许会被认作不可信,琐屑不足道。但对于哲学理念的看法,情形确是如此。许多人对于这种勉强的二截化[①](为的是不要引起误会),以及对同一性被确认为思辨哲学的原则〔相反中的联系〕,便不能了解。他们会了解为主体与对象是有区别的,同样,有限与无限也是有区别的,好像那具体的精神的统一体本身是无规定的,并且没有包括区别于自身之内,又好像谁都不知道主体与对象,有限与无限是有区别似的,换句话说,充满了学院智慧的哲学应该深入到能够记着:在学院以外,尚有智慧,在它看来,那些区别乃是熟知的东西。

① 二截化(Halbierung)亦可译为"半分法"或"分成两半"。这个词可与下面的另一个辩证法词汇 Entzweiung(一分为二或分裂为二)联系起来看。——译者注

由于哲学在它所不应当熟悉的区别方面，受到相当确定的诋毁，甚至说哲学因此便抹杀了善恶的区别。于是有人自告奋勇，以宽大而富于正义感的态度，出来代为排解说："哲学家在他们的阐述里并没有常常发挥出与他们的原则结合在一起的危险结论"，（也许他们之所以没有发挥出来，是因为他们根本没有想到这些结论）。(注一)哲学对于人们愿意恩赐予它的怜悯必须加以蔑视，因为哲学既缺乏对它的原则的实际后果的识见，又同样缺乏显明的后果，所以它更不需要怜悯作它的道德辩护了。我愿意对将善恶的区别仅当作一种假象的那种看法的后果加以简略的说明。为的是对那种哲学看法的空洞举一个例子，并不是要替它辩护。为了适应这个目的，我们愿意提出斯宾诺莎哲学来作例子。在他的哲学里，神仅被规定为实体，而不是主体或精神。这一区别牵涉到统一性的定义。不过斯宾诺莎的学说并不同于那常称哲学为"同一体系"的学说，而且也未采用"同一哲学"的名称，根据这个哲学，一切是一、一切同一，即善与恶也是等同的——这可以说是最坏方式的"统一"，这种同一完全够不上称为思辨哲学，唯有粗糙的思维才会应用这类观念。就这种说法而论，在那种哲学里善恶的区别自在地或真正讲来是没有效用的。但我们必须问：所谓真正讲来是什么意思？如果说是指神的本性而言，但神的本性又是无法达到的。而且恶在神性里又是已经转化了的，由此足见实体性的统一即是善的本身，恶是一种分裂为二（Entzweiung）。因此实体性的统一不外是善与恶被融化为一，而恶已经被排除了。所以在神的本身内并没有善恶的区别，因为这种区别只是分裂为二，而恶的本身就在分裂为二的东西之内。

再则，斯宾诺莎主义还作出一种区别，即人区别于神。他的体系从这方面看来，理论上也是不令人满足的。因为人及一般的有限事物尽管后来被降低为一个样式，在他的学说里仍然处于与实体接近的地位。在这里，人与神的区别存在的时候，本质上亦即是善与恶的区别存在的时候。因为人本来就是这样，有善恶的区别，就是人所特有的命运。假如我们仅着眼于斯宾诺莎主义里的实体，我们在里面就找不出善与恶的区别。因为恶也如同有限事物和一般的世界那样（参看§50的说明），从他的观点看来简直是空无。但假如我们更注意他的体系中论及人、和人与实体的关系，即论到恶及恶与善的区别的地方，我们还须细心研读他的《伦理学》中讨论到善恶、情感、人的奴役和人的自由各部分，才能够说出他的体系的道德后果。无疑地，我们会钦敬他的以纯粹对神的爱为原则的高尚纯洁的道德观，而且会深信高尚纯洁的道德就是他的体系的后果。莱辛当时曾说过："人们对待斯宾诺莎好像对待一条死狗"，[①]即在现代我们也很难说，人们对于斯宾诺莎主义及一般的思辨哲学有了较好的待遇，当我们看见一些人提到或批评到它们时，并不想多费点力气去正确地认识事实，并予以正确的阐述。可以说，对得起斯宾诺莎哲学和思辨哲学，这是我们所能要求的最低限度的"公正"。

哲学的历史就是发现关于"绝对"的思想的历史。绝对就是哲

① 这句话是莱辛1780年6月7日对耶可比说的，经耶可比与门德尔生通信反复讨论宣扬出来后，德国人才开始研究斯宾诺莎的学说。莱辛这话见耶可比全集第4卷，第63页。马克思在《资本论》第二版跋、恩格斯在《自然辩证法》中都曾提到这句名言。——译者注

学研究的对象。譬如,苏格拉底,我们可以说,曾经发现目的这一范畴,这一范畴后来由柏拉图特别是由亚里士多德予以发挥而得到确定的认识,布鲁克尔(J. J. Brucker)著的哲学史[①]其所以太缺乏批评能力,不仅是从外在的史实看来,太缺乏批评精神,即从他对于思想的陈述看来,也失之武断。我们发现他从古代希腊哲学家们那里抽出了二十、三十或更多一些命题作为他们的哲学思想,但这些命题却没有任何一个是真正属于他们的。有许多结论是布鲁克尔依据他当时坏的形而上学的方式做出的,而硬把它们当作某些希腊哲学家的论断。结论有两种,一部分仅是对一个原则更详细的发挥,一部分却是返回到一个更深的原则。一个像样的哲学史即在于指出某些个别哲学家对于某些思想有了更深的发展,并将这些更深的发展过程揭示出来。但这种方法也有其不适宜之处,不仅是因为那些哲学家自己对于应该包含在他们的原则内的结论没有推演出来,因而只是没有明白畅说出来,而不是因为在哲学史家的这些推论或发挥里,他们总是武断地揣想,以为古代哲学家所应用的并认为有效用的,是有限的思想方式,而有限方式的推论乃是直接违反有思辨精神的哲学家的意思的,也可说是玷污和歪曲了哲学的理念。像布鲁克尔这样对古代哲学只告诉我们一些孤立的命题,如果有人用古代哲学中一些揣想的正确结论来替这种歪曲辩护,而这些结论又只有少数是我们所认可的命题,那么这些辩护的理论便会陷入某一种哲学的窠臼,这种哲学一方面在一

① 〔原注〕布鲁克尔著有《哲学史问题》7卷,1731－1736年;又著有《批判的哲学史》5卷,1742－1744年。

定的思想中认识了它自身的理念，另一方面明白地研究并规定范畴的价值。但哲学理念如果仅得到片面的认识，那么在阐述里便仅能揭示出一个片段，并将这片段或部分当作全体（如将同一性当作全体性那样）。并且在这样情形下，这些范畴如果很直率地按照比较最方便最接近的方式去贯串起来（如像贯串日常意识那样），便会被引到片面性和虚妄性的地步。对于思想方式的更进一步认识，乃是正确地把握哲学事实的第一条件。但直接知识的原则不仅对这种粗疏的思想明白地予以保证，并且把它看成定律。思想的认识以及主观思维的教养绝少是直接的知识，正如任何一种科学或艺术和技能不是直接的知识一样。

宗教是意识的一种形态，正如真理是为了所有的人，各种不同教化的人的。但对于真理的科学认识乃是这种意识的一特殊形态，寻求这种知识的工作不是所有的人，而只是少数的人所能胜任的。但两者的内容实质却是一样的，有如荷马所说，有一些星辰[①]具有两个名字，一个在神灵的语言里，另一个在世间人的日常语言里。所以真理的内容实质也可说是表现在两种语言里，一为感情的、表象的、理智的，基于有限范畴和片面抽象思维的流行语言，另一为具体概念的语言。假如我们从宗教出发要想讨论和批评哲学，那么就还有比仅仅具有日常意识所习惯的语言更为需要的东西。科学知识的基础是内在的内容、内蕴〔于万物〕的理念，和它们激动精神的生命力，正如宗教是一种有教养的心灵，一种唤醒了觉

① “星辰”，格洛克纳本作“事物”，拉松本作“星辰”，均可通。兹据拉松本译出，与下文较有联系。例如“狗”，作为“天狗”或“天狗星”就是荷马所谓在神灵语言里的“星辰”。——译者注

性的精神，一种经过发展教导的内容。在最近时期，宗教不断地愈益收缩了它广阔的教化内容，而且常将一个内容显得贫乏枯燥的情感引回到深厚的虔敬或情感。但只要宗教有一个信仰、一个教义、一个信条，那么它便具有哲学所从事寻求的东西——真理——在这里面，哲学和宗教便可结合起来。但这也并不是按照那支配近代宗教观念的、分离的、坏的理智[①]来说，因为照这种理智看来，宗教与哲学两者是彼此互相排斥的，或者两者一般地是那样分离开了的，以致只可以从外面予以联合。而且就刚才所提及的看法而论，也包含有这样的意思：即宗教很可以不要哲学，而哲学却不可没有宗教，其实毋宁应该说，哲学即包含有宗教在内。真正的宗教，精神的宗教，必须具有一种信仰、一种内容。因为精神本质上即是意识，而意识是为对象所形成的内容。精神作为情感还是一个没有对象的内容〔或用 J. 波麦(J. Böhme)的话来说，仅有某种"痛苦"或"情调"(Qualiert)〕只是意识的一个最低阶段，甚至可以说是在一种与禽兽有共同形式的灵魂里。思维使灵魂(禽兽也是赋有灵魂的)首先成为精神。哲学只是对于这种内容、精神和精神的真理的意识，不过是意识到精神在使人异于禽兽并使宗教可能的本质性的形态里。那消沉的令人心情严重的宗教情绪，必须扬弃它的悲观苦闷、颓丧绝望之情，使之转变为构成它的新生的主要成分。但宗教情绪同时必须谨记着：它是与精神内的"心情"(Herz)打交道的，精神是足以制裁"心情"的力量，而这种力量只

① "坏的理智"原文是"der schlechte Verstand"，这个提法别处还没有出现过。实际上是指抽象的、形而上学的思维形式而言。同样黑格尔在别处所常提到的"坏的无限"指意与此完全相同，并没有道德上好坏、善恶的意思。——译者注

有依赖精神自身的新生才能发生。精神之所以能达到这种从自然的无知状态和自然的迷失错误里解放出来而得新生，是由于教育，并由于以客观真理为内容的信仰，而这信仰又是经过精神的验证而产生的结果。这种精神的新生也是心情从片面的抽象理智的虚妄里解脱出来的新生，——这种抽象的理智每自夸它知道有限如何与无限有区别，哲学如何不陷于多神论（在理智较锐敏的人那里）必陷于泛神论等等，——亦即是从一些可怜的见解里解脱出来的新生。这些见解，虔诚谦卑的人多误据以出发来反对哲学，正如锐敏的人反对神学知识一样。如果宗教虔敬老滞留在这样内容狭隘因而缺乏精神性的广度和深度里，那么它实际上将会只知道这种最狭隘的或愈益狭隘化的宗教与真正的宗教教义和哲学学说精神的扩大是对立的。（注二）但是思维着的精神不仅不会以这种纯粹素朴的宗教虔敬为满足，反之，这种纯粹素朴的宗教观点，从精神看来，本身就是由反思和抽象的理论产生的结果。借助于肤浅的理智，精神获得这种从一切学说，优越地解放出来的自由，于是精神便应用它所染有的思维方式，热烈地反对哲学，并强烈地保持其自身于一抽象的情感状态的淡薄而无内容的顶点。——说到这里，我不禁要从巴德尔先生[①]《知识的酵素》（*Fermentis Cognitionis*）一书第五卷（1823）序言（第Ⅸ页以下）里选引一段关于这一形态的虔诚性的恰当批评。

他说："只要宗教和它的教义，没有从科学方面获得基于自由

① 巴德尔（Fr. von Bader，1765－1841）任慕尼黑哲学神学教授多年，思想受波麦的通神论和神秘主义影响很大。1822 年过柏林时，曾与黑格尔会晤。——译者注

研究从而达到的真正信念的尊重，则不论虔诚与不虔诚，无论怎样加上你的一切命令与禁令，你的一切言论与行为，你皆无法使宗教避免邪恶，而且这种不受尊敬的宗教也就不会成为受人爱的宗教，因为我们只能衷心地正当地爱我们所看见的真诚地曾受人尊重、并明白无疑地确知为值得尊重的东西。所以只有值得享受这样一种'普遍的爱'(amor generosus)的宗教，才会受到人们的尊重。换言之，你要想宗教的实践再行兴盛的话，你必须留心使我们重新对宗教获得一理性的理论，切不要用一些无理性的和亵渎神明的论断，替你的反对者(无神论者)多留地位，如说：建立理性的宗教理论乃不可能的事情、不可思议的事情。又如说，宗教仅只是心情方面的事情，对于这方面我们的脑子最好不要去过问，甚至必不可去过问。"(注三)

就宗教缺乏内容看来，还有一点必须注意的，即只能就宗教在某一时期的外在情况和现象可以如此说。如果有这样的需要的话，我们也许可以责难像现在这样一个时期，仅只提出了对上帝的单纯信仰，如高贵的耶可比(Jacobi)所急切需要的那样，此外只是还唤醒了一种集中的基督徒情绪；同时我们却不要错认了即在单纯信仰和集中情绪里面也透露出较高的原则(参看《小逻辑》导言§64说明)。但在科学以前即有百年千年的认识活动所提供的丰富的内容，而且这些丰富的内容在科学以前并不仅是一些历史的陈述，仅为别人所拥有，而在我们已成过去，或仅为记诵之学所从事，只能对头脑锐敏的人提供考证批评的书本古董知识，好像不能提供精神的真知和求真的兴趣似的。那最崇高、最深邃和最内在的东西已经透露在各式各样的宗教、哲学和艺术品里，采取纯粹的或不纯粹的，清楚的或模糊的，甚至常常是吓人的形态透露出来。我们必须认为那是弗兰兹·冯·巴德尔先生的特殊功绩，即他能继续指出，这些形态不仅是在回忆里，而且能以深刻思辨的精神，将它们的内容明白提高到科学的尊荣，因为他能够根据这些形态来发挥并证实哲学的理念。波麦的深邃的精神经验特别足以为此种工作提供机会和样式。他这强有力的精神理应享受“条顿民族的哲学家”(Philosophus teutonicus)的荣名。一方面，他曾经把宗教的内容本身扩充为普遍的理念，在宗教内容里他设想到理性的最高问题，并力求在其中认识到精神和自然的更确定的范围和形态。因为他的基本出发点即在于认上帝按照他的模型(实际上没有别的，除了三位一体的模型)，创造了人的精神以及一切事物，唯有在现世的生活里那失掉了上帝原型的缺陷才可以得到恢复或补偿。反之，另一方面，他又竭力将自然事物的形式(如硫黄、盐硝等质，苦酸等味)，归结到精神的和思想的形式。巴德尔先生的重知主义，认为每一个宗教形态都有知识成分和它相联结，这乃是激励并促进哲学兴趣的一个奇特方式。他的重知主义既然强烈地反对启蒙主义那种自安于毫无内容的空疏理智，又反对那仅仅停留在单纯浓深的虔诚里的宗教热忱。巴德尔先生在他所有的著作里表明，他与这种认宗教上的重知主义为唯一的知识方式的说法，有很远的距离。这种重知主义本身诚有其困难，它的形而上学迫使它不能去考察范畴本身，并且不能进而去给予宗教的内容以有方法的发展。它的困难在于认为理智的概念不适合于把握那样狂放的或富于精神内容的形式或形态。一般讲来，也可以说它的困难在于它以它的绝对内容作为前提，并根据这前提来解释、论证和辩

驳。(注四)

关于纯粹的模糊的种种形态的真理,我们可以说,我们已经有了够多,甚至有了多余,——在古代和近代的宗教和神话里、重知的和神秘的哲学里,我们可以感到愉快,因为在这些形态里可以发现理念;我们也可以从中赢得一种满意,即见到哲学的真理并不仅仅是某种孤寂的东西,它的效力至少可以出现在沸腾的热情里。但假如这类的热情是被一种不成熟的虚骄自大之气鼓舞起来的,那么由于他的惰性和没有作科学思考的能力,他会把热情中所包含的这种感悟提高为唯一的认识方式。因为陷于这类的幻想里并附会一些武断的哲学意见在上面,较之将概念发展成系统的工作,并将思想和精神依逻辑的必然性予以发挥,实在太不费力气了。再则,一个人如果把从别人那里学来的东西算作自己的发现,这也很接近于虚骄,他愈是容易相信从他人学来的东西,他愈要反对或贬斥那些东西。或者宁可说,他是被刺激起来反对它们的,因为他的见解是从别人的见解里创造出来的。

思想的冲力无论怎样表现其自身(虽然不免歪曲)于时代意识形态中,如我们在这篇序言里所讨论的那样,但它总是自在自为地向着精神所形成的思想本身的至高处而迈进,并为着时代需要的满足,因此只有我们的科学才配得上处理这种思想。凡从前当作是启示出来的神秘(在纯粹的和更多的模糊形态下启示出来的,虽对形式思想说来仍然是神奇奥妙的),都是启示出来作为思维的材料或内容的,而思维依据它的自由的绝对权利去坚持其顽强性,目的只在于与它的丰富的内容相和解。在这样的情形下,内容采取最能配得上它自己本身的形式,概念的形式,必然性的形式,这形式结合一切内容与思想,正解放内容与思想。如果一个旧的思想——这是指旧的形式而言,因为内容实质本身是万古长新的,——想要更新的话,那么理念这一形式的思想,如柏拉图或较深一点如亚里士多德所提出的那样,无限地值得我们回忆。又因为对理念的揭示,通过吸收进入我们自己的思想教养里,这不仅是直接地对于理念的理解,而且是哲学这门科学本身的进步。但同样,要想了解理念的这些形式,并不在于从表面上去了解,如耶稣教的重知主义者和犹太教中神秘主义者的幻想和臆说那样,而且要发挥理念更不只是提到或暗示理念的一些声响,就可完事。

关于真理,有人曾经很正确地说过:"真理是它自身的标准,又是辨别错误的标准(index sui et falsi)。"[①]但从错误的观点出发,就不知道什么是真理。所以,我们可以说,概念了解它自己本身又了解无概念的形式,但后者从它自以为真的立场却不能了解前者。科学能了解情感和信仰,但科学仅能从它所依据的概念予以判断。因为科学是概念的自身发展,所以从概念的观点去判断科学,便不仅是对于科学的判断,而且是一种共同的进展。这类的判断就是我在本书里试图要提出来的,也只有这类的判断才是我要注意和重视的。

柏林,1827年5月25日

① 这里引证的话,出自斯宾诺莎:《伦理学》第二部分,"论心灵的性质和起源"第43命题的附释。——译者注

（注一） 这是托鲁克①先生的话，见于《东方神秘主义选集》〔柏林，1825〕，第13页。这位感情深刻的托鲁克也被世俗大众对哲学的看法所误引。他说，知性仅能在下列两种方式下进行推论：或者有一个制约一切的原始根据，而我自己的最后本源也包含在内，因之我的存在和自由行为都不过是幻象；或者我是一个真实地不同于这原始根据的本质，我的行为不受这原始根据的制约和影响，于是这个原始根据便不是绝对的制约一切的本质，因此便没有无限的上帝，而仅有一群神灵等等。前一句话所有的哲学家应当承认其较为深刻，较为锐敏。（我真不知道为什么第一句片面的话比第二句更为深刻锐敏！）次一句话尚没有依上面提及的方式予以发挥，意思是说："人的伦理标准也就没有绝对的真，真正讲来（著者自己画的重点号），善与恶是同等的，只有依照现象看来才是不同的。"一个人最好是完全不谈哲学，如果他有了下面的情形：即他在一切情感的深处仍陷于抽象理智的片面性，只知道对原始根据的"非此即彼"的看法，依这看法不是个人的存在和他的自由仅是一幻象，就是个人有了绝对的独立性，而且对这各偏一面，如托鲁克所叫做危险的两难的"非此非彼"的看法，他又毫无所知。虽说托鲁克先生在该书第14页提到一些精神性的人（Geister），这些人就是真正可算作哲学家的人，这些哲学家接受那第二命题（这也就是前面所说的第一命题），但又提出消融一切对立物的一种无差别的原始存在，以扬弃无条件的和有条件的存在的对立。但我们察出托鲁克先生没有说，那无差别的足以消融对立的原始存在与那必会扬弃其片面性的无限存在，完全是同一的东西，反之，他一口气说出了对于片面性的扬弃，却仍然陷于恰好同样的片面性，于是他不仅没有扬弃，反而保持了片面性。当我们说起精神性的人所做的事时，我们必须能够用精神去把握事实；否则那事实落到人手里便会成为错误的了。再则，我说几句多余的话，凡这里以及别处我所提到的托鲁克先生对哲学的观念，可以说并不是个别地仅仅针对他本人，我们可以在成百本的书籍里读到同样的话，特别在神学家的序言里。我之所以引用托鲁克的说法，一方面是因为碰巧我最近读了他的书，一方面是因为他具有深邃的情感，这种情感好像把他的著作整

---

① 托鲁克（Tholuck，F. A. G.，1799－1877）先后任柏林大学和哈勒大学的神学教授。代表当时理性派与极端正统派神学之间的所谓中间派神学。——译者注

个放在理智神学的反面，这确实具有深邃的意义。因为深邃意义的基本特性，对立的和解，并不是无条件的原始存在和类似的抽象的东西，而是内容实质的本身，这实质就是思辨的理念，而理念就是思维着的实质。——这实质，深邃的思想在理念里绝不可以错认的。

但托鲁克诸种著作在这里和别处又把他的说法叫做通常所谓泛神论。关于泛神论，我在《哲学全书》较后一节的几段说明里①曾有较详尽的讨论。在这里我只说一说托鲁克先生陷于特有的不适宜和颠倒错误。由于他把原始根据列入他所悬想的哲学的两难之一边，他后来于第33页及38页称之为泛神论，于是他复将两难之另一边形容为梭西尼派〔Socinianer，否认三位一体及基督是天主舍身赎罪以及原始罪恶诸信条的人〕，裴拉几派〔Pelagianer，持性善自救论的人〕和通俗的哲学家。所以依这边的说法"便没有无限的上帝，而只有一很大数目的神灵。这数目包含所有不同于所谓原始根据，而有其固有的存在和行为的本质，再加上那个所谓原始根据。"事实上这边不仅有一很大数目的神灵，而且一切的一切（一切有限事物皆被认为有其固有的存在）都是神灵了。因此只有后面这一边，照他的一切都是神灵的说法，才可以明白说是泛神论，而不是前面那一边。因为在前面一边，他既明白认上帝为唯一的原始根据，所以这只能说是一神论。

（注二） 让我们再一次回到托鲁克先生。他可以被认为是宗教上虔诚派最有灵感的代表。他的《论罪恶的学说》一书（第二版〔1825〕，我刚好读到这书），最足以表示他缺乏学说。最令我注意的是他的著作中讨论三位一体说关于《晚期东方人玄思的三位一体说》〔1826〕部分，对于他所辛勤收集来的历史报道，我应表诚挚的谢忱。他称这一学说为经院的学说；但无论如何这学说也远比我们叫做经院哲学的为早。不过他仅从一个揣想的历史起源的外在方面去观察它，即仅去捉摸这学说如何出于某些圣经章节，如何受了柏拉图和亚里士多德哲学的影响方面（第41页）。但从《论罪恶的学说》一书看来，我们可以说，他勇敢地讨论这一信条，他说，这信条只可当作一个架格把关于信仰的学说（哪一种信仰的学说？）安排进去（第220页）。是的，我们甚

① 参看《哲学全书》第三部分，即《精神哲学》§573的"说明"，见拉松本第485—498页。——译者注

至必须应用那名词(第 219 页)来说明这一信条,说它显得似站立在海岸上(是否多少有点像站立在精神的沙滩上?)有如一海市蜃楼。但托鲁克在同书第 221 页,提到三位一体说时,便说这一信条绝不复是信仰所须依据的基础。试问:三位一体说,作为最神圣的东西,不是自来就构成信仰的主要内容,甚至奉为信条,早已成为主观信仰的基础了吗?(假如不是自来如此,请问究有多久不是如此?)如果没有三位一体说,则托鲁克先生在所提到的那书中那样卖气力以求动人情感所发挥的"和解说",如何会具有比道德的或异教的较高的基督教意义呢?又关于别的特殊信条此书均没有讨论。托鲁克先生老是引导他的读者到基督的受难与死,但没有说到他的复活和升天坐在上帝的右方,也没提到圣灵的来降。和解说的主要特点在于罪恶的惩罚。罪恶的惩罚在托鲁克看来(第 119 页以下)是一种有重负的自我意识,和与之相联结的为离开上帝而生活的一切人所难免的灾难。上帝才是幸福和圣洁的唯一泉源。所以罪恶,犯罪的意识和灾难,是彼此不能分开来思考的。(说到这里,于是他又考虑到,如第 120 页所昭示的,甚至人的命运也是从上帝的本性流出的。)这种罪恶惩罚的命运,即是人们所谓罪恶的自然惩罚,而且这种看法(正如他不理会三位一体说)也就是托鲁克先生在别处所很厌恶的理性和启蒙所产生的结果和学说。——前些时候,英国国会的上议院否决了一个处罚"单一宗"〔基督教中相信唯一上帝,不信三位一体说的宗派〕的法案;这件事情给予英国报纸一个机会揭示出欧洲和美洲单一宗的信徒数目之多,并附带评论道:"在欧洲大陆上新教和单一宗现在大体上是同义的。"神学家们应能决定,托鲁克先生所持的信条是否仅有一两点与通常启蒙的学说有区别,或者甚至细看起来,连这一两点的区别也没有。

(注三) 托鲁克先生有几个地方引用安瑟尔谟《神人论》(Traktat cur Deus Homo)的话,并于第 127 页称赞为:"这个伟大思想家深邃的卑谦。"但何以没有考虑到并引用同书另一地方(《哲学全书》§ 77 曾引用过),即:"依我看来,这乃是由于懈怠,如果当我们业已承认一个信仰,而不努力去理解我们所信仰的对象。"——如果信条仅缩减为一些少数的条款,则需要理解的材料已所余无几,并且很少是从知识里出来的。

(注四) 我很高兴,我看出巴德尔先生新近几种著作的内容,与他书中所提及的许多我说过的话,两者间甚相契合。对于他所争辩的大部分甚至全部，我不难予以同情的理解，因为我可以指出，事实上我的思想同他的见解并没有什么出入。仅有一点小疵，在《论现时一些反宗教的哲学思想》一书（1824，第5页，并比较第56页以下各页）里出现，我愿意说几句，在那里面他说到一种哲学，这哲学"是从自然哲学学派里产生出来的，它提出一种错误的物质观念，因为它对于这个世界的本质，对于本身含有堕落和无常的本质有一种说法，认为这种直接地永恒地从上帝产生和消逝的过程，即是上帝永恒的外流（外在化）永远制约着他的永恒的回归（作为精神）"。就这个观念的第一部分，就物质之自上帝产生出来（"产生"一般地是一个我不大喜欢应用的范畴，因为它只是一个图画式的名词，而不是一哲学的范畴）而论，我以为这一命题没有别的意思，只是含有上帝即是世界的创造者之意。但就另一部分而论，即就上帝永恒的外流制约着上帝的永恒的回归（作为精神）而论，则巴德尔先生便在这地方提出一个条件，一个在这里本身不配合，而且我绝少在这方面应用过的范畴。这就使我记起了我上面所说的关于思想范畴的无批判地交换使用了。要讨论物质的直接或间接的产生或起源，只会引起一些极其形式的定义。巴德尔先生在第54页以下所提出的物质观念，据我看来，与我的说法并无出入，而且恰好相合。所以我实在不知道，用什么方法可以完成那绝对的课题，将世界的创造作为概念来把握，在概念里即包含有巴德尔先生（第58页）所指出的"物质并非统一体的直接产物，而是它的一些原则"（它的全权代表），叫做"埃洛希姆（Elohim）的产物"。他这话的意思是不是说（因为就文法的构造看来，他的话意思并不很清楚），物质是这些原则的产物，或者说，物质是这些埃洛希姆创造的，而埃洛希姆自身又是由这些原则产生的，所以那些埃洛希姆（或者上帝→埃洛希姆→物质这一整个圈子）一起都必须认作和上帝处在一个关系内，这关系由于插进了埃洛希姆便无法说明了。①

柏林，1827年5月25日

① 编者拉松注释："巴德尔的意思显然认为统一性（即神）产生这些原则（即这些埃洛希姆），而这些原则又产生物质。"又《马恩全集》第38卷，第103页，恩格斯致拉法格信中曾提到希伯来语中"（ruăch Elohîm）—埃洛希姆的灵"（《创世记》第1章，第2节）问题。恩格斯并指出Elohîm是复数。——译者注

第三版序言

在这第三版里许多地方都有了改进，特别是力求陈述得清楚和确定。不过因这书既是一种教本，目的在于撮要，文字仍不免紧凑、形式而且抽象。为了完成它的使命，还须在口头的演讲里予以必要的解释和说明。

自本书第二版以后，有了许多对于我的哲学思想的批评出现。这些批评大部分表示他们对于哲学这一行道很少作专门研究。对于一个经过多年的透彻思想，而且以郑重认真的态度、以谨严的科学方法加以透彻加工的著作，予以这样轻心的讨论，是不会给人以任何愉快的印象的。而且透过充满了傲慢、虚骄、嫉妒、嘲讽等坏情绪的眼光来读书，也更不会产生什么有教益的东西的。西塞罗说过："真正的哲学是满足于少数评判者的，它有意地避免群众。因为对于群众，哲学是可厌的、可疑的。所以假如任何人想要攻击哲学，他是很能够得到群众赞许的。"（Cicero：Tuscul. Quaest. I. II. [①]）。所以对于哲学的攻击，见解愈稀少，理论愈缺乏彻底性，便愈可得到大众的赞扬。在他人的反响中，常常遇见一种狭隘的敌

① 引自西塞罗著：《图斯库兰（罗马东南郊西塞罗别墅所在地）讨论集》，公元前46年。——译者注

意的激情，似懂非懂地夹杂在一起，其所以会有这种激情，是不难了解的。别的对象呈现在感官前面，或者以整个的直观印象呈现在表象前面。若一个人想要讨论这些对象，他总感觉到对它们有先具备某种程度——不管如何低微——的知识之必要。同时这些对象也较为容易令人注意到健康的常识，因为它们都立足于熟悉的固定的现在。但人们缺乏这一切，〔既无些微知识，又不依据健康常识〕，便可大胆地反对哲学，或者毋宁说反对任何一个关于哲学的荒诞的空虚的形象，这形象是由于他对哲学无知而想象出来、杜撰出来的。他们没有什么东西作为讨论的出发点，于是他们只好徘徊于模糊空疏，因而毫无意义的东西之中。——我在别处曾做过这件不愉快而又无收获的事，将类似这种由无知和激情交织起来的现象，给予了赤裸裸的揭露。[①]

不久以前，从神学甚至从宗教意识的基地出发，对于上帝、神圣事物和理性，好像在较广范围内曾经激励起一个科学的认真的探讨。[②] 但这个运动一开始就阻碍了所抱的那种希望。因为这个论辩是从人身攻击出发。无论那控诉的虔诚信仰者一边，或那被控诉的自由理性一边，所持的论据都没有涉及内容实质本身，更很少意识到为了正确地讨论内容实质起见，双方均必须进入哲学的领域。基于宗教上很特殊的外在小节而作人身的攻击，显示出以

① 参看《科学批判年报》(1829)两篇评论。收在《黑格尔全集》第19卷，第149页以下。——编者原注

② 自此以下黑格尔是指当时德国报章杂志上关于宗教问题的一场热烈争辩而言。教会方面的人代表虔诚信仰一边，哈勒大学有几位教授代表启蒙派一边。——译者注

一种妄自尊大的骄傲，对于个人的基督教信仰想要从自己武断的权威来判决，因而对个人盖上一个世间或永恒的定罪的印章。但丁通过《神曲》诗篇的灵感，敢于使用彼得的钥匙，对他许多同时代的人——当然全都业已死去——甚至连教皇和皇帝均包括在内，都判决到地狱去受罪。近代哲学曾受到一个不名誉的攻击，即哲学把个体的人推尊到上帝的地位。但正与这个基于错误推论的攻击相反，却另有一个完全现实的僭越的作风，即自己以世界的裁判官自居，来判断个人对于基督教的信仰，并对个人宣判最内在的罪名。这种绝对权威的口头禅就是假借我主基督的名字，并武断地说，主居住在这些裁判官内心里。基督说（《马太福音》7、20）："汝须凭他们的果实去认识他们"，像这种夸大的侮慢的定罪与判决，却并不是好的果实。他继续说道："并不是所有向我叫主呀主呀的人都可以进到天国。在那一天有许多人将向我说：主呀主呀，我们不是曾用你的名字宣道吗？我们不是曾用你的名字驱走魔鬼吗？我们不是曾用你的名字作过许多奇迹吗？我必须明白告诉你们：我还不认识你们，全离开我吧，你们这些作恶的人！"那些自诩并自信其独占有基督教，并要求他人接受他的这种信仰的人，并不比那些借基督之名驱逐魔鬼的人高明多少。反之，宁可说，他们这样的人，正如相信普雷沃斯特的女预言家的人一样，自矜其善于听取流浪的鬼魂的意旨，并敬畏它们，而不知驱逐并排斥这些反基督教的、奴性的迷信谎言。同样，他们也很少有充分能力可以说出几句有智慧的话，而且完全不能够做出增进知识和科学的伟大的行为来，而增进知识和科学才是他们的使命和义务。学识广博尚不能算是科学。他们以一大堆不相干的宗教信仰的外在节目作为他们的繁琐工作，但就信仰的内容和实质看来，他们反而仅仅枯燥地崇奉我主基督的名字，只凭成见去轻蔑并讥嘲学理的发挥，殊不知学理才是基督教教会信仰的基础。因为精神的、充满了思想和科学的扩大，扰乱了甚至阻止了、廓清了他们主观自负的夸大狂，亦即他们对于无精神性的、无良好果实的和富于恶果的武断自信，自信他们掌握了基督教，并独家包办了基督教。这种精神的扩大在圣经里最明确地有别于单纯的信仰，而且后者唯有透过前者才可成为真理。耶稣说(《约翰福音》7、38)："任便谁人相信我，从他的腹中将会流出活水的江河来。"这话下面§39立即有解释和说明，意谓并不是相信那暂时的、肉体的、现世的基督的人身就可以有这种效果，他还不是真理的本身。在§39里，信仰是这样被规定的，即这话是对那些相信他并将要接受圣灵的人说的。因为圣灵尚未下降，因为耶稣尚未得到光荣——那尚未得到光荣的基督的形象就是那时还以肉身出现在时间里的，或者(同样的内容)，即是后来所想象的作为信仰的直接对象的人身。在现世，基督曾把他的永恒的本性和使命，亲身口头启示给青年们目的在于促使他自身与上帝和解，世人与他和解，并启示人以解救之道和道德教训。而青年们对他所抱的信仰即包括有这一切在内。无论如何，这个绝不缺乏最坚强的确定性的信仰，只能解释为一种开始，为一种有条件的基础，为尚未完成的东西。那些具有这样的信仰的人，尚没有得到圣灵，虽说他们最初即应接受圣灵，——这圣灵就是真理自身。直到这圣灵后来成为一种信仰，便足以引导人达到一切真理。但有那种信仰的人总是停留在那种确定性和有限的条件里。但确定性本身仅是主观的，仅能引导致主观的形式的确信的果实，因而随即引起虚骄傲慢，诋毁并责罚他人的后果。他们违反了圣经的教训，只是固执着主观的确定性以反对圣灵。而圣灵或精神即是知识的扩大，也才是真理。

宗教上的虔诚派与它所直接作为攻击和排斥的对象的启蒙派，都同样缺乏科学的和一般精神的内容。注重抽象理智的启蒙派凭借它的形式的抽象的无内容的思维已把宗教的一切内容都排除净尽了，与那将信仰归结为念主呀主呀的口头禅的虔诚派之空无内容，实并无二致。谁也不比谁较胜一筹。当他们争辩在一起时，也没有任何使他们可以接触的材料或共同基础，因此也不可能达到学理的探讨，并进而获得知识和真理。启蒙派的神学一方面坚持它的形式主义，只知高叫良心的自由、思想的自由、教学的自由，甚至高叫理性和科学。这种自由诚然是精神的无限权利的范畴，并且是真理对于那第一条件——信仰的另一特殊条件。但什么是真正的自由的良心所包含的理性原则和律令，什么是自由信仰和自由思想所具有和所教导的内容，诸如此类涉及内容实质之处，他们皆不能切实说明，而只停留在一种消极的形式主义和一种自由任性、自由乱发表意见的“自由”里面。因此内容本身便成为不相干的了。再则，他们之不能达到真理的内容，乃因为基督教的社团必须为一个教义一个信仰的纽带所联合起来的一个社团。而那淡薄无味的无生命的理智主义的一般性的抽象的思想，是不能容许那本身确定的、有了发展的特殊内容和教义的基督教的。与此相反，另一方面，那虔诚派自豪于主呀主呀的名字，直率地公开地轻蔑那些将信仰发展或扩充为精神、实质和真理的工作。

所以这一场关于宗教的争辩，虽说引起了虚骄、愤恨、人身攻击以及空疏浮泛的议论，弄得甚嚣尘上，然而却没有结出果实来。他们这场争辩不能把握实质，不能引导到实在和知识。——哲学只得满意于被遗弃在这场把戏之外，哲学也乐得逍遥于那种人身攻击以及抽象概括的议论所侵侮的地盘之外，假使它也被牵扯进了这种场合，那么，它只能碰见些不愉快和无益的东西。

人性中最伟大的无条件的兴趣一旦缺乏深邃和丰富的实质，而宗教意识(兼就虔诚派的和抽象理智派的宗教意识而言)便会只得到没有内容的最高满足，于是哲学也只成为一种偶然的主观的需要了。那无条件的兴趣，在这两种宗教意识里，特别在抽象理论派的宗教意识里，是这样处理的：即它并不需要哲学来满足那种兴趣。它甚至以为，并且很正当地以为这种新创的通过哲学的满足将会扰乱了那原来的狭义的宗教的满足。这样一来，哲学便完全从属于个人主观的自由的需要。但对于主观的个人，哲学并不是什么少不了的东西。只有当他遇到了怀疑和讥评的时候，他才会感到需要哲学去支持自己，反驳对方。哲学仅作为一个内心的必然性而存在，这必然性强于主体自身。当人的精神被这必然性不安息地驱迫着时，它便努力克服，并且为理性的冲力寻找有价值的享受。所以没有任何一种刺激，甚至没有宗教权威的刺激，那么哲学便可看成一种多余的事物和危险的，或者至少是一种可虑的奢侈品，而这门科学的工作也就更自由地单独放在寻求实质和真理的兴趣上面。假如像亚里士多德所说[①]理论是能给人以最高福祉者，是有价值的事物中的最好者，那么凡曾经分享过这种幸福的

① 参看亚里士多德：《形而上学》XII 篇，7 章，10726。——原编者

人,就可以知道,他们所享有的,也就是他们精神本性所必需的满足,他们都可以不要勉强向别人要求,而能够听任他们自己的需要和满足在自己的范围之内得到实现。上面所想到的,乃是一种自然地踏入哲学范围的作风。当这种风气闹得愈响亮,我们深切从事哲学研究就愈少。所以愈彻底愈深邃地从事哲学研究,自身就愈孤寂,对外愈沉默。哲学界浅薄无聊的风气快要完结,而且很快就会迫使它自己进到深入钻研。但以谨严认真的态度从事于一个本身伟大的而且自身满足的事业(Sache),只有经过长时间完成其发展的艰苦工作,并长期埋头沉浸于其中的任务,方可望有所成就。

此册全书式的纲要,是我依据上面所提的哲学使命而辛苦完成的工作。本书第二版能很快地售完,使我感到欣慰,觉得除了浅薄无聊的叫嚣而外,还有许多人在那里从事沉默的可嘉许的哲学研究,而这也就是我刊行本书这一新版所企望的。

柏林,1830 年 9 月 19 日

黑格尔对听众的致辞

——一八一八年十月二十二日
在柏林大学的开讲辞——

诸位先生：

今天我是奉了国王陛下的诏命，初次到本大学履行哲学教师的职务。请让我先说几句话，就是我能有机会在这个时刻承担这个有广大学院效用的职位，我感到异常荣幸和欣愉。就时刻来说，似乎这样的情况已经到来，即哲学已有了引人注意和爱好的展望，而这几乎很消沉的科学也许可以重新提起它的呼声。因为在短期前，一方面由于时代的艰苦，使人对于日常生活的琐事予以太大的重视，另一方面，现实上最高的兴趣，却在于努力奋斗首先去复兴并拯救国家民族生活上政治上的整个局势。这些工作占据了精神上的一切能力，各阶层人民的一切力量，以及外在的手段，致使我们精神上的内心生活不能赢得宁静。世界精神太忙碌于现实，太驰骛于外界，而不遑回到内心，转回自身，以徜徉自怡于自己原有的家园中。现在现实潮流的重负已渐减轻，日耳曼民族已经把他们的国家，一切有生命有意义的生活的根源，拯救过来了，于是时间已经到来，在国家内，除了现实世界的治理之外，思想的自由世界也会独立繁荣起来。一般讲来，精神的力量在时间里已有了如此广大的效力：即凡现时尚能保存的东西，可以说只是理念和符合理念的东西，并且凡能有效力的东西必然可以在识见和思想的前面获得证明。特别是我们现在所寄托的这个国家，由于精神力量的高度发展，而提高其重量于现实世界和政治事件中，就力量和独立性来说，已经和那些在外在手段上曾经胜过我国的那些国家居于同等地位了。由此足见教育和科学所开的花本身即是国家生活中一个主要的环节。我们这个大学既是大学的中心，对于一切精神教育，一切科学和真理的中心，哲学，必须尊重其地位，优于培植。

不仅是说一般的精神生活构成国家存在的一个基本环节，而是进一步说，人民与贵族阶级的联合，为独立，为自由，为消灭外来的无情的暴君统治的伟大斗争，其较高的开端是起于精神之内。精神上的道德力量发挥了它的潜能，举起了它的旗帜，于是我们的爱国热情和正义感在现实中均得施展其威力和作用。我们必须重视这种无价的热情，我们这一代的人均生活于、行动于、并发挥其作用于这种热情之中。而且一切正义的、道德的、宗教的情绪皆集中在这种热情之中。——在这种深邃广泛的作用里，精神提高了它的尊严，而生活的浮泛无根，兴趣的浅薄无聊，因而就被彻底摧毁。而浅薄表面的识见和意见，均被暴露出来，因而也就烟消云散了。这种精神上情绪上深刻的认真态度也是哲学的真正的基础。哲学所要反对的，一方面是精神沉陷在日常急迫的兴趣中，一方面是意见的空疏浅薄。精神一旦为这些空疏浅薄的意见所占据，理性便不能追寻它自身的目的，因而没有活动的余地。当人们感到努力以寻求实体性的内容的必要性，并转而认为只有具实体性内容的东西才有效力时，这种空疏浅薄的意见必会消逝无踪。但是在这种实体性的内容里，我们看见了时代，我们又看见了这样一种核心的形成，这核心向政治、伦理、宗教、科学各方面广泛的开展，都已付托给我们的时代了。

我们的使命和任务就是在这青春化和强有力的实体性基础上培养起哲学的发展。这种实体性的内容的青春化现在正显示其直接的作用和表现于政治现实方面，同时进一步表现在更伟大的伦理和宗教的严肃性方面，表现在一切生活关系均要求坚实性与彻底性方面。最坚实的严肃性本身就是认识真理的严肃性。这种要求——由于这要求使得人的精神本性区别于他的单纯感觉和享受的生活——也正是精神最深刻的要求，它本身就是一普遍的要求。一方面可说是时代的严肃性激动起这种深刻的要求，一方面也可说这种要求乃是日耳曼精神的固有财产。就日耳曼人在哲学这一文化部门的优异成果而论，哲学研究的状况、哲学这个名词的意义即可表示出来。在别的民族里哲学的名词虽还保存着，但意义已经改变了，而且哲学的实质也已败坏了，消失了，以致几乎连对于它的记忆和预感一点儿也都没有存留了。哲学这门科学已经转移到我们日耳曼人这里了，并且还要继续生活于日耳曼人之中。保存这神圣的光明的责任已经付托给我们了，我们的使命就在于爱护它、培育它，并小心护持，不要使人类所具有的最高的光明，对人的本质的自觉熄灭了、沦落了。

但就在德国在她新生前一些时候，哲学已空疏浅薄到了这样的程度，即哲学自己以为并确信它曾经发现并证明没有对于真理的知识；上帝，世界和精神的本质，乃是一个不可把握不可认知的东西。精神必须停留在宗教里，宗教必须停留在信仰、情感和预感里，而没有理性知识的可能。知识不能涉及绝对和上帝的本性，不能涉及自然界和精神界的真理和绝对本质，但一方面它仅能认识那消极的东西，换言之，真理不可知，只有那不真的，有时间性的和变幻不居的东西才能够享受被知的权利。——一方面属于知识范围的，仅是那些外在的、历史的、偶然的情况，据说只有从这里面才会得到他们所臆想的或假想的知识。而且这种知识也只能当作一种历史性的知识，须从它的外在方面搜集广博的材料予以批判的研究，而从它的内容我们却得不到真诚严肃的东西。他们的态度很有些像拜拉特[①]的态度，当他从耶稣口里听到真理这名词时，他反问道：真理是什么东西？他的意思是说，他已经看透了真理是什么东西，他已经不愿再理会这名词了，并且知道天地间并没有关于真理的知识。所以放弃对真理的知识，自古就被当作最可轻视的、最无价值的事情，却被我们的时代推崇为精神上最高的胜利。

这个时代之走到对于理性的绝望，最初尚带有一些痛苦和伤感的心情。但不久宗教上和伦理上的轻浮任性，继之而来的知识上的庸俗浅薄——这就是所谓启蒙——便坦然自得地自认其无能，并自矜其根本忘记了较高兴趣。最后所谓批判哲学曾经把这种对永恒和神圣对象的无知当成了良知，因为它确信曾证明了我们对永恒、神圣、真理什么也不知道。这种臆想的知识甚至也自诩为哲学。为知识肤浅、性格浮薄的人最受欢迎，最易接受的也莫过于这样的学说了。因为根据这个学说来看，正是这种无知，这种浅薄空疏都被宣称为最优秀的，为一切理智努力的目的和结果。

① 拜拉特(Pilatus)，罗马总督，审讯耶稣基督的官长。——译者注

不去认识真理,只去认识那表面的有时间性的偶然的东西,——只去认识虚浮的东西,这种虚浮习气在哲学里已经广泛地造成,在我们的时代里更为流行,甚至还加以大吹大擂。我们很可以说,自从哲学在德国开始出现以来,这门科学似乎从来没有这样恶劣过,竟会达到这样的看法,这样的蔑视理性知识,这样的自夸自诩,这样的广泛流行。——这种看法仍然是从前一时期带过来的,但与那真诚的感情和新的实体性的精神却极为矛盾。对于这种真诚的精神的黎明,我致敬,我欢呼。对于这种精神我所能做的,仅在于此:因为我曾经主张哲学必须有真实内容,我就打算将这个内容在诸君面前发挥出来。

但我要特别呼吁青年的精神,因为青春是生命中最美好的一段时间,尚没有受到迫切需要的狭隘目的系统的束缚,而且还有从事于无关自己利益的科学工作的自由。——同样青年人也还没有受过虚妄性的否定精神,和一种仅只是批判劳作的无内容的哲学的沾染。一个有健全心情的青年还有勇气去追求真理。真理的王国是哲学所最熟习的领域,也是哲学所缔造的,通过哲学的研究,我们是可以分享的。凡生活中真实的伟大的神圣的事物,其所以真实、伟大、神圣,均由于理念。哲学的目的就在于掌握理念的普遍性和真形相。自然界是注定了只有用必然性去完成理性。但精神的世界就是自由的世界。举凡一切维系人类生活的,有价值的,行得通的,都是精神性的。而精神世界只有通过对真理和正义的意识,通过对理念的掌握,才能取得实际存在。

我祝愿并且希望,在我们所走的道路上,我可以赢得并值得诸君的信任。但我首先要求诸君信任科学,相信理性,信任自己并相信自己。追求真理的勇气,相信精神的力量,乃是哲学研究的第一条件。人应尊敬他自己,并应自视能配得上最高尚的东西。精神的伟大和力量是不可以低估和小视的。那隐蔽着的宇宙本质自身并没有力量足以抗拒求知的勇气。对于勇毅的求知者,它只能揭开它的秘密,将它的财富和奥妙公开给他,让他享受。

导　言

§1

哲学缺乏别的科学所享有的一种优越性：哲学不似别的科学可以假定表象所直接接受的为其对象，或者可以假定在认识的开端和进程里有一种现成的认识方法。哲学的对象与宗教的对象诚然大体上是相同的。两者皆以真理为对象——就真理的最高意义而言，上帝即是真理，而且唯有上帝才是真理。此外，两者皆研究有限事物的世界，研究自然界和人的精神，研究自然界和人的精神相互间的关系，以及它们与上帝（即二者的真理）的关系。所以哲学当能熟知其对象[①]，而且也必能熟知其对象，——因为哲学不仅对于这些对象本来就有兴趣，而且按照时间的次序，人的意识，对于对象总是先形成表象，后才形成概念，而且唯有通过表象，依靠表象，人的能思的心灵才进而达到对于事物的思维的认识和把握。

但是既然要想对于事物作思维着的考察，很明显，对于思维的内容必须指出其必然性，对于思维的对象的存在及其规定，必须加以证明，才足以满足思维着的考察的要求。于是我们原来对于事

---

① 熟知与真知有别。熟知只是对于眼前事物熟视无睹，未加深思。黑格尔在《精神现象学》序言里，有"熟知非真知"的名言。——译者注

物的那种熟知便显得不够充分，而我们原来所提出的或认为有效用的假定和论断便显得不可接受了。但是，同时要寻得一个哲学的开端的困难因而就出现了。因为如果以一个当前直接的东西作为开端，就是提出一个假定，或者毋宁说，哲学的开端就是一个假定。

§ 2

概括讲来，哲学可以定义为对于事物的思维着的考察。如果说"人之所以异于禽兽在于他能思维"这话是对的（这话当然是对的），则人之所以为人，全凭他的思维在起作用。不过哲学乃是一种特殊的思维方式，——在这种方式中，思维成为认识，成为把握对象的概念式的认识。所以哲学思维无论与一般思维如何相同，无论本质上与一般思维同是一个思维，但总是与活动于人类一切行为里的思维，与使人类的一切活动具有人性的思维有了区别。这种区别又与这一事实相联系，即：基于思维、表现人性的意识内容，每每首先不借思想的形式以出现，而是作为情感、直觉或表象等形式而出现。——这些形式必须与作为形式的思维本身区别开来。

〔**说明**〕说人之所以异于禽兽由于人有思想，已经是一个古老的成见，一句无关轻重的旧话。这话虽说是无关轻重，但在特殊情形下，似乎也有记起这个老信念的需要。即使在我们现在的时代，就流行一种成见，令人感到有记起这句旧话的必要。这种成见将情绪和思维截然分开，认为二者彼此对立，甚至认为二者彼此敌对，以为情绪，特别是宗教情绪，可以被思维所玷污，被思维引入歧途,甚至可以被思维所消灭。依这种成见,宗教和宗教热忱并不植根于思维,甚至在思维中毫无位置。做这种分离的人,忘记了只有人才能够有宗教,禽兽没有宗教,也说不上有法律和道德。

那些坚持宗教和思维分离的人,心目中所谓思维,大约是指一种后思(Nachdenken),亦即反思。反思以思想的本身为内容,力求思想自觉其为思想。忽视了哲学对于思维所明确划分的这种区别,以致引起对于哲学许多粗陋的误解和非难。须知只有人有宗教、法律和道德。也只有因为人是能思维的存在,他才有宗教、法律和道德。所以在这些领域里,思维化身为情绪,信仰或表象,一般并不是不在那里活动。思维的活动和成果,可以说是都表现和包含在它们里面。不过具有为思维所决定所浸透的情绪和表象是一回事,而具有关于这些情绪和表象的思想又是一回事。由于对这些意识的方式加以"后思"所产生的思想,就包含在反思、推理等等之内,也就包含在哲学之内。

忽略了一般的思想与哲学上的反思的区别,还常会引起另一种误会:误以为这类的反思是我们达到永恒或达到真理的主要条件,甚至是唯一途径。例如,现在已经过时的对于上帝存在的形而上学的证明,曾经被尊崇为欲获得上帝存在的信仰或信心,好像除非知道这些证明,除非深信这些证明的真理,别无他道的样子。这种说法,无异于认为在没有知道食物的化学的、植物学的或动物学的性质以前,我们就不能饮食;而且要等到我们完成了解剖学和生理学的研究之后,才能进行消化。如果真是这样,这些科学在它们各自的领域内,与夫哲学在思想的范围里将会赢得极大的实用价值,甚至它们的实用将升到一绝对的普遍的不可少的程度。反之,也可以说是,所有这些科学,不是不可少,而是简直不会存在了。

§ 3

充满了我们意识的内容,无论是哪一种内容,都是构成情绪、直观、印象、表象、目的、义务等等,以及思想和概念的规定性的要素。依此看来,情绪、直观、印象等,就是这个内容所表现的诸形式。这个内容,无论它仅是单纯被感觉着,或掺杂有思想在内而被感觉着、直观着等等,甚或完全单纯地被思维着,它都保持为一样的东西。在任何一种形式里,或在多种混合的形式里,这个内容都是意识的对象。但当内容成为意识的对象时,这些不同规定性的形式也就归在内容一边。而呈现在意识前面。因此每一形式便好像又成为一个特殊的对象。于是本来是同样的东西,看来就好像是许多不同的内容了。

〔**说明**〕我们所意识到的情绪、直观、欲望、意志等规定,一般被称为表象。所以大体上我们可以说,哲学是以思想、范畴,或更确切地说,是以概念去代替表象。像这样的表象,一般地讲来可看成思想和概念的譬喻。但一个人具有表象,却未必能理解这些表象对于思维的意义,也未必能深一层理解这些表象所表现的思想和概念。反之,具有思想与概念是一回事,知道符合这些思想和概念的表象、直观、情绪又是一回事。

这种区别在一定程度内,足以解释一般人所说的哲学的难懂性。他们的困难,一部分由于他们不能够,实即不惯于作抽象的思维,亦即不能够或不惯于紧抓住纯粹的思想,并运动于纯粹思想之中。在平常的意识状态里，思想每每穿上当时流行的感觉上和精神上的材料的外衣，混合在这些材料里面，而难于分辨。在后思、反思和推理里，我们往往把思想掺杂在情绪、直观和表象里。（譬如在一个纯是感觉材料的命题里："这片树叶是绿的"，就已经掺杂有存在和个体性的范畴在其中。）但是把思想本身，单纯不杂地，作为思考的对象，却又是另外一回事。至于哲学难懂的另一部分困难，是由于求知者没有耐心，亟欲将意识中的思想和概念用表象的方式表达出来。所以假如有一个意思，要叫人用概念去把握，他每每不知道如何用概念去思维。因为对于一个概念，除了思维那个概念的本身外，更没有别的可以思维。但是要想表示那个意思，普通总是竭力寻求一个熟习的流行的观念或表象来表达。假如摒弃熟习流行的观念不用，则我们的意识就会感觉到原来所依据的坚定自如的基础，好像是根本动摇了。意识一经提升到概念的纯思的领域时，它就不知道究竟走进世界的什么地方了。因此最易懂得的，莫过于著作家、传教士和演说家等人所说的话，他们对读者和听众所说的，都是后者已经知道得烂熟的东西，或者是甚为流行的，和自身明白用不着解释的东西。

§ 4

对于一般人的普通意识，哲学须证明其特有的知识方式的需要，甚至必须唤醒一般人认识哲学的特有知识方式的需要。对于宗教的对象，对于真理的一般，哲学必须证明从哲学自身出发，即有能力加以认识。假如哲学的看法与宗教的观念之间出现了差异，哲学必须辨明它的各种规定何以异于宗教观念的理由。

§ 5

为了对于上面所指出的区别以及与这区别相关联的见解(即认为意识的真实内容,一经翻译为思想和概念的形式,反而更能保持其真相,甚至反而能更正确的认识的见解),有一初步的了解起见,还可以回想起一个旧信念。这个信念认为要想真正知道外界对象和事变,以及内心的情绪、直观、意见、表象等的真理必须加以反复思索(Nachdenken)。而对于情绪、表象等加以反复思索,无论如何,至少可以说是把情绪表象等转化为思想了。

〔**说明**〕哲学的职责既以研究思维为其特有的形式,而且既然人皆有天赋的思维能力,因此忽视了上面第三节所指出的区别,又会引起另一种错误观念。这种观念与认哲学为难懂的看法,恰好相反。常有人将哲学这一门学问看得太轻易,他们虽从未致力于哲学,然而他们可以高谈哲学,好像非常内行的样子。他们对于哲学的常识还无充分准备,然而他们可以毫不迟疑地,特别当他们为宗教的情绪所鼓动时,走出来讨论哲学,批评哲学。他们承认要知道别的科学,必须先加以专门的研究,而且必须先对该科有专门的知识,方有资格去下判断。人人承认要想制成一双鞋子,必须有鞋匠的技术,虽说每人都有他自己的脚做模型,而且也都有学习制鞋的天赋能力,然而他未经学习,就不敢妄事制作①。唯有对于哲学,大家都觉得似乎没有研究、学习和费力从事的必要。——对这

① 恩格斯在《自然辩证法》中曾记下"论制鞋"三字,利用这个譬喻指责毕希纳妄图非难社会主义和经济学。见《马克思恩格斯全集》第20卷,第546页。——译者注

种便易的说法，最近哲学上又有一派主张直接的知识、凭直观去求知识的学说，去予以理论的赞助。

§ 6

以上所说似重在说明哲学知识的形式是属于纯思和概念的范围。就另一方面看来，同样也须注重的，即应将哲学的内容理解为属于活生生的精神的范围、属于原始创造的和自身产生的精神所形成的世界，亦即属于意识所形成的外在和内心的世界。简言之，哲学的内容就是现实（Wirklichkeit）。我们对于这种内容的最初的意识便叫做经验。只是就对于世界的经验的观察来看，也已足能辨别在广大的外在和内心存在的世界中，什么东西只是飘忽即逝、没有意义的现象，什么东西是本身真实够得上冠以现实的名义。对于这个同一内容的意识，哲学与别的认识方式，既然仅有形式上的区别，所以哲学必然与现实和经验相一致。甚至可以说，哲学与经验的一致至少可以看成是考验哲学真理的外在的试金石。同样也可以说，哲学的最高目的就在于确认思想与经验的一致，并达到自觉的理性与存在于事物中的理性的和解，亦即达到理性与现实的和解。

在我的《法哲学》的序言里[①]，我曾经说过这样一句话：

凡是合乎理性的东西都是现实的，

凡是现实的东西都是合乎理性的。

这两句简单的话，曾经引起许多人的诧异和反对，甚至有些认为没

① 见中文译本《法哲学原理》第2页，商务印书馆，1961年。——译者注

有哲学，特别是没有宗教的修养为耻辱的人，也对此说持异议。这里，我们无须引用宗教来作例证，因为宗教上关于神圣的世界宰治的学说，实在太确定地道出我这两句话的意旨了。就此说的哲学意义而言，稍有教养的人，应该知道上帝不仅是现实的，是最现实的，是唯一真正地现实的，而且从逻辑的观点看来，就定在一般说来，一部分是现象，仅有一部分是现实。在日常生活中，任何幻想、错误、罪恶以及一切坏东西、一切腐败幻灭的存在，尽管人们都随便把它们叫做现实。但是，甚至在平常的感觉里，也会觉得一个偶然的存在不配享受现实的美名。因为所谓偶然的存在，只是一个没有什么价值的、可能的存在，亦即可有可无的东西。但是当我提到"现实"时，我希望读者能够注意我用这个名词的意义，因为我曾经在一部系统的《逻辑学》里，详细讨论过现实的性质，我不仅把现实与偶然的事物加以区别，而且进而对于"现实"与"定在"①，"实存"以及其他范畴，也加以准确的区别。

认为合理性的东西就是现实性这种说法颇与一般的观念相违反。因为一般的表象，一方面大都认理念和理想为幻想，认为哲学不过是脑中虚构的幻想体系而已；另一方面，又认理念与理想为太高尚纯洁，没有现实性，或太软弱无力，不易实现其自身。② 但惯于运用理智的人特别喜欢把理念与现实分离开，他们把理智的抽

① 原文作 Dasein 亦可译作限在，指受时间空间限制的存在，受"无"限制的"有"，简言之，就是特定的存在或有限的存在。定在或限在为黑格尔《逻辑学》中特有的一个重要范畴，参看下面§89－§95及大逻辑论定在和论现实部分。——译者注

② 对于下面这段话，恩格斯曾有所评注。见《自然辩证法》，《马克思恩格斯全集》第20卷，第546页。——译者注

象作用所产生的梦想当成真实可靠,以命令式的“应当”自夸,并且尤其喜欢在政治领域中去规定“应当”。这个世界好像是在静候他们的睿智,以便向他们学习什么是应当的,但又是这个世界所未曾达到的。因为,如果这个世界已经达到了“应当如此”的程度,哪里还有他们表现其老成深虑的余地呢?如果将理智所提出的“应当”,用来反对外表的琐屑的变幻事物、社会状况、典章制度等等,那么在某一时期,在特殊范围内,倒还可以有相当大的重要性,甚至还可以是正确的。而且在这种情形下,他们不难发现许多不正当不合理想的现状。因为谁没有一些聪明去发现在他们周围的事物中,有许多东西事实上没有达到应该如此的地步呢?但是,如果把能够指出周围琐屑事物的不满处与应当处的这一点聪明,便当成在讨论哲学这门科学上的问题,那就错了。哲学所研究的对象是理念,而理念并不会软弱无力到永远只是应当如此,而不是真实如此的程度。所以哲学研究的对象就是现实性,而前面所说的那些事物、社会状况、典章制度等等,只不过是现实性的浅显外在的方面而已。

§ 7

由此足见后思(Nachdenken 反复思索)——一般讲来,首先包含了哲学的原则(原则在此处兼有原始或开端的意义在内)。而当这种反思在近代(即在路德的宗教改革之后),取得独立,重新开花时,一开始就不是单纯抽象的思想,如像希腊哲学初起时那样和现实缺乏联系,而是于初起之时,立即转而指向着现象界的无限量的材料方面。哲学一名词已用来指谓许多不同部门的知识,凡是在无限量的经验的个体事物之海洋中,寻求普遍和确定的标准,以及在无穷的偶然事物表面上显得无秩序的繁杂体中,寻求规律与必然性所得来的知识,都已广泛地被称为哲学知识了。所以现代哲学思想的内容,同时曾取材于人类对于外界和内心,对于当前的外界自然和当前的心灵和心情的自己的直观和知觉。

〔**说明**〕这种经验的原则,包含有一个无限重要的规定,就是为了要接受或承认任何事物为真,必须与那一事物有亲密的接触,或更确切地说,我们必须发现那一事物与我们自身的确定性相一致和相结合。我们必须与对象有亲密的接触,不论用我们的外部感官也好,或是用我们较深邃的心灵和真切的自我意识也好。① ——这个原则也就是今日许多哲学家所谓信仰,直接知识,外界和主要是自己内心的启示。这些科学虽被称为哲学,我们却叫做经验科学,因为它们是以经验为出发点。但是这些科学所欲达到的主要目标,所欲创造的主要成绩,在于求得规律,普遍命题,或一种理论,简言之,在于求得关于当前事物的思想。所以,牛顿的物理学便叫做自然哲学。又如,雨果·格老秀斯(Hugo Grotius)搜集历史上国家对国家的行为加以比较,并根据通常的论证予以支持,因而提出一些普遍的原则,构成一个学说,就叫做国际公法的哲学。在英国,直至现在,哲学一名词通常都是指这一类学问而

① 黑格尔素来认为近代经验主义的发生,有两大潮流,一个注重自然的或感性的经验,此为经验科学的倾向,以培根为代表。一个注重精神经验,此为重精神生活或文化陶养的倾向,以德国的神秘主义者波麦为代表。前者即此处所谓自"外部感官"出发,后者即此处所谓有"较深邃的心灵,或真切的自我意识出发",两者皆同样注重对事物有亲密的接触,而反对中古空疏抽象的经院哲学。参看黑格尔:《哲学史讲演录》论述培根和波麦部分。——译者注

言。牛顿至今仍继续享受最伟大的哲学家的声誉。甚至科学仪器制造家也惯用哲学一名词，将凡不能用电磁赅括的种种仪器如寒暑表风雨表之类，皆叫做哲学的仪器。不用说，木头铁片之类集合起来，是不应该称为哲学的仪器的。真正讲来，只有思维才配称为哲学的仪器或工具。[①] 又如新近成立的政治经济学、在德国称为理性的国家经济学或理智的国家经济学，在英国亦常被称为哲学。[②]

§ 8

这种经验知识，在它自己范围内，初看起来似乎相当满意。但还有两方面不能满足理性的要求：第一，在另一范围内，有许多对象为经验的知识所无法把握的，这就是：自由、精神和上帝。这些对象之所以不能在经验科学的领域内寻得，并不是由于它们与经

① 原注一：又有汤姆生所发行的刊物，叫做《哲学年报或研究化学，矿物学，力学，自然历史，农艺学的杂志》。只消从这个刊物的名称，我们便不难揣想此处所谓哲学是指些什么材料。最近在一英文报纸上我发现一新出版的书的广告如下："保护头发的艺术，根据哲学原则，整洁地印成八开本，定价八先令。"此处所谓根据哲学的原则以保护头发，其实大概是指根据化学或生理学的原则。

② 原注二：与普通政治经济学原理被称为哲学的原理有关的"哲学原理"一词，也常见于英国政治家公开的演说中。在英国国会1825年2月2日的集会上，布鲁汉在一篇回答英王致辞的演说里，提道："有政治家风度并且有哲学原理的自由贸易——因为这些原理无疑是哲学的——对于自由贸易政策的接受，今日英王陛下为此对议会表示欣慰。"哲学一名词的这种用法，固不仅限于议会中反对派的分子，在英国船主公会每年举行的宴会上，主席为首相利物浦公爵，同党的有外相甘宁及陆军军需官朗格勋爵。甘宁在他答复主席的祝辞中说："一个新时期业已开始，在此时期中，国务员于治理国家时，可以应用深邃哲学的正确通则。"英国哲学与德国哲学尽管不同，但当别的地方，常常把哲学的名称用来作绰号或嘲笑人的名词，甚或认为令人生厌的名词时，而我们看见哲学在英国政府要员的口里这样受尊重，倒是一件可喜的事。

验无关。因为它们诚然不是感官所能经验到的，但同样也可以说，凡是在意识内的都是可以经验的。这些对象之所以属于另一范围，乃因为它们的内容是无限的。

〔**说明**〕有一句话，曾被误认是亚里士多德所说，而且以为足以表示他的哲学立场："没有在思想中的东西，不是曾经在感官中的(nihil est in intellectu，quod non fuerit in sensu.)。"如果思辨哲学不承认这句话，那只是由于一种误解。但反过来也同样可以说："没有在感官中的东西，不是曾经在思想中的(nihil est in sensu，quod non fuerit in intellectu)。"这句话可以有两种解释：就广义讲来，这话是说心灵(νοῦς)或精神(精神表示心灵的较深刻的意义)，是世界的原因。就狭义讲来(参看上面§2)，这话是说，法律的、道德的和宗教的情绪——这种情绪也就是经验，——其内容都只是以思维为根源和基地。

§ 9

第二，主观的理性，按照它的形式，总要求〔比经验知识所提供的〕更进一步的满足。这种足以令理性自身满足的形式，就是广义的必然性(参看§1)。然而在一般经验科学的范围内，一方面其中所包含的普遍性或类等等本身是空泛的、不确定的，而且是与特殊的东西没有内在联系的。两者间彼此的关系，纯是外在的和偶然的。同样，特殊的东西之间彼此相互的关系也是外在的和偶然的。另一方面，一切科学方法总是基于直接的事实，给予的材料，或权宜的假设。在这两种情形之下，都不能满足必然性的形式。所以，凡是志在弥补这种缺陷以达到真正必然性的知识的反思，就是思辨的思维，亦即真正的哲学思维。这种足以达到真正必然性的反思，就其为一种反思而言，与上面所讲的那种抽象的反思有共同点，但同时又有区别。这种思辨思维所特有的普遍形式，就是概念。

〔说明〕思辨的科学与别的科学的关系，可以说是这样的：思辨科学对于经验科学的内容并不是置之不理，而是加以承认与利用，将经验科学中的普遍原则、规律和分类等加以承认和应用，以充实其自身的内容。此外，它把哲学上的一些范畴引入科学的范畴之内，并使它们通行有效。由此看来，哲学与科学的区别乃在于范畴的变换。所以思辨的逻辑，包含有以前的逻辑与形而上学，保存有同样的思想形式、规律和对象，但同时又用较深广的范畴去发挥和改造它们。

对于思辨意义的概念与通常所谓概念必须加以区别。认为概念永不能把握无限的说法之所以被人们重述了千百遍，直至成为一个深入人心的成见，就是由于人们只知道狭义的概念，而不知道思辨意义的概念。

§ 10

上面所说的足以求得哲学知识的概念式的思维，既自诩为足以认识绝对对象〔上帝、精神、自由〕，则对它的这种认识方式的必然性何在，能力如何，必须加以考察和论证。但考察与论证这种思维的努力，已经属于哲学认识本身的事情，所以只有在哲学范围之内才能执行这种工作。如果只是加以初步的解释，未免有失哲学的本色，结果所得恐不过只是一套无凭的假说，主观的肯定，形式的推理，换言之，不过是些偶然的武断而已。与此种片面的武断相对立的反面，亦未尝不可以同样有理。

〔**说明**〕康德的批判哲学的主要观点，即在于教人在进行探究上帝以及事物的本质等问题之前，先对于认识能力本身，作一番考察工夫，看人是否有达到此种知识的能力。他指出，人们在进行工作以前，必须对于用来工作的工具，先行认识，假如工具不完善，则一切工作，将归徒劳。——康德这种思想看来异常可取，曾经引起很大的敬佩和赞同。但结果使得认识活动将探讨对象，把握对象的兴趣，转向其自身，转向着认识的形式方面。如果不为文字所骗的话，那我们就不难看出，对于别的工作的工具，我们诚然能够在别种方式下加以考察，加以批判，不必一定限于那个工具所适用的特殊工作内。但要想执行考察认识的工作，却只有在认识的活动过程中才可进行。考察所谓认识的工具，与对认识加以认识，乃是一回事。但是想要认识于人们进行认识之前，其可笑实无异于某学究的聪明办法，在没有学会游泳以前，切勿冒险下水[①]。

莱茵哈特[②]见到了哲学上这种开端的困难，特提出一种初步的假说和试探式的哲学思考，以作哲学的开端，借以补救康德的困难。他以为这样就可以循序进行（其实谁也不知道如何进行），直至我们达到原始真理为止。仔细考查一下，他的方法并没有超出普通的办法，即从分析经验的基础开始，或从分析一初步假定的概

---

① 参看下面 §41，附释一。——译者注

② 莱茵哈特（K. L. Reinhold，1758－1823），以发表《关于康德哲学的书信》（1786）一书著称。这书使得他在费希特、谢林、黑格尔之前，被聘为耶拿大学教授（1788－1794）。此后他一直在基尔大学任教，逐渐脱离了康德哲学。——译者注

念的界说开始。毋庸否认，就他把普通认识过程中的前提和初步假定解释作假设的或试探的步骤而言，其中确包含有正确的见解。但是他这种正确看法，并未改变他的哲学方法的性质，而且适足以表明那种方法的不完善。

§ 11

更进一步，哲学的要求可以说是这样的：精神，作为感觉和直观，以感性事物为对象；作为想象，以形象为对象；作为意志，以目的为对象。但就精神相反于或仅是相异于它的这些特定存在形式和它的各个对象而言，复要求它自己的最高的内在性——思维——的满足。而以思维为它的对象。这样，精神在最深的意义下，便可说是回到它的自己本身了。因为思维才是它的原则、它的真纯的自身。但当精神在进行它的思维的本务时，思维自身却纠缠于矛盾中，这就是说，丧失它自身于思想的坚固的“不同一”中，因而不但未能达到它自身的回归与实现，反而老是为它的反面所束缚。这种仅是抽象理智的思维所达到的结果，复引起的超出这种结果的较高要求，即基于思维坚持不放，在这种意识到的丧失了它的独立自在的过程中，仍然继续忠于它自身，力求征服它的对方，即在思维自身中以完成解决它自身矛盾的工作。

〔**说明**〕认识到思维自身的本性即是辩证法，认识到思维作为理智必陷于矛盾、必自己否定其自身这一根本见解，构成逻辑学上一个主要的课题。当思维对于依靠自身的能力以解除它自身所引起的矛盾表示失望时，每退而借助于精神的别的方式或形态〔如情感、信仰、想象等〕，以求得解决或满足。但思维的这种消极态度，每每会引起一种不必要的理性恨(misologie)，有如柏拉图所早已陈述过的经验那样，对于思维自身的努力取一种仇视的态度，有如把所谓直接知识当作认识真理的唯一方式的人所取的态度那样。

§ 12

从上面所说的那种要求而兴起的哲学是以经验为出发点的，所谓经验是指直接的意识和抽象推理的意识而言。所以，这种要求就成为鼓励思维进展的刺激，而思维进展的次序，总是超出那自然的、感觉的意识，超出自感觉材料而推论的意识，而提高到思维本身纯粹不杂的要素，因此首先对经验开始的状态取一种疏远的、否定的关系。这样，在这些现象的普遍本质的理念里，思维才得到自身的满足。这理念(绝对或上帝)多少总是抽象的。反之，经验科学也给思维一种激励，使它克服将丰富的经验内容仅当作直接、现成、散漫杂多、偶然而无条理的材料的知识形式，从而把此种内容提高到必然性——这种激励使思维得以从抽象的普遍性与仅仅是可能的满足里超拔出来，进而依靠自身去发展。这种发展一方面可说是思维对经验科学的内容及其所提供的诸规定加以吸取，另一方面，使同样内容以原始自由思维的意义，只按事情本身的必然性发展出来。

〔**说明**〕对于直接性与间接性在意识中的关系，下面将加以明白详细的讨论。不过这里须首先促使注意的，即是直接性与间接性两环节表面上虽有区别，但两者实际上不可缺一，而且有不可分离的联系。——所以关于上帝以及其他一切超感官的东西的知识，本质上都包含有对感官的感觉或直观的一种提高。此种超感官的知识，因此对于前阶段的感觉具有一种否定的态度，这里面就可以说是包含有间接性。因为间接过程是由一个起点而进展到第二点，所以第二点的达到只是基于从一个与它正相反对的事物出发。但不能因此就说关于上帝的知识并不是独立于经验意识。其实关于上帝的知识的独立性，本质上即是通过否定感官经验与超脱感官经验而得到的。——但假如对知识的间接性加以片面的着重，把它认作制约性的条件，那么，我们便可以说（不过这种说法并没有多少意义），哲学最初起源于后天的事实，是依靠经验而产生的（其实，思维本质上就是对当前的直接经验的否定），正如人的饮食依靠食物，因为没有食物，人即无法饮食。就这种关系而论，饮食对于食物，可以说是太不知感恩了。因为饮食全靠有食物，而且全靠消灭食物。在这个意义下，思维对于感官经验也可以说是一样地不知感恩。〔因为思维所以成为思维，全靠有感官材料，而且全靠消化，否定感官材料。〕

但是思维因对自身进行反思，从而自身达到经过中介的直接性，这就是思维的先天成分（das Apriorische），亦即思维的普遍性，思维一般存在它自身内。在普遍性里，思维得到自身的满足，但假如思维对于特殊性采取漠视态度，从而思维对于它自身的发展，也就采取漠视态度了。正如宗教，无论高度发达的或草昧未开的宗教，无论经过科学意识教养的或单纯内心信仰的宗教，也具有同样内在本性的满足和福祉。如果思维停留在理念的普遍性中，有如古代哲学思想的情形（例如爱利亚学派所谓存在，和赫拉克利特所谓变易等等），自应被指斥为形式主义。即在一种比较发展的哲学思想里，我们也可以找到一些抽象的命题或公式，例如，“在绝对中一切是一”、“主客同一”等话，遇着特殊事物时，也只有重复抬出这千篇一律的公式去解释。为补救思维的这种抽象普遍性起见，我们可以在正确有据的意义下说，哲学的发展应归功于经验。因为，一方面，经验科学并不停留在个别性现象的知觉里，乃是能用思维对于材料加工整理，发现普遍的特质、类别和规律，以供哲学思考。那些特殊的内容，经过经验科学这番整理预备工夫，也可以吸收进哲学里面。另一方面，这些经验科学也包含有思维本身要进展到这些具体部门的真理的迫切要求。这些被吸收进哲学中的科学内容，由于已经过思维的加工，从而取消其顽固的直接性和与料性，同时也就是思维基于自身的一种发展。由此可见，一方面，哲学的发展实归功于经验科学，另一方面，哲学赋予科学内容以最主要的成分：思维的自由（思维的先天因素）。哲学又能赋予科学以必然性的保证，使此种内容不仅是对于经验中所发现的事实的信念，而且使经验中的事实成为原始的完全自主的思维活动的说明和摹写。

§ 13

上面所讨论的可以说是纯粹从逻辑方面去说明哲学的起源和发展。另外我们也可以从哲学史，从外在历史特有的形态里去揭示哲学的起源和发展。从外在的历史观点来看，便会以为理念发展的阶段似乎只是偶然的彼此相承，而根本原则的分歧，以及各哲学体系对其根本原则的发挥，也好像纷然杂陈，没有联系。但是，几千年来，这哲学工程的建筑师，即那唯一的活生生的精神，它的本性就是思维，即在于使它自己思维着的本性得到意识。当它（精神）自身这样成为思维的对象时，同时它自己就因而超出自己，而达到它自身存在的一个较高阶段。哲学史上所表现的种种不同的体系，一方面我们可以说，只是一个哲学体系，在发展过程中的不同阶段罢了。另一方面我们也可以说，那些作为各个哲学体系的基础的特殊原则，只不过是同一思想整体的一些分支罢了。那在时间上最晚出的哲学体系，乃是前此一切体系的成果，因而必定包括前此各体系的原则在内；所以一个真正名副其实的哲学体系，必定是最渊博、最丰富和最具体的哲学体系。

〔**说明**〕鉴于有如此多表面上不同的哲学体系，我们实有把普遍与特殊的真正规定加以区别的必要。如果只就形式方面去看普遍，把它与特殊并列起来，那么普遍自身也就会降为某种特殊的东西。这种并列的办法，即使应用在日常生活的事物中，也显然不适宜和行不通。例如[①]，在日常生活里，怎么会有人只是要水果，而不要樱桃、梨和葡萄，因为它们只是樱桃、梨、葡萄，而不是水果。但是，一提到哲学，许多人便借口说，由于哲学有许多不同的体系，故每一体系只是一种哲学，而不是哲学本身，借以作为轻蔑哲学的根据，依此种说法，就好像樱桃并不是水果似的。有时常有人拿一个以普遍为原则的哲学体系与一个以特殊为原则，甚至与一个根本否认哲学的学说平列起来。他们认为二者只是对于哲学不同的看法。这多少有些像认为光明与黑暗

① 恩格斯在《自然辩证法》中，曾引证了下面这个例子。见《马克思恩格斯选集》第3卷，第556页。——译者注

只是两种不同的光一样。

§ 14

在哲学历史上所表述的思维进展的过程，也同样是在哲学本身里所表述的思维进展的过程，不过在哲学本身里，它是摆脱了那历史的外在性或偶然性，而纯粹从思维的本质去发挥思维进展的逻辑过程罢了。真正的自由的思想本身就是具体的，而且就是理念；并且就思想的全部普遍性而言，它就是理念或绝对。关于理念或绝对的科学，本质上应是一个体系，因为真理作为具体的，它必定是在自身中展开其自身，而且必定是联系在一起和保持在一起的统一体，换言之，真理就是全体。全体的自由性，与各个环节的必然性，只有通过对各环节加以区别和规定才有可能。

〔**说明**〕哲学若没有体系，就不能成为科学。没有体系的哲学理论，只能表示个人主观的特殊心情，它的内容必定是带偶然性的。哲学的内容，只有作为全体中的有机环节，才能得到正确的证明，否则便只能是无根据的假设或个人主观的确信而已。许多哲学著作大都不外是这种表示著者个人的意见与情绪的一些方式。所谓体系常被错误地理解为狭隘的、排斥别的不同原则的哲学。与此相反，真正的哲学是以包括一切特殊原则于自身之内为原则。

§ 15

哲学的每一部分都是一个哲学全体，一个自身完整的圆圈。但哲学的理念在每一部分里只表达出一个特殊的规定性或因素。每个单一的圆圈，因它自身也是整体，就要打破它的特殊因素所给它的限制,从而建立一个较大的圆圈。因此全体便有如许多圆圈所构成的大圆圈。这里面每一圆圈都是一个必然的环节,这些特殊因素的体系构成了整个理念,理念也同样表现在每一个别环节之中。

§ 16

本书既是全书式的,则我们对它的特殊部门将不能加以详细的发挥,但将仅限于对这几门特殊科学的端绪及基本概念加以阐述。

〔**说明**〕究竟需要多少特殊部分,才可构成一特殊科学,迄今尚不确定,但可以确知的,即每一部分不仅是一个孤立的环节,而且必须是一个有机的全体,不然,就不成为一真实的部分。因此哲学的全体,真正地构成一个科学。但同时它也可认为是由好几个特殊科学所组成的全体。——哲学全书与一般别的百科全书有别,其区别之处,在于一般百科全书只是许多科学的凑合体,而这些科学大都只是由偶然的和经验的方式得来,为方便起见,排列在一起,甚至里面有的科学虽具有科学之名,其实只是一些零碎知识的聚集而已。这些科学聚合在一起,只是外在的统一,所以只能算是一种外在的集合、外在的次序,〔而不是一个体系〕。由于同样的原因,特别由于这些材料具有偶然的性质,这种排列总是一种尝试,而且各部门总难排列得匀称适当。而哲学全书则不然。第一,哲学全书排斥只是零碎的知识的聚集,例如,文字学似属于此类的知识。第二,哲学全书还排斥基于武断任意而成立的学科,例如纹章学。这类的学科可以说是完全是实证的。第三,也有别的称为实证的科学，但有理性的根据和开端。这类科学的理性部分属于哲学，它的实证方面，则属于该学科特有范围。这类科学的实证部分又可分为下列各种：（一）有的学科开端本身是理性的，但在它把普遍原则应用到经验中个别的和现实的事物时，便陷于偶然而失掉了理性准则。在这种变化性和偶然性的领域里，我们无法形成正确的概念，最多只能对变化的偶然事实的根据或原由加以解释而已。例如法律科学，或直接税和间接税的系统，首先必须有许多最后准确决定的条款，这些条款的设定，是在概念的纯理决定的范围以外。因此颇有视实际情形而自由伸缩的余地，有时，根据此点，可以如此决定，根据彼点，又可以另作决定，而不承认有最后确定的准则。同样，如“自然”这个理念，在对它进行个别研究时，亦转化为偶然的事实。如自然历史、地理学和医学等皆陷于实际存在的规定，分类与区别，皆为外在的偶然事实和主观的特殊兴趣所规定，而不是由理性所规定。历史一科也属此类，虽说理念构成历史的本质，但理念的表现却入于偶然性与主观任性的范围。（二）这样的科学也可以说是实证的，由于它们不认识它们所运用的范畴为有限，也不能揭示出这些有限的范畴和它们的整个阶段进展到一个较高阶段的过渡，而只是把这些有限的范畴当作绝对有效用。此种实证科学的缺陷在于形式的有限，正如前一种实证科学的缺陷在于质料的有限。（三）与此相关的，另有一种实证科学，其缺陷在于它的结论所本的根据欠充分。这类的实证知识大都一部分基于形式的推理，一部分基于情感、信仰和别的权威，一般说来，基于外界的感觉和内心的直观的权威。例如，许多建筑在人类学、意识的事实（心理学）、内心直观和外在经验上面的哲学，便属于这类实证科学。此外还有一种科学，即仅仅这门科学的叙述的形式是经验的，而把仅仅是现象材料的感性直观加以排列整理，使符合概念的内在次序。像这样的经验科学，把聚集在一起的杂多现象对立化，而扬弃制约它们那些条件的外在偶然的情况，从而使得普遍原则明白显现出来。——依这种方法，实验物理学和历史学等将可阐述成为以外在形象反映概念自身发展过程的科学，前者为认识自然的理性科学，后者为理解人事以及人类行为的科学。

§ 17

谈到哲学的开端，似乎哲学与别的科学一样，也须从一个主观的假定开始。每一科学均须各自假定它所研究的对象，如空间、数等等，而哲学似乎也须先假定思维的存在，作为思维的对象。不过哲学是由于思维的自由活动，而建立其自身于这样的观点上，即哲学是独立自为的，因而自己创造自己的对象，自己提供自己的对象。而且哲学开端所采取的直接的观点，必须在哲学体系发挥的过程里，转变成为终点，亦即成为最后的结论。当哲学达到这个终点时，也就是哲学重新达到其起点而回归到它自身之时。这样一来，哲学就俨然是一个自己返回到自己的圆圈，因而哲学便没有与别的科学同样意义的起点。所以哲学上的起点，只是就研究哲学的主体的方便而言，才可以这样说，至于哲学本身却无所谓起点。换句话说，科学的概念，我们据以开始的概念，即因其为这一科学的出发点，所以它包含作为对象的思维与一个（似乎外在的）哲学思考的主体间的分离，必须由科学本身加以把握。简言之，达到概念的概念，自己返回自己，自己满足自己，就是哲学这一科学唯一的目的、工作和目标。

§ 18

对于哲学无法给予一初步的概括的观念，因为只有全科学的全体才是理念的表述。所以对于科学内各部门的划分，也只有从理念出发，才能够把握。故科学各部门的初步划分，正如最初对于理念的认识一样，只能是某种预想的东西。但理念完全是自己与自己同一的思维，并且理念同时又是借自己与自己对立以实现自己，而且在这个对方里只是在自己本身内的活动。因此〔哲学〕这门科学可以分为三部分：

1. 逻辑学，研究理念自在自为的科学。

2. 自然哲学，研究理念的异在或外在化的科学。

3. 精神哲学，研究理念由它的异在而返回到它自身的科学。

上面§15里曾说过，哲学各特殊部门间的区别，只是理念自身的各个规定，而这一理念也只是表现在各个不同的要素里。在自然界中所认识的无非是理念，不过是理念在外在化的形式中。同样，在精神中所认识的，是自为存在着、并正向自在自为发展着的理念。理念这样显现的每一规定，同时是理念显现的一个过渡的或流逝着的环节。因此须认识到个别部门的科学，每一部门的内容既是存在着的对象，同样又是直接地在这内容中向着它的较高圆圈(Kreis)〔或范围〕的过渡。所以这种划分部门的观念，实易引起误会，因为这样划分，未免将各特殊部门或各门科学并列在一起，它们好像只是静止着的，而且各部门科学也好像是根本不同类，有了实质性的区别似的。

第一部

逻辑学

逻辑学概念的初步规定

§ 19

逻辑学是研究纯粹理念的科学，所谓纯粹理念就是思维的最抽象的要素所形成的理念。

〔**说明**〕在这部分初步论逻辑学的概念里，所包含对于逻辑学以及其他概念的规定，也同样适用于哲学上许多基本概念。这些规定都是由于并对于全体有了综观而据以创立出来的。

我们可以说逻辑学是研究思维、思维的规定和规律的科学。但是只有思维本身才构成使得理念成为逻辑的理念的普遍规定性或要素。理念并不是形式的思维，而是思维的特有规定和规律自身发展而成的全体，这些规定和规律，乃是思维自身给予的，决不是已经存在于外面的现成的事物。

在某种意义下，逻辑学可以说是最难的科学，因为它所处理的题材，不是直观，也不像几何学的题材，是抽象的感觉表象，而是纯粹抽象的东西，而且需要一种特殊的能力和技巧，才能够回溯到纯粹思想，紧紧抓住纯粹思想，并活动于纯粹思想之中。但在另一种意义下，也可以把逻辑学看作最易的科学。因为它的内容不是别的，即是我们自己的思维，和思维的熟习的规定，而这些规定同时又是最简单、最初步的，而且也是人人最熟知的，例如：有与无，质与量，自在存在与自为存在，一与多等等。但是，这种熟知反而加重了逻辑研究的困难。因为，一方面我们总以为不值得费力气去研究这样熟习的东西。另一方面，对于这些观念，逻辑学去研究、去理解所采取的方式，却又与普通人所业已熟习的方式不相同，甚至正相反。

逻辑学的有用与否，取决于它对学习的人能给予多少训练以达到别的目的。学习的人通过逻辑学所获得的教养，在于训练思维，使人在头脑中得到真正纯粹的思想，因为这门科学乃是思维的思维。——但是就逻辑学作为真理的绝对形式来说，尤其是就逻辑学作为纯粹真理的本身来说，它决不单纯是某种有用的东西。但如果凡是最高尚的、最自由的和最独立的东西也就是最有用的东西，那么逻辑学也未尝不可认为是有用的，不过它的用处，却不仅是对于思维的形式练习，而必须另外加以估价。

附释一：第一问题是：什么是逻辑学的对象？对于这个问题的最简单、最明了的答复是，真理就是逻辑学的对象。真理是一个高尚的名词，而它的实质尤为高尚。只要人的精神和心情是健康的，则真理的追求必会引起他心坎中高度的热忱。但是一说到这里立刻就会有人提出反问道："究竟我们是否有能力认识真理呢？"在我们这些有限的人与自在自为存在着的真理之间，似乎有一种不调协，自然会引起寻求有限与无限间的桥梁的问题。上帝是真理；但我们如何才能认识他呢？这种知天求真的企图似乎与谦逊和谦虚的美德相违反。但因此又有许多人发出我们是否能够认识真理的疑问，其用意在于为他们留恋于平庸的有限目的的生活作辩解。类似这种的谦卑却毫无可取之处。类似这样的说法："像我这种尘世的可怜虫，如何能认识真理呢？"可以说是已成过去了。代之而起的另一种诞妄和虚骄，大都自诩以为直接就呼吸于真理之中，而青年人也多为这种空气所鼓舞，竟相信他们一生下来现成地便具有宗教和伦理上的真理。从同样的观点，特别又有人说，所有那些成年人大都堕落、麻木、僵化于虚妄谬误之中。青年人所见的有似朝霞的辉映，而老辈的人则陷于白日的沼泽与泥淖之中。他们承认特殊部门的科学无论如何是应该探讨的，但也单纯把它们认为是达到生活的外在目的的工具。这样一来，则妨碍对于真理的认识与研究的，却不是上面所说的那种卑谦，而是认为已经完全得到真理的自诩与自信了。老辈的人寄托其希望于青年的人，因为青年人应该能够促进这世界和科学。但老辈所瞩望于青年人的不是望他们停滞不前，自满自诩，而是望他们担负起精神上的严肃的艰苦的工作。

此外还有一种反对真理的谦逊。这是一种贵族式的对于真理的漠视，有如我们所见得，拜拉特（Pilatus）对于基督所表示的态度。拜拉特问道："真理是什么东西？"意思是说，一切还不是那么一回事，没有什么东西是有意义的。他的意思颇似梭罗门所说的：一切都是虚幻的——这样一来，便只剩下主观的虚幻了。

更有一种畏缩也足以阻碍对于真理的认知。大凡心灵懒惰的人每易于这样说：不要那样想，以为我们对于哲学研究是很认真的。我们自然也乐意学一学逻辑，但是学了逻辑之后，我们还不是那样。他们以为当思维超出了日常表象的范围，便会走上魔窟；那就好像任他们自身飘浮在思想的海洋上，为思想自身的波浪所抛来抛去，末了又复回到这无常世界的沙岸，与最初离开此沙岸时一样地毫无所谓，毫无所得。这种看法的后果如何，我们在世界中便可看得出来。我们可以学习到许多知识和技能，可以成为循例办公的人员，也可以养成为达到特殊目的的专门技术人员。但人们,培养自己的精神,努力从事于高尚神圣的事业,却完全是另外一回事。而且我们可以希望,我们这个时代的青年,内心中似乎激励起一种对于更高尚神圣事物的渴求,而不会仅仅满足于外在知识的草芥了。

附释二:认思维为逻辑学的对象这一点,是人人所赞同的。但是我们对于思维的估价,可以很低,也可以很高。一方面,我们说:这不过是一个思想罢了。——这里的意思是说,思想只是主观的、任意的、偶然的,而并不是实质本身,并不是真实的和现实的东西。另一方面,我们对于思想,也可以有很高的估价,认为只有思想才能达到至高无上的存在、上帝的性质,而凭感官则对上帝毫无所知。我们说,上帝是精神,我们不可离开精神和真理去崇拜上帝。但我们承认,可感觉到的或感性的东西并不是精神的,而精神的内在核心则是思想,并且只有精神才能认识精神。精神诚然也可表现其自身为感觉(例如在宗教里),但感觉的本身,或感觉的方式是一事,而感觉的内容又是另一事。感觉的本身一般是一切感性事物的形式,这是人类与禽兽所共有的。这种感觉的形式也许可以把握最具体的内容,但这种内容却非此种形式所能达到。感觉的形式是达到精神内容的最低级形式。精神的内容,上帝本身,只有在思维中,或作为思维时,才有其真理性。在这种意义下,思想不仅仅是单纯的思想,而且是把握永恒和绝对存在的最高方式,严格说来,是唯一方式。

对于以思想为对象的科学,也是和思想一样,有很高或很低的估价。有人以为,每个人无须学习逻辑都能思考,正如无须研究生理学,都能消化一样。即使人研究了逻辑之后,他的思想仍不过与前此一样，也许更有方法一些，但也不会有多大的变化。如果逻辑除了使人仅仅熟习于形式思维的活动外，没有别的任务，则逻辑对于我们平时已经同样能够作的思维活动，将不会带来什么新的东西。其实旧日的逻辑也只有这种地位。此外，一方面，对于人来说，思维的知识即使只是单纯的主观活动也是对他很光荣而有兴趣的事。因为人之所以异于禽兽即由于人能知道他是什么，他做什么。而且另一方面，就逻辑作为研究思维的科学来看(思想既是唯一足以体验真理和最高存在的活动)，逻辑也会占有很高的地位。所以，如果逻辑科学研究思维的活动和它的产物(而思维并不是没有内容的活动，因为思维能产生思想，而且能产生它所需要的特定思想)，那么逻辑科学的内容一般讲来，乃是超感官的世界，而探讨这超感官的世界亦即遨游于超感官的世界。数学研究数和空间的抽象对象。数学上的抽象还是感性的东西，虽然是没有特定存在的抽象的感性东西。思想甚至于进一步"辞别"〔或脱离〕这种最后的感性东西，自由自在，舍弃外的和内的感觉，排斥一切特殊的兴趣和倾向。对于有了这样基础的逻辑学，则我们对于它的估价，当然会较一般人通常对于逻辑的看法为高。

附释三：认识到比起那单纯形式思维的科学具有更深意义的逻辑学的需要，由于宗教、政治、法律、伦理各方面的兴趣而加强了。从前人们都以为思想是无足重轻，不能为害的，不妨放任于新鲜大胆的思想。他们思考上帝、自然和国家，他们深信只是通过思想，人们就可以认识到真理是什么，不是通过感官，或者通过偶然的表象和意见所能达到。当他们这样思想时，其结果便渐渐严重地影响到生活的最高关系。传统的典章制度皆因思想的行使而失去了权威。国家的宪章成为思想的牺牲品，宗教受到了思想的打击；许多素来被认作天启的坚固的宗教观念也被思想摧毁了，在许多人心中，传统的宗教信仰根本动摇了。例如在希腊，哲学家起来反对旧式宗教，因而摧毁了旧式宗教的信仰。因此便有哲学家由于摧毁宗教，动摇政治，而被驱逐被处死的事，因为宗教与政治本质上是联系在一起的。这样，思维便在现实世界里成为一种力量，产生异常之大的影响。于是人们才开始注意到思维的威力，进而仔细考察思维的权能，想要发现，思维自诩过甚，未能完成其所担负的工作。思维不但未能认识上帝、自然和精神的本质，总而言之，不但未能认识真理，反而推翻了政府和宗教。因此亟须对于思维的效果或效用，加以辩护，所以考察思维的本性，维护思维的权能，便构成了近代哲学的主要兴趣。

§ 20

试从思维的表面意义看来，则(α)首先就思维的通常主观的意义来说，思维似乎是精神的许多活动或能力之一，与感觉、直观、想象、欲望、意志等并列杂陈。不过思维活动的产物，思想的形式或规定性一般是普遍的抽象的东西。思维作为能动性，因而便可称为能动的普遍。而且既然思维活动的产物是有普遍性的，则思想便可称为自身实现的普遍体。就思维被认作主体而言，便是能思者，存在着的能思的主体的简称就叫做我。

〔**说明**〕这里和下面几节所提出的一些规定，决不可认为是我个人对于思想的主张或意见。但在这些初步的讨论里，既不能说是有严格的演绎或证明，只可算作事实(Facta)的陈述。换言之，在每个人的意识里，只要他有思想，并考察他的思想，他便可经验地发现他的思想具有普遍性和下面的种种特性。当然，要正确地观察他的意识和他的表象中的事实，就要求他事先对注意力和抽象力具有相当的训练。

在这初步的陈述里已经提到感觉、表象与思想的区别。这种区别对于了解认识的本性和类别最关紧要。所以这里先将这个区别提出来促使人们注意，以便有助于他们的了解。——要对感性的东西加以规定，自应首先追溯其外在的来源，感官或感觉官能。但是，只是叫出感觉官能的名称，还不能规定感官所感到的内容。感性事物与思想的区别，在于前者的特点是个别性的。既然个别之物（最抽象的个别之物是原子）也是彼此有联系的，所以凡是感性事物都是些彼此相外（Aussereinander）的个别东西，它们确切抽象的形式，是彼此并列（Nebeneinander）和彼此相续（Nacheinander）的。[①] 至于表象便以那样的感性材料为内容，但是这种内容是被设定为在我之内，具有我的东西的规定，因而也具有普遍性，自身联系性、简单性。除了以感性材料为内容而外，表象又能以出自自我意识的思维材料为内容，如关于法律的、伦理的和宗教的表象，甚至关于思维自身的表象。[②] 要划分这些表象与对于这些表象的思想之间的区别，却并不那么容易。因为表象既具有思想的内容，又具有普遍性的形式，而普遍性为在我之内的任何内容所必

① 恩格斯在《自然辩证法》中评论到这里所说的感性的东西或表象有着相外、并列、相续诸规定或特点问题。见《马克思恩格斯全集》第20卷，第547页。——译者注

② 按德文 Vorstellung 一词，一般译为“表象”，有时译为“观念”，前者指这里所说的“以感性材料为内容”的表象；后者则指“以思维材料为内容”的表象。——译者注

具，亦为任何表象所同具。但表象的特性，一般讲来，又必须在内容的个别性中去找。诚然，法律、正义和类似的规定，不存在于空间内彼此相外的感性事物中的。即就时间而言，这些规定虽好似彼此相续，但其内容也不受时间的影响，也不能认为会在时间中消逝和变化。但是，这样的一些潜在的精神的规定，在一般表象之内在的抽象的普遍性的较广基地上，也同样地个别化了。在这种个别化的情形下，这些精神规定都是简单的，不相联系的；例如，权利、义务、上帝。在这种情形下的表象，不是表面上停留在权利就是权利，上帝就是上帝等说法上，就是进而提出一些规定，例如说，上帝是世界的造物主，是全知的，万能的等等。像这样，多种个别化的、简单的规定或谓词，不管其有无内在联系，勉强连缀在一起，这些谓词虽是以其主词为联系，但它们之间仍然是相互外在的。就这点而论，表象与知性相同，其唯一的区别，在于知性尚能建立普遍与特殊，原因与效果等关系，从而使表象的孤立化的表象规定有了必然性的联系。反之，表象便只能让这些孤立化的规定在模糊的意识背景里彼此挨近地排列着，仅仅凭一个又（auch）字去联系。表象和思想的区别，还具有更大的重要性，因为一般讲来，哲学除了把表象转变成思想——当然，更进一步哲学还要把单纯抽象的思想转变成概念——之外，没有别的工作。

我们在上面曾经指出，感觉事物都具有个别性和相互外在性，这里我们还可补说一句，即个别性和相互外在性也是思想，也是有普遍性的东西。在逻辑学中将指出，思想和普遍东西的性质，思想是思想的自身又是思想的对方，思想统摄其对方，绝不让对方逃出其范围。由于语言既是思想的产物，所以凡语言所说出的，也没有不是具有普遍性的。凡只是我自己意谓的，便是我的，亦即属于我这个特殊个人的。但语言既只能表示共同的意谓，所以我不能说出我仅仅意谓着的。而凡不可言说的，如情绪、感觉之类，并不是最优良最真实之物，而是最无意义、最不真实之物。当我说："这个东西"、"这一东西"、"此地"、"此时"时，我所说的这些都是普遍性的。一切东西和任何东西都是"个别的"、"这个"，而任何一切的感性事物都是"此地"、"此时"。[①] 同样，当我说"我"时，我的意思是指这个排斥一切别的事物的"我"，但是我所说的"我"，亦即是每一个排斥一切别的事物的"我"。[②] 康德曾用很笨拙的话来表达这个意思，他说，"我"伴随着一切我的表象，以及我的情感、欲望、行为等等。[③] "我"是一个自在自为的普遍性，共同性也是一种普遍性，不过是普遍性的一种外在形式。一切别的人都和我共同地有"我"、是"我"，正如一切我的情感，我的表象，都共有着我，"伴随"是属于我的东西，就作为抽象的我来说，"我"是纯粹的自身联系。[④] 在这种的自身联系里，"我"从我的表象、情感，从每一个心理状态以及从每一性情、才能和经验的特殊性里抽离出来。"我"，在这个意义下，只是一个完全抽象的普遍性的存在，一个抽象的自由的主体。因此"我"是作为主体的思维，"我"既然同时在我的一

① 《精神现象学》论意识部分"第一章：感性确定性，这个和意谓"。——译者注

② 据本书第二版，此下尚有"我的普遍性却不是一个单纯的共同性，而是内在的普遍性自己本身"一语，第三版删去，兹特补译于此。——译者注

③ 参看康德：《纯粹理性批判》，B131。——译者注

④ 纯粹自身联系(die reine Beziehung auf sich selbst)在这里是用来表示形式的抽象概念或联系的术语。如甲是甲，我是我，与非甲非我毫无关涉的纯甲或纯我，就是黑格尔所谓的纯粹自身关系。——译者注

切表象、情感、意识状态等之内，则思想也就无所不在，是一个贯串在这一切规定之中的范畴。

附释：当我们一提到思维，总觉得是指一种主观的活动，或我们所有的多种能力，如记忆力、表象力、意志力等等之一种。如果思维仅是一种主观的活动，因而便成为逻辑的对象，那么逻辑也将会与别的科学一样，有了特定的对象了。但这又未免有些武断，何以我们单将思维列为一种特殊科学的对象，而不另外成立一些专门科学来研究意志、想象等活动呢？思维之所以作为特殊科学研究的对象的权利，其理由也许是基于这一件事实，即我们承认思维有某种权威，承认思维可以表示人的真实本性，为划分人与禽兽的区别的关键。而且即使单纯把作为主观活动的思维，加以认识、研究，也并不是毫无兴趣的事。对思维的细密研究，将会揭示其规律与规则，而对其规律与规则的知识，我们可以从经验中得来。从这种观点来研究思维的规律，曾构成往常所谓逻辑的内容。亚里士多德就是这门科学的创始人。他把他认为思维所具有的那种力量，都揭示出来了。我们的思维本来是很具体的，但是在思维的复杂的内容里，我们必须划分出什么是属于思维本身的或属于思维的抽象作用的。思维的作用，一种微妙的理智的联系，综合起思维所有的内容，亚氏把这种理智的联系，这种思维形式的本身，特别突出起来加以规定。亚里士多德这种逻辑一直到现在还是大家所公认的逻辑，经过中世纪的经院哲学家虽有所推衍，却没有增加什么材料，只是对于原有材料上更加细致的发挥罢了。近代人关于逻辑的工作，可以说主要地一方面是放弃了一些自亚里士多德及经院哲学家所传袭下来的许多逻辑规定，一方面又掺进去许多心理学的材料。这门科学的主旨在于认识有限思维的运用过程，只要这门科学所采取的方法能够适合于处理其所设定的题材，这门科学就算是正确的。从事这种形式逻辑的研究，无疑有其用处，可以借此使人头脑清楚，有如一般人所常说，也可以教人练习集中思想，练习作抽象的思考，而在日常的意识里，我们所应付的大都是些混淆错综的感觉的表象。但是在作抽象思考时，我们必须集中精神于一点，借以养成一种从事于考察内心活动的习惯。人们可以利用关于有限思维的形式的知识，把它作为研究经验科学的工具，由于经验科学是依照这些形式进行的，所以，在这个意义下，也有人称形式逻辑为工具逻辑。诚然，我们尚可超出狭隘的实用观点说：研究逻辑并不是为了实用，而是为了这门科学的本身，因为探索最优良的东西，并不是为了单纯实用的目的。这话一方面固然不错，但从另一方面看来，最优良的东西，也就是最有用的东西。因为实体性的东西，坚定不移的东西，才是特殊目的的负荷者，并可以促进和实现这些特殊目的。人们必不可将特殊目的放在第一位，但是那最优良的东西却能促进特殊目的的实现。譬如，宗教自有其本身的绝对价值，但同时许多别的目的也通过宗教而得到促进和支持。基督说过："首先要寻求天国，别的东西也会加上给你们。"[①]只有当达到了自在自为的存在时，才可以达到特殊的目的。

§ 21

(β) 在前面我们既认思维和对象的关系是主动的，是对于某

① 参看《马太福音》第 6 章，第 33 节，引文与原文有出入。——译者注

物的反思，因此思维活动的产物、普遍概念，就包含有事情的价值，亦即本质、内在实质、真理。

〔**说明**〕在§5里曾提及一种旧信念认为所有对象、性质、事变的真实性，内在性，本质及一切事物所依据的实质，都不是直接地呈现在意识的前面，也不是随对象的最初外貌或偶然发生的印象所提供给意识的那个样子，反之，要获得对象的真实性质，我们必须对它进行反思。[①] 唯有通过反思才能达到这种知识。

附释：甚至儿童也已经多少学到一些反思的能力。例如，儿童首先须学习如何把形容词和实物名词联接起来。这里他必须注意观察并区别异同。他必须谨记一条规则，并把它应用于特殊事物。这规则不是别的，即是一普遍的东西。儿童也会使特殊东西遵循这个普遍规则。再如在生活中我们有了目的。于是我们便反复思索达到这个目的的种种方法。在这里目的便是普遍，或指导原则。按照目的，我们便决定达到这目的的手段或工具。同样，反思在道德生活里也在起作用。在这里反思是回忆正义观念或义务观念，亦即回忆我们需要当作固定的规则去遵循以指导我们在当前特殊情形下的行为的普遍。这个普遍规定必须包含在我们特殊行为里，而且是通过特殊行为可以认识的。又如在我们对自然现象[②]

---

① 反思德文作 Nachdenken，英文作 Reflection，直译应作“后思”，实即反复思索，作反省回溯的思维之意。人对感觉所得的表象材料，加以反思而得概念，犹如反刍动物将初步吃进胃中的食物，加以反刍，使可消化。参看前第二节、第五节及下节。——译者注

② 恩格斯在《自然辩证法》里只写下“自然现象”四字以概括黑格尔这里对认识自然现象的反思过程所作的辩证分析，借以反对毕希纳。《马克思恩格斯全集》第20卷，第547页。——译者注

的研究里，也有反思作用在活动。例如我们观察雷和电。这是我们所极熟习的现象，也是我们常常知觉到的事实。但人们对于单纯表面上的熟习，只是感性的现象，总是不能满意，而是要进一步追寻到它的后面，要知道那究竟是怎样一回事，要把握它的本质。因此我们便加以反思，想要知道有以异于单纯现象的原因所在，并且想要知道有以异于单纯外面的内面所在。这样一来，我们便把现象分析成两面(entzwei)，内面与外面，力量与表现，原因与结果。在这里，内面、力量，也仍然是普遍的、有永久性的，非这一电闪或那一电闪，非这一植物或那一植物，而是在一切特殊现象中持存着的普遍。感性的东西是个别的，是变灭的；而对于其中的永久性东西，我们必须通过反思才能认识。自然所表现给我们的是个别形态和个别现象的无限量的杂多体，我们有在此杂多中寻求统一的要求。因此，我们加以比较研究，力求认识每一事物的普遍。个体生灭无常，而类则是其中持续存在的东西，而且重现在每一个体中，类的存在只有反思才能认识。自然律也是这样，例如关于星球运行的规律。天上的星球，今夜我们看见在这里，明夜我们看见在那里，这种不规则的情形，我们心中总觉得不敢于信赖，因为我们的心灵总相信一种秩序，一种简单恒常而有普遍性的规定。心中有了这种信念，于是对这种凌乱的现象加以反思，而认识其规律，确定星球运动的普遍方式，依据这个规律，可以了解并测算星球位置的每一变动。同样的方式，可以用来研究支配复杂万分的人类行为的种种力量。在这一方面，我们还是同样相信有一普遍性的支配原则。从上面所有这些例子里，可以看出反思作用总是去寻求那固定的、长住的、自身规定的、统摄特殊的普遍原则。这种普遍原则就是事物的本质和真理，不是感官所能把握的。例如义务或正义就是行为的本质，而道德行为所以成为真正道德行为，即在于能符合这些有普遍性的规定。

当我们这样规定普遍时，我们便发现普遍与它的对方形成对立。它的对方就是单纯直接的、外在的和个别的东西，与间接的、内在的和普遍的东西相对立。须知普遍作为普遍并不是存在于外面的。类作为类是不能被知觉的，星球运动的规律并不是写在天上的。所以普遍是人所不见不闻，而只是对精神而存在的。宗教指引我们达到一个普遍，这普遍广包一切，为一切其他的东西所由以产生的绝对，此绝对也不是感官的对象，而只是精神和思想的对象。

§ 22

（γ） 经过反思，最初在感觉、直观、表象中的内容，必有所改变，因此只有通过以反思作为中介的改变，对象的真实本性才可呈现于意识前面。

附释：凡是经反思作用而产生出来的就是思维的产物。例如，梭伦为雅典人所立的法律，可说是从他自己的头脑里产生出来的[①]。但反之另一方面，我们又必须将共体〔如梭伦所立的〕这些法律，认作仅仅的主观观念的反面，并且还要从这里面认识到事物本质的、真实的和客观的东西。要想发现事物中的真理，单凭注意

① 恩格斯在《自然辩证法》中引用了梭伦的例子来指斥毕希纳。参看《马克思恩格斯全集》第20卷，第547页。——译者注

力或观察力并不济事,而必须发挥主观的〔思维〕活动,以便将直接呈现在当前的东西加以形态的改变。这点初看起来似乎有些颠倒,而且好像违反寻求知识的目的。但同样我们可以说唯有借助于反思作用去改造直接的东西,才能达到实体性的东西,这是一切时代共有的信念。到了近代才有人首先对于此点提出疑问,而坚持思维的产物和事物本身间的区别。据说,事物自身与我们对于事物自身的认识,完全是两回事。这种将思想与事物自身截然分开的观点,特别是康德的批判哲学所发挥出来的,与前些时代认为事情(Sache)①与思想相符合是不成问题的信心,正相反对。这种思想与事情的对立是近代哲学兴趣的转折点。但人类的自然信念却不以为这种对立是真实的。在日常生活中,我们也进行反思,但并未特别意识到单凭反思即可达到真理;我们进行思考,不顾其他,只是坚决相信思想与事情是符合的,而这种信念确是异常重要。但我们这时代有一种不健康的态度,足以引起怀疑与失望,认为我们的知识只是一种主观的知识,并且误认这种主观的知识是最后的东西。但是,真正讲来,真理应是客观的,并且应是规定一切个人信念的标准,只要个人的信念不符合这标准,这信念便是错误的。反之,据近来的看法,主观信念本身,单就其仅为主观形式的信念而言,不管其内容如何,已经就是好的,这样便没有评判它的真伪的标准。——前面我们曾说过,"人心的使命即在于认识真理",这是人类的一个旧信念,这话还包含有一层道理,即任何对

① das Ding 一般译作"物"或"事物"。die Sache 一般译成"事情",有时译成"实质",含有事物的"内容实质"之意。——译者注

象，外在的自然和内心的本性，举凡一切事物，其自身的真相，必然是思维所思的那样，所以思维即在于揭示出对象的真理。哲学的任务只在于使人类自古以来所相信于思维的性质，能得到显明的自觉而已。所以，哲学并无新的发明，我们这里通过我们的反思作用所提出的说法，已经是人人所直接固有的信念。

§ 23

(δ) 反思既能揭示出事物的真实本性，而这种思维同样也是我的活动，如是则事物的真实本性也同样是我的精神的产物，就我作为能思的主体，就我作为我的简单的普遍性而言的产物，也可以说是完全自己存在着的我或我的自由的产物。

〔**说明**〕我们常常听见为自己思考的说法，好像这话包含有重大的意义似的。其实，没有人能够替别人思考，正如没有人能够替别人饮食一样。所以这话是重复的。在思维内即直接包含自由，因为思想是有普遍性的活动，因而是一种抽象的自己和自己联系，换言之，就思维的主观性而言，乃是一个没有规定的自在存在，但就思维的内容而言，却又同时包含有事情及事情的各种规定。因此如果说到哲学研究上的谦逊或卑谦与骄傲，则谦逊或卑谦在于不附加任何特殊的特质或行动给主观性，所以就内容来说，只有思维深入于事物的实质，方能算得真思想；就形式来说，思维不是主体的私有的特殊状态或行动，而是摆脱了一切特殊性、任何特质、情况等等抽象的自我意识，并且只是让普遍的东西在活动，在这种活动里，思维只是和一切个体相同一。在这种情形下，我们至少可以说哲学是摆脱掉骄傲了。——所以当亚里士多德要求思想须保持一种高贵态度时，他所说的高贵性应即在于摆脱一切特殊的意见和揣测，而让事物的实质当权。

§ 24

思想，按照这样的规定，可以叫做客观的思想，甚至那些最初在普通形式逻辑里惯于只当作被意识了的思维形式，也可以算作客观的形式。因此逻辑学便与形而上学合流了。形而上学是研究思想所把握住的事物的科学，而思想是能够表达事物的本质性的。[①]

〔**说明**〕关于思想的某些形式如概念、判断和推论与其他的形式如因果律等等的关系，只是在逻辑学本身内才能加以研究。但现时至少有这样多是可以清楚看见的，就是当思想对事物要形成一个概念时，这概念及其最直接的形式判断和推论，决不会是由一些生疏的、外在的规定和关系所形成的。反思，有如上面所说，能深入于事物的共性，而共性本身即是概念的一个环节。说知性或理性是在世界中，同样地说出了客观思想所包含的相同的意义。这种说法也仍然有些不方便，因为一般的习惯总以为思想只是属于精神或意识的，而客观一词最初也只是用来指谓非精神的东西。

附释一：当我们说思想作为客观思想是世界的内在本质时，似乎这样一来就会以为自然事物也是有意识的。对此我们还会感觉一种矛盾，一方面把思维看成事物的内在活动，一方面又说

① 关于这一节，恩格斯作了简要摘评："形而上学——关于事物的科学——不是关于运动的科学。"巧妙地既否定了形而上学的唯心论性质，又批评了形而上学不研究运动的反辩证法性质。见《马克思恩格斯全集》第20卷，第547页。——译者注

人与自然事物的区别在于有思维。因此我们必须说自然界是一个没有意识的思想体系，或者像谢林所说的那样，自然是一种顽冥化的(Versteinerte)理智。为了免除误会起见，最好用思想规定或思想范畴以代替思想一词。——据前面所说，逻辑的原则一般必须在思想范畴的体系中去寻求。在这个思想范畴的体系里，普通意义下的主观与客观的对立是消除了的。这里所说的思想和思想范畴的意义，可以较确切地用古代哲学家所谓"Nous(理性)统治这世界"一语来表示。——或者用我们的说法，理性是在世界中，我们所了解的意思是说，理性是世界的灵魂，理性居住在世界中，理性构成世界的内在的、固有的、深邃的本性，或者说，理性是世界的共性。举一个切近的例子，如我们指着某一特定的动物说：这是一个动物。动物本身是不能指出的，能指出的只是一个特定的动物。动物本身并不存在，它是个别动物的普遍本性，而每一个存在着的动物是一个远为具体的特定的东西，一个特殊的东西。但既是一个动物，则此一动物必从属于其类，从属于其共性之下，而此类或共性即构成其特定的本质。譬如，把狗的动物性去掉，则〔狗便失其为狗〕，我们就无法说出它是什么了。任何事物莫不有一长住的内在的本性和一外在的定在。万物生死，兴灭；其本性，其共性即其类，而类是不可以单纯当作各物共同之点来理解的。

思想不但构成外界事物的实体(Subatanz)，而且构成精神性的东西的普遍实体。在人的一切直观中都有思维。同样，思维是〔贯穿〕在一切表象、记忆中，一般讲来，在每一精神活动和在一切意志、欲望等等之中的普遍的东西。所有这一切只是思想进一步的特殊化或特殊形态。这种理解下的思维便与通常单纯把思维能力与别的能力如直观、表象、意志等能力平列起来的看法，有不同的意义了。当我们把思维认为是一切自然和精神事物的真实共性时，思维便统摄这一切而成为这一切的基础了。我们可以首先把认思维为 Nous 这种对思维的客观意义的看法，和什么是思维的主观意义相结合。我们曾经说，人是有思想的。但同时我们又说，人是有直观、有意志的。就人是有思想的来说，他是一个有普遍性者，但只有当他意识到他自身的普遍性时，他才是有思想的。动物也是具有潜在的普遍的东西，但动物并不能意识到它自身的普遍性，而总是只感觉到它的个别性。动物看见一个别的东西，例如它的食物或一个人。这一切在它看来，都是个别的东西。同样，感觉所涉及的也只是个别事物（如此处的痛苦，此时感觉到的美味等）。自然界不能使它所含蕴的理性（Nous）得到意识，只有人才具有双重的性能，是一个能意识到普遍性的普遍者。人的这种性能的最初发动，即在于当他知道他是我的时候，当我说我时，我意谓着我自己作为这个个别的始终是特定的人。其实我这里所说出的，并没有什么特殊关于我自己的东西。因为每一个其他的人也仍然是一个我，当我自己称自己为“我”时，虽然我无疑地是指这个个别的我自己，但同时我也说出了一个完全普遍的东西。因此我乃是一纯粹的“自为存在”（Fürsichsein），在其中任何特殊的东西都是被否定或扬弃了的。这种自为的我，乃是意识中最后的、简单的、纯粹的东西。我们可以说：我与思维是同样的东西，或更确定地说，我是作为能思者的思维。凡是在我的意识中的，即是为我而存在的。我是一种接受任何事物或每一事物的空旷的收容器①，一切皆为我而存在，一切皆保存其自身在我中。每一个人都是诸多表象的整个世界，而所有这些表象皆埋葬在这个自我的黑夜中。由此足见我是一个抽掉了一切个别事物的普遍者，但同时一切事物又潜伏于其中。所以我不是单纯抽象的普遍性，而是包含一切的普遍性。平常我们使用这个“我”字，最初漫不觉其重要，只有在哲学的反思里，才将“我”当作一个考察的对象。在“我”里面我们才有完全纯粹的思想出现。动物就不能说出一个“我”字。只有人才能说“我”，因为只有人才有思维。在“我”里面就具有各式各样内的和外的内容，由于这种内容的性质不同，我也因而成为能感觉的我，能表象的我，有意志的我等等。但在这一切活动中都有我，或者也可以说在这一切活动中都有思维。因此人总是在思维着的，即使当他只在直观的时候，他也是在思维。假如他观察某种东西，他总是把它当作一种普遍的东西，着重其一点，把它特别提出来，以致忽略了其他部分，把它当作抽象的和普遍的东西，即使只是在形式上是普遍的东西。

我们的表象表现出两种情况；或者内容虽是一个经过思考的内容，而形式却未经过思考，或者正与此相反，形式虽属于思想，而内容则与思想不相干。譬如，当我说，愤怒、玫瑰、希望等词时，这些词所包含的内容，都是我的感觉所熟习的，但我用普遍的方式，用思想的形式，把这些内容说出来。这样一来，我就排斥了许多个别的情况，只用普遍的语言来表达那个内容，但是那个内容却仍然

---

① 直译应作“空虚和收容器”。——译者注

是感性的。反之，当我有上帝的表象时，这内容诚然是纯思的，但形式却是感性的，像我直接亲自感觉到的上帝的形式那样。所以在表象里，内容不仅仅是感性的，像在直观里那样，而且有着两种情况：或者内容是感性的，而形式却属于思维；或者正与此相反，内容是纯思的，而形式却又是感性的。在前种情况下，材料是外界给予的，而形式则属于思维，在第二种情况下，思维是内容的泉源，但通过感觉的形式这内容表现为给予的东西，因此是外在地来到精神里的。

附释二：逻辑学是以纯粹思想或纯粹思维形式为研究的对象。就思想的通常意义来说，我们所表象的东西，总不仅仅是纯粹的思想，因为我们总以为一种思想它的内容必定是经验的东西。而逻辑学中所理解的思想则不然，除了属于思维本身，和通过思维所产生的东西之外，它不能有别的内容。所以，逻辑学中所说的思想是指纯粹思想而言。所以逻辑学中所说的精神也是纯粹自在的精神，亦即自由的精神，因为自由正是在他物中即是在自己本身中、自己依赖自己、自己是自己的决定者。所以思想与冲动不同。在一切冲动中，我是从一个他物，从一个外在于我的事物开始。在这里，我们说的是依赖，不是自由。只有当没有外在于我的他物和不是我自己本身的对方时，我才能说是自由。那只是被他自己的冲动所决定的自然人，并不是在自己本身内：即使他被冲动驱使，表现一些癖性，但他的意志和意见的内容却不是他自己的，他的自由也只是一种形式上的自由。但当我思维时，我放弃我的主观的特殊性，我深入于事情之中，让思维自为地做主，倘若我掺杂一些主观意思于其中，那我就思维得很坏。

如果依前此所说，认为逻辑学是纯粹思维规定的体系，那么别的部门的哲学科学，如像自然哲学和精神哲学，似乎就是应用的逻辑学，因为逻辑学是自然哲学和精神哲学中富有生气的灵魂。其余部门的哲学兴趣，都只在于认识在自然和精神形态中的逻辑形式，而自然或精神的形态只是纯粹思维形式的特殊的表现。譬如，我们试取推论来说（不是指旧形式逻辑的三段论法，而是指真正的推论[1]），我们可以看见推论是这样的一个规定，即特殊是普遍与个别这两个极端结合起来的中项。这种推论的形式，就是一切事物的普遍形式。因为一切事物都是将普遍与个别结合起来的特殊。但自然软弱无力使得它自身不能够纯粹地表述出逻辑的形式。自然所表述的软弱无力的推论，可用磁力为例来说明。在磁针的中间或无差异点，把它的两极结合起来，这两极虽说彼此有差别，但直接地就被这磁针结合为一。物理学也可教我们从自然中认识到共性或本质。物理学与自然哲学的区别，只在于自然哲学能使我们在自然事物里意识到概念的真正形式。——由此可见逻辑学是使一切科学生气蓬勃的精神，逻辑学中的思维规定是一些纯粹的精神力量。这些思维规定就是事物内在的核心，但是它们同时又是我们常常挂在口边上的名词，因此又显得是异常熟知的东西。但是这类熟知的东西往往又是我们最无所知的东西。例

① 这里所谓“推论”（Schluß）或真正的推论（Schluß in seine Wahrheit）一般也叫三段式（syllogism），黑格尔这里经过辩证法改造的推论或三段式是指“两个极端结合起来的中项”，也就是指对立统一体。因此他进一步由逻辑上的三段式两极端的结合，联系到认识论或存在论上的三段式，说“这种推论形式就是一切事物的普遍形式”，也就是说，一切事物都具有对立统一的逻辑规定。参看下面 § 197 以下各节。——译者注

如，存在就是一纯粹思维规定，但我们平时决没有想到把存在或是作为考察的对象。大家平时总以为，绝对必远在彼岸，殊不知绝对却正在目前，是我们凡有思想的人所日用而不自知的。所有这类的思维规定大都包含在语言里面，所以儿童学习文法的用处，即在于使儿童不自觉地注意到人们平日思维中的种种区别。

人们惯常说，逻辑只是研究形式，它的内容却来自别处。其实，我们可以说，逻辑思想比起一切别的内容来，倒并不只是形式，反之，一切别的内容比起逻辑思想来，却反而只是〔缺乏实质的〕形式。逻辑思想是一切事物的自在自为地存在着的根据。要有相当高教养的人，才能够把他的兴趣指向这种逻辑的纯粹规定。对这些逻辑规定加以自在自为的考察，还有一层较深远的意义，即在于我们是从思维的本身去推演出这些思维的规定，并且即从这些思维规定的本身来看它们是否是真的。我们并不是从外面把它们袭取而来，并勉强给予定义，我们也不是把它们拿来与它们出现在我们意识中的形态漫加比较而指出其价值和有效性。因为如果这样做，我们就会从观察和经验出发，例如，这样说："力"这个范畴有效，是由于我们习惯于在某种情形下和在某种意义下使用力这个词。只要这个定义与我们对于通常呈现在我们意识中的对象的表象相符合，这样的定义也可说是正确的。在这种方式下，一个概念的规定，并不是按照它的自在自为的本质，而是按照一个〔外在的〕前提，这前提将会成为判断这一概念正确与否的标准和尺度。但在逻辑学范围内，我们用不着这类外在的标准，我们只须让那本身活泼自如的思维规定循着它们自己的进程逐步发展。

关于思想规定真与不真的问题，一定是很少出现在一般意识中的。因为思想规定只有应用在一些给予的对象的过程中才获得它们的真理，因此，离开这种应用过程，去问思想规定本身真与不真，似乎没有意义。但须知，这一问题的提出，正是解答其他一切问题的关键。说到这里，我们首先必须知道，我们对于真理应该如何理解。通常我们总是认为我们的表象与一个对象相符合叫做真理。这说法预先假定有一个对象，我们的表象应与这对象相符合。但反之，从哲学的意义来看，概括地抽象地讲来，真理就是思想的内容与其自身的符合。所以这与刚才所说的真理的意义，完全是另一种看法。但同时，即在平常习用的言语中，已经可以部分地寻得着较深的（哲学的）意义的真理。譬如我们常说到一个真朋友。所谓一个真朋友，就是指一个朋友的言行态度能够符合友谊的概念。同样，我们也常说一件真的艺术品。在这个意义下，不真即可说是相当于不好，或自己不符合自己本身。一个不好的政府即是不真的政府，一般说来，不好与不真皆由于一个对象的规定或概念与其实际存在之间发生了矛盾。对于这样一种不好的对象，我们当然能够得着一个正确的观念或表象，但这个观念的内容本身却是不真的。像这类正确的同时又是不真的观念，我们脑子里面可以有很多。——唯有上帝才是概念与实在的真正符合。但一切有限事物，自在地都具有一种不真实性，因为凡物莫不有其概念，有其存在，而其存在总不能与概念相符合。因此，所有有限事物皆必不免于毁灭，而其概念与存在间的不符合，都由此表现出来。个别的动物以类为其概念，通过个别动物的死亡，类便从其个别性里解脱出来了。[①]

① 类与个体的关系在本书§220至§222里，尚有详细说明。——译者注

在刚才所解释的意义下，把真理认作自身的符合，构成逻辑学的真正兴趣。因为在通常意识里，关于思维规定的真理问题就完全不会发生。因此，逻辑学的职务也可以说是在于考察思维规定把握真理的能力和限度。这问题于是归结到这里：什么是无限事物的形式，什么是有限事物的形式，在通常意识里，我们对于有限的思维形式从来没有怀疑过，而是听任其无条件地通行有效。但按照有限的规定去思维和行动，就是导致一切幻觉和错误后果的来源。

附释三：我们可以用种种不同的方式去认识真理，而每一种认识的方式，只可认作一种思想的形式。我们总是首先通过经验去认识真理，但经验也只是一种形式。一说到经验[①]，一切取决于用什么样的精神（Sinn）去把握现实。一个伟大的精神创造出伟大的经验，能够在纷然杂陈的现象中洞见到有决定意义的东西。理念是当前存在的，也是现实的，并不是某种远在天外隐在物后的东西。伟大的精神，譬如像歌德这类的精神，静观自然，透视历史，能创造伟大的经验，能洞见理性原则，并把它发抒出来。此外还有一种认识真理的方法，就是反思，反思的方式用思想的关系来规定真理。但这两种方式还不是表述自在自为的真理的真正形式。认识真理最完善的方式，就是思维的纯粹形式。人采取纯思维方式时，也就最为自由。

认为思维的形式是最高的形式，认为思维的形式可以把握绝

---

① 以下三行，恩格斯在《自然辩证法》中曾摘录过，参看《马克思恩格斯全集》第20卷，第547页。——译者注

对真理的本来面目，是一般哲学通有的信念。要证明这信念，其意义首先在于指出认识的其他形式都是有限的形式。那高超的、古代的怀疑主义，当它指出所有那些有限的认识形式本身都含有矛盾时，也曾完成了这项工作。但当古代的怀疑主义在攻击理性时，也须采取一些理性的形式，而且首先把某些有限的东西掺杂在理性的形式之中，以便把握住它们。有限思维的全部形式将会在逻辑发展的过程中依次出现，而且是依必然的次序而出现。这里在导言部分，只得权且以非科学的方式把这些形式当作给予的材料。在逻辑研究本身，不仅要指出这些形式的否定方面，而且要指示出它们的肯定方面。

当我们把认识的各种形式加以互相比较，第一种形式，直接知识，容易被看成最适宜、最美和最高的一种形式，这种形式包括道德观点上所谓天真，以及宗教的情绪，纯朴的信赖，忠、爱和自然的信仰。其他两种形式，首先反思认识的形式，其次，哲学的认识，就超出了那种直接的天籁的和谐。由于这两种形式有这种共同点，所以通过思维以把握真理的方式，容易被看成是人类一种骄傲，一种全凭自己固有的力量以认识真理的骄傲。但这种观点包含一种普遍的分离（Trennung），这种分离的观点当然会被认为是一切罪恶的根源，或原始的犯罪，因此要想返回本真，达到和解，似乎非放弃思想，摒绝知识不可。这里所说的离开了自然的统一〔或谐和〕，自古以来，各民族的先哲，早已意识到这种精神上的奇异的分裂。[1] 在大自

① 按“分裂”，德文原文为 Entzweiung 有分而为二或分裂为二的意义，这里指脱离了最初神人合一，自然与人一体的谐和境界。《精神现象学》第四章，作为一种意识形态分析了“苦恼意识”的矛盾发展过程。——译者注

然里，这样的内心的分裂没有出现，自然事物也不知道作恶。

关于人的堕落的摩西神话，对于这种分裂的起源和后果曾经给了我们一个古老的观念。这个神话的内容形成了宗教信仰的理论基础，即关于人的原始罪恶及人有赖于神力的解救之必要的学说。在逻辑学的开端，对人的堕落这个神话加以考察，也许是很适宜的事，因为逻辑学以知识为研究的对象，而这个神话也牵涉到知识的起源与意义的问题。而且哲学不应回避宗教的问题，也不应放弃自己批评的职守，好像只要宗教对哲学取容忍态度，哲学便自觉满意，一切可不闻不问似的；同样，另一方面，哲学也不可抱这样的看法，以为这类神话和宗教观念既已受了各民族数千年的尊敬，似乎已经毫无问题，可以置之不理。

试就人类堕落的神话加以仔细考察，便可看出，有如上面所说，这神话却表达了知识和精神生活间的普遍关系。精神生活在其素朴的本能的阶段，表现为无邪的天真和淳朴的信赖。但精神的本质在于扬弃这种自然素朴的状态，因为精神生活之所以异于自然生活，特别是异于禽兽的生活，即在其不停留在它的自在存在的阶段，而力求达到自为存在。但这种分裂境地，同样也须加以扬弃，而精神总是要通过自力以返回它原来的统一。这样赢得的统一乃是精神的统一。而导致返回到这种统一的根本动力，即在于思维本身。这就是“击伤的是他的手，医伤的也是他的手”[①]的意思。

① 此语见《旧约全书·约伯记》第五章，中译本此句全文如下：“你不可轻看全能者的管教，因为他打破又缠裹；他击伤，用手医治。”——译者注

神话中曾经这样说：亚当和夏娃，最初的人，或典型的人，被安置在一个果园里面，园中有一棵生命之树，有一棵善与恶知识之树。据说，上帝曾告诫过他们，禁止摘食知识之树的果子。关于生命之树暂且不提。这里所表示的意思，显然是说人不应寻求知识，而须长保持天真的境界。即在其他有较深沉意识的民族里，我们也发现有同样观念，认为人类最初的境界是天真无邪和谐和一致的。这种看法，就其认为“分裂状态”(Entzweiung)是所有人类无法避免的，不是最后安息之所而言，显然是对的。但如果认为这种自然素朴的境界是至善境界，那就不对了。精神不只是直接的素朴的，它本质上包含有曲折的中介的阶段。婴儿式的天真，无疑地，有其可歆羡和感人之处，只在于促使我们注意，使我们知道这天真谐和的境界，须通过精神的努力才会出现的。在儿童的生活里所看见的谐和乃是自然的赐予，而我们所需返回的谐和应是劳动和精神的教养的收获。基督曾说过：“如果你不变成同小孩一样”等语，足见他并不是说我们应该长久作小孩。

再则，在摩西的神话里，使人离开那原始的谐和的机缘，乃是一外在的诱力(即蛇的引诱)。其实，个人进入对立面，即是人本身意识的觉醒，这种受外力引诱是每个人所不断重演的历史。所以蛇的引诱象征善恶的分别，也包含在神性之内。而这种对于善恶的知识，实际上也是人所分享的。当人分有了这种知识时，他便享受了禁果，而与他自己的直接的存在破裂了。对自己的觉醒意识的初次反思，人们发现他们自身是裸体的。赤裸可以说是人的很朴素而基本的特性。他认裸体为可羞耻包含着他的自然存在和感性存在的分离。禽兽便没有进展到有这种分离，因此也就不知羞耻。所以在人的羞耻的情绪里又可以找到穿衣服的精神的和道德的起源,而衣服适应单纯物质上的需要,倒反而只居于次要地位。

其次,尚须提一下上帝加诸世人的所谓谴责或灾难。天谴观念所着重之点,即在于指出天谴主要的关涉到人与自然的对立。男子应该汗流满面去劳动,女子应该忍受痛苦去生育。此种劳动,细究起来,一方面固是与自然分裂的结果,一方面也是对于这种分裂的征服。禽兽对于足以满足其需要之物,俯拾即是,不费气力。反之,人对于足以满足其需要手段,必须由他自己去制造培植。所以,即就他对于外界事物的关系来说,人总是通过外物而和他自身相联系。

摩西的神话,并不以亚当和夏娃被逐出乐园而结束。它还意味着更多的东西:"上帝说,看呀,亚当也成为相似于我们当中的一分子了,因为他知道什么是善和恶。"[1]这些话表明知识是神圣的了,不似从前那样,把知识认为是不应该存在的东西了。在这里还包含有对于认为哲学只属于精神的有限性那样说法的一种显明的反驳。哲学是认识,也只有通过认识,人作为上帝的肖像这一原始的使命才会得到实现。这个神话又说道:上帝把人从伊甸园里驱逐出去了,以便阻止他吃那生命之树。这话的真义即在于指出就人的自然方面来说,他确是有限的,同时也是有死的,但就他在认识方面来说,他却是无限的。

教会上有一熟知的信条,认为人的本性是恶的,并称本性之恶为原始的罪恶。依这个说法,我们必须放弃一种肤浅的观念,即认

① 《旧约全书·创世记》,第3章,第22节。——译者注

原始罪恶只是基于最初的人的一种偶然行为。其实由精神的概念即可表明本性是恶的，我们无法想象除认人性为恶之外尚有别种看法。只要就人作为自然的人，就人的行为作为自然的人的行为来说，他所有的一切活动，都是他所不应有的。精神却正与自然相反，精神应是自由的，它是通过自己本身而成为它自己所应该那样。自然对人来说只是人应当加以改造的出发点。与这个有深刻意义的教会信条原始罪恶说正相反对的，便是近代启蒙时期兴起的一个学说，即认人性是善的，因此人应忠于他的本性。

人能超出他的自然存在，即由于作为一个有自我意识的存在，区别于外部的自然界。这种人与自然分离的观点（Standpunkt der Trennung）虽属于精神概念本身的一个必然环节，但也不是人应该停留的地方。因为人的思维和意志的有限性，皆属于这种分裂的观点（Standpunkt der Entzweiung）。在这有限的阶段里，各人追求自己的目的，各人根据自身的气质决定自己的行为。当他向着最高峰追求自己的目的，只知自己，只知满足自己特殊的意欲，而离开了共体时，他便陷于罪恶，而这个罪恶即是他的主观性。在这里，初看起来我们似乎有一种双重的恶，但二者实际上又是一回事。就人作为精神来说，他不是一个自然存在。但当他作出自然的行为，顺从其私欲的要求时，他便志愿作一个自然存在。所以，人的自然的恶与动物的自然存在并不相同。因此自然性可以更确切地说是具有这样的规定，即自然人本身即是个别人，因为一般说来，自然即是个别化的纽带。所以说人志在做一自然人，实无异于说他志在做一个个别的人。和这种出于冲动和嗜欲、属于自然的个别性的行为相反对的，便是规律或普遍的原则。这规律也许是一外在的暴力，或具有神圣权威的形式。只要人老是停留在自然状态的阶段，他就会成为这种规律的奴隶。在自然的本能和情感里，人诚然也有超出自己的个别性的善意的、社会的倾向，同情心，爱情等等。但只要这些倾向仍然是出于素朴的本能，则这些本来具有普遍内容的情欲，仍不能摆脱其主观性，因而总仍不免受自私自利和偶然任性的支配。

§ 25

根据上节所说，客观思想一词最能够表明真理，——真理不仅应是哲学所追求的目标，而且应是哲学研究的绝对对象。但客观思想一词立即提示出一种对立，甚至可以说，现时哲学观点的主要兴趣，均在于说明思想与客观对立的性质和效用，而且关于真理的问题，以及关于认识真理是否可能的问题，也都围绕思想与客观的对立问题而旋转。如果所有思维规定都受一种固定的对立的限制，这就是说，如果这些思维规定的本性都只是有限的，那么思维便不适合于把握真理，认识绝对，而真理也不能显现于思维中。那只能产生有限规定，并且只能在有限规定中活动的思维，便叫做知性（就知性二字严格的意思而言）。而且思维规定的有限性可以有两层看法。第一，认为思维规定只是主观的，永远有一客观的〔对象〕和它们对立。第二，认为各思维规定的内容是有限的，因此各规定间即彼此对立，而且更尤其和绝对对立。为了说明并发挥这里所提示的逻辑学的意义和观点起见，对于思维对客观性的各种态度将加以考察，作为逻辑学进一步的导言。

〔**说明**〕在我的《精神现象学》一书里，我是采取这样的进程，从最初、最简单的精神现象，直接意识开始，进而从直接意识的辩证进展(Dialektik)逐步发展以达到哲学的观点，完全从意识辩证进展的过程去指出达到哲学观点的必然性(也就因为这个缘故，在那本书出版的时候，我把它当作科学体系的第一部分)。因此哲学的探讨，不能仅停留在单纯意识的形式里。因为哲学知识的观点本身同时就是内容最丰富和最具体的观点，是许多过程所达到的结果。所以哲学知识须以意识的许多具体的形态，如道德、伦理、艺术、宗教等为前提。意识发展的过程，最初似乎仅限于形式，但同时即包含有内容发展的过程，这些内容构成哲学各特殊部门的对象。但内容发展的过程〔在逻辑上〕必须跟随在意识发展的过程之后，因为内容与意识的关系，乃是潜在〔与形式〕的关系。因此对于思维形式的阐述，较为烦难，因为有许多属于哲学各特殊部门的具体材料，都部分地已经在那作为哲学体系的导言里，加以讨论了。本书的探讨，如果只限于用历史的和形式推理的方式，那就会有更多的不方便之处。但本书主要的是在发挥一种根本见解，即指出，一般人对于认识、信仰等等的本性的观念，总以为完全是具体的东西，其实均可回溯到简单的思想范畴，这些思想范畴只有在逻辑学里才得到真正透彻的处理。

A. 思想对客观性的第一态度；形而上学

§ 26

思想对于客观性的第一态度是一种素朴的态度，它还没有意识到思想自身所包含的矛盾和思想自身与信仰的对立，却相信，只靠反思作用即可认识真理，即可使客体的真实性质呈现在意识前面。有了这种信仰，思想进而直接去把握对象，再造感觉和直观的内容，把它当作思想自身的内容，这样自以为得到真理，而引为满意了。一切初期的哲学，一切科学，甚至一切日常生活和意识活动，都可说是全凭此种信仰而生活下去。

§ 27

这种态度的思维，由于它没有意识到自己的对立，就内容言，既可成为真正玄思的哲学学说，同样也可老停滞在有限的思维规定里，亦即老停滞在尚未解除的对立里。现在在这导言里，我们的兴趣只在于观察这种思想态度的限度，并进而首先考察代表这种思想态度的最近的哲学系统。最明确而且与我们相距最近的例证，当推过去的形而上学，如康德以前的那些形而上学。但这种形而上学只有就哲学史来说才可以说是某种过去了的东西；就其本身来说，即单纯用抽象理智的观点去把握理性的对象，却仍然一般地总是出现的。因此，对于这种思想态度的外表面貌和主要内容加以细密的考察，同时也有其切近现实的兴趣。

§ 28

康德以前的形而上学认为思维的规定即是事物的基本规定，并且根据这个前提，坚持思想可以认识一切存在，因而凡是思维所想的，本身就是被认识了的。因此其立脚点好像比稍后的批判哲学还更高深一些。但是，(1)它们认为抽象的孤立的思想概念即本身自足,可以用来表达真理而有效准。这种形而上学大都以为只须用一些名词概念〔谓词〕,便可得到关于绝对的知识,它既没有考察知性概念的真正内容和价值,也没有考察纯用名言〔谓词〕,去说明绝对的形式是否妥当。

〔**说明**〕用来说明绝对的概念或谓词,例如存在用在"上帝有存在"这个命题里。又如有限或无限用在"世界究竟是有限或无限"这个问题里,再如简单或复杂用在"灵魂是简单的"这个命题里。又如物是单一的或是一全体等等。人们既没有考察究竟这些谓词是否具有独立自存的真理,也没有考察一下,究竟命题的形式是否能够表达真理的正确形式。

附释:旧形而上学的前提与一般素朴信仰的前提相同,即认为思想可以把握事物的本身,且认为事物的真实性质就是思想所认识的那样。人的心灵和自然是变化莫测的精怪,须有一种切近的反思,才可以发现呈现在当前的事物并非事物的本身。——这里所提到的旧形而上学的观点,恰好与康德的批判哲学所达到的结果相反。这结果,我们很可以说,乃是教人单凭秕糠去充食物。

今试进而细察旧形而上学的方法,便可看出这种形而上学并未能超出单纯抽象理智的思维。它只知直接采取一些抽象的思维规定,以为只消运用这些抽象规定,便可有效地作为表达真理的谓词。须知,一说到思维,我们必须把有限的、单纯理智的思维与无限的理性的思维区别开。凡是直接地、个别地得来的思维规定,都是有限的规定。但真理本身是无限的,它是不能用有限的范畴所能表达并带进意识的。无限思维一词,对于那坚持新近一种看法,认为思维总是有限制的人们,也许会显得惊异。但须知,思维的本质事实上本身就是无限的。就形式上讲来，所谓有限之物是指那物有它的终点，它的存在到某种限度为止，即当它与它的对方联系起来，因而受对方的限制时，它的存在便告终止。所以有限之物的持存，在于与它的对方有联系，这对方就是它的否定，并表明它自己就是那有限之物的界限，但是思维却是自己在自己本身内，自己与自己本身相关联，并且以自己本身为对象。当我以一个思想作为思考的对象时，我便是在我自己的本身内。因此，我、思维，是无限的。因为，当我思维时，我便与一个对象发生关系，而对象就是我自己本身。一般讲来，对象就是我的对方，我的否定者。但当思维思维它自己本身时，则思维的对象同时已不是对象了。换言之，此对象的客观外在性已变成被扬弃了的、观念性的东西了。因此纯粹思维本身是没有限制的。思维是有限的，只有当它停留在有限的规定里，并且认这些有限规定为究竟至极的东西。反之，无限的或思辨的思维，一方面同样是有规定的，但一方面即在规定和限制过程之中就扬弃了规定和限制的缺陷。所以无限并不似通常所想象的那样，被看成一种抽象的往外伸张和无穷的往外伸张，而是即如上面所说那样简单的方式。

旧形而上学的思维是有限的思维，因为它老是活动于有限思维规定的某种界限之内，并把这种界限看成固定的东西，而不对它再加以否定。譬如，就“上帝有存在吗？”一问题而言，旧形而上学家便认这里的存在为一纯粹肯定的、究竟至极的、无上优美的东西。但以后我们便可看到，存在并不单纯是一种肯定的东西，而是一太低级的规定，不足以表达理念，也不配表达上帝。又如再就世界是有限或无限这一问题而言，他们也以为这里的有限与无限是固定对立的。但这却很容易看出，当有限与无限两者互相对立时，这本应认作代表全体的无限，仅表现为偏于一面，被有限所限制着的一面。但被限制的无限仍不过只是一有限之物而已。在同样情形下，当我们问及："灵魂是简单的或复杂的？"一问题时，他们还是认为"简单"是一个足以表示真理的最后规定。但须知，简单正如存在一样，都是一个异常贫乏、抽象、片面的规定，我们往后便可看出，它本身并不真实，不能够把握真理。如果把灵魂认作仅是简单的，则灵魂将会被这种抽象看法说成仅是片面的和有限的了。

由此足见，旧形而上学的主要兴趣，即在于研究刚才所提到的那些谓词是否应用来加给它们的对象。但这些谓词都是有限制的知性概念，只能表示一种限制，而不能表达真理。尤须特别注意的：这个方法的特点乃在于把名字或谓词加给被认知的对象，如上帝。但这只是对于对象的外在反思，因为用来称谓对象的规定或谓词，乃是我自己的现成的表象，只是外在地加给那对象罢了。反之，要想得到对于一个对象的真知，必须由这对象自己去规定自己，不可从外面采取一些谓词来加给它。如果我们试用谓词的方式以表达真理，则我们的心思便不禁感觉到这些名言无法穷尽对象的意义。从这种观点出发，东方的哲人每每称神为多名的或无尽名的，是完全正确的。凡是有限的名言，决不能令心灵满足。于是那东方的哲人不得不尽量搜集更多的名言。无疑地，对有限事物必须用有限的名言以称谓之，这正是知性施展其功能的处所。知性本身是有限的，也只能认识有限事物的性质。譬如，当我称某种的行为为偷窃时，则偷窃一名词已足描述那行为的主要内容，对于一个审判官，这样的知识已算充分。同样，有限事物彼此有因与果，力与表现的关系，如果用这些规定去表述它们，则就其有限性而言，它们便算被认识了。但理性的对象却不是这些有限的谓词所能规定，然而企图用有限的名言去规定理性的对象，就是旧形而上学的缺陷。

§ 29

类似这样的谓词，其内容本身都是有限制的，它们是不适宜于表达上帝、自然、精神等内容丰富的观念，而且是决不足以穷尽其含义的。再则，因为这些谓词既是称谓一个主词的宾词，它们彼此间是有联系的，但就它们的内容而言，它们又是有差别的，所以它们都是从外面拾取而来的，彼此间缺乏有机联系。

〔**说明**〕对于第一种缺陷，东方的哲人则用多名的说法去补救，譬如，当他们在规定神时，便加给神许多名字。但同时，他们也承认，名字的数目应该是无限多。

§ 30

(2)形而上学的对象诚然是大全，如灵魂、世界、上帝，本身都是属于理性的理念，属于具体共相的思维范围的对象。但形而上学家把这些对象从表象中接受过来，当作给予的现成的题材，应用知性的规定去处理它们。这些对象既来自表象，故只有用表象为标准去评判那些谓词是否恰当和是否充分足以表达理性的对象。

§ 31

灵魂、世界、上帝诸表象初看似乎给予思维以一个坚实的据点。但其实不然，不仅掺杂有特殊的主观的性格于这些表象之中，因此它们可以各有异常分歧的意义，所以它们还须首先通过思维才会获得固定的规定。从任何一个须通过谓词（即在哲学上通过思维范畴）以说明什么是主词或什么是最初的表象的命题里，均可看见思维的活动使表象的意思更为明确的事实。

〔**说明**〕在这样一个命题，如“上帝是永恒的”里面，我们从上帝的表象开始，但还不知道上帝究竟是什么，还须用一个谓词，才能把上帝是什么说出来。因此，在逻辑学里，其内容须纯全为思想的形式所决定，如果将这些范畴用来作为上帝或较宽泛的绝对这类主词的谓词，不但是多余的，而且还有一种弱点，就是会令人误以为除了思想本身的性质之外，尚另有别的标准。不仅如此，命题的形式，或确切点说，判断的形式，不适于表达具体的和玄思的真理（真理是具体的）。因为判断的形式总是片面的，就其只是片面的而言，它就是不真的。

附释：这种形而上学并不是自由的和客观的思想，因为它不让客体自由地从自己本身来规定其自身，而把客体假定为现成的。——说到自由思想，我们必须承认希腊哲学代表典型的自由思想，而经院哲学则否，因为经院哲学，正如这种形而上学，也同样接受一种现成给予的东西，亦即由教会给予的信条为其内容。我们近代的人，通过我们整个文化教养，已经被许多具有丰富深邃内容的观念所熏陶，要想超出其笼罩，是极其困难的。而古代希腊的哲学家，大都自觉他们是人，完全生活于活泼具体的感官的直观世界中，除了上天下地之外，别无其他前提，因为神话中的一些观念已早被他们抛在一边了。在这种有真实内容的环境中，思想是自由的，并且能返回到自己本身，纯粹自在，摆脱一切材料的限制。这种纯粹自在的思想就是翱翔于海阔天空的自由思想，在我们上面，或在我们下面，都没有东西束缚我们，我们孤寂地独立在那里沉思默想。

§ 32

(3)这种形而上学便成为独断论，因为按照有限规定的本性，这种形而上学的思想必须于两个相反的论断之中，如上面那类的命题所代表的，肯定其一必真，而另一必错。

附释：独断论的对立面是怀疑论。古代的怀疑论者，对于只要持有特定学说的任何哲学，都概称为独断论。在这样的广义下，怀疑论者对于真正的思辨哲学，也可加以独断论的徽号。至于狭义的独断论，则仅在于坚执片面的知性规定，而排斥其反面。独断论坚执着严格的非此必彼的方式。譬如说，世界不是有限的，则必是无限的，两者之中，只有一种说法是真的。殊不知，具体的玄思的真理恰好不是这样，恰好没有这种片面的坚执，因此也非片面的规定所能穷尽。玄思的真理包含有这些片面的规定自身联合起来的全体，而独断论则坚持各分离的规定，当作固定的真理。

在哲学中常有这种情形，把片面性提出来与全体性并列，而固执一种论断、一种特殊的、固定的东西，以与全体对立。但事实上，片面的东西并不是固定的、独立自存的东西，而是作为被扬弃了的东西包含在全体内。知性形而上学的独断论主要在于坚执孤立化的片面的思想规定，反之，玄思哲学的唯心论则具有全体的原则，表明其自身足以统摄抽象的知性规定的片面性。所以唯心论可以说：灵魂既非仅是有限的，也非仅是无限的，但本质上灵魂既是有限，也是无限，因此既非有限，也非无限。换言之，这类孤立化的规定是应加扬弃的一偏之见，不适于表达灵魂的性质。即在我们通常的意识里，也已经随处表现出这种唯心论。譬如对于感性事物，我们说它们是变化的。所谓变化的，就是说它们是“有”，同时也是“非有”。但对于知性的规定，我们似乎比较固执一些。我们总把它们当作固定的，甚至当作绝对固定的思维规定。我们认为有一无限深的鸿沟把它们分离开，所以那些彼此对立的规定永不能得到调解。理性的斗争即在于努力将知性所固执着的分别，加以克服。

§ 33

形而上学的第一部分是本体论，即关于本质的抽象规定的学说。对于这些规定的多样性及其有限的效用，也缺乏一个根本原则。所以这些规定必须经验地和偶然地漫无次序地列举出来，而它们的详细内容，只能以表象以字义或字根为根据去说明，宣称某些字有某种含义，故可用来表示某种内容。因此，这部门的形而上学只能寻求经验的完备性，和符合语言习惯的字面分析的正确性，而没有考虑到这些规定自在自为的真理性和必然性。

〔**说明**〕关于存在、定在，或有限性、单纯性、复合性等等本身是否真的概念这一问题，那些相信只有一个命题才有真错，只能问一个概念加在一个主词上是真是错的问题的人，定会觉得奇怪，因为他们认为真与不真只取决于表象的主词与用来称谓主词的概念之间有了矛盾。但概念是具体的，概念自身，甚至每一个规定性，本质上一般都是许多不同规定的统一体。因此如果真理除了没有矛盾外别无其他性质,则对于每一概念首先必须考察就它本身说来是不包含这样一种内在矛盾。

§ 34

形而上学的第二部分是理性心理学或灵魂学,它研究灵魂的形而上学的本性,亦即把精神当作一个实物去研究。

〔**说明**〕这种研究要想在复合性、时间性、质的变化、量的增减的定律支配的范围内去寻求灵魂不灭。

附释:这部分的心理学之所以称为理性的,用意在表示它和对灵魂外化现象的经验研究相对立。理性心理学通过抽象思维的规定去研究灵魂的形而上的本性。这门学问的目的在于认识灵魂的内在本性,灵魂自身,灵魂被思想所把握的真面目。——现时,哲学里很少谈到灵魂了,而主要的是在谈精神。精神是和灵魂有区别的,灵魂好像是肉体与精神之间的中介,或者两者之间的联系。精神沉浸在全身内为灵魂,灵魂是使身体有生命的原则。

旧形而上学把灵魂理解为物(Ding)。但"物"是一个很含混的名词。所谓物首先是指一个当前实存着的物而言,是我们感官所能表象的一种东西,于是人们也就在这一意义下,说灵魂是感官所能表象之物。所以人们会发生灵魂所寄居的地方问题。灵魂既有居住的地方,当然是在空间中,可以用感官去表象的。同样,既认灵魂为一个物,因此便可问灵魂是单纯的还是复合的了。这个问题对于灵魂不灭至关重要,因为灵魂的不灭是被认为以灵魂的单纯性为条件的。但是事实上,抽象的单纯性这一规定和复合性一样,都不符合灵魂的本质。

说到理性心理学与经验心理学的关系,前者显然比后者较为高深些,因为前者的任务在通过思维以认识精神,并进而证明这种思想内容的真实性,而经验心理学则以知觉为出发点,只限于列举并描述知觉所供给的当前事实。但我们既然以精神为思考的对象,就不可太回避精神的特殊现象。精神是主动的,这里所谓主动的意义与经院哲学家曾经说上帝是绝对的主动性的意义是相同的。但由于精神既是主动的,则精神必会表现其自身于外。因此我们不能把精神看成一个没有过程的存在(ens),像旧形而上学的办法,把精神无过程的内在性和它的外在性截然分开。我们主要的必须从精神的具体现实性和能动性去考察精神,这样就可以认识到精神的外在表现是由它的内在力量所决定的。

§ 35

形而上学的第三部分是宇宙论,探讨世界,世界的偶然性、必然性、永恒性、在时空中的限制,世界在变化中的形式的规律,以及人类的自由和恶的起源。

〔**说明**〕宇宙论中所认为绝对对立的,主要有下列各范畴:偶然性与必然性;外在必然性与内在必然性;致动因与目的因,或因果律一般与目的;本质或实体与现象;形式与质料;自由与必然;幸福与痛苦;善与恶。

附释:宇宙论研究的对象,不仅限于自然,而且包括精神、它的外在的错综复杂的关系。精神的现象一般说来,宇宙论以一切定在、一切有限事物的总体为其研究的对象。但是宇宙论并不把它的对象看成是一个具体的全体，而是只按照抽象的规定去看对象。因此它只研究这类的问题，例如，究竟是偶然性抑或必然性支配这世界？这世界是永恒的抑或是被创造的？这种宇宙论的主要兴趣只在于揭示出所谓普遍的宇宙规律，例如说，自然界中没有飞跃(Sprung)。飞跃在这里是指没有经过中介性而出现的质的差别及质的变化而言，与此相反，量的逐渐变化显然是有中介性的。

关于精神如何表现其自身于世界中的问题，宇宙论所讨论的主要是关于人的自由和恶的起源问题。无疑地这些是人人极感兴趣的问题。但要想对这些问题提出一个满意的答复，最紧要的是我们切不可把抽象的知性规定坚执为最后的规定，这意思是说，不可认为对立的两个规定的任何一方好像有其本身的持存性似的，或者认为任何一方在其孤立的状态下就有其实体性与真理性似的。但康德以前的形而上学家，却大都采取这种固执孤立的观点，所以他们在宇宙论的讨论里，便不能达到他们想要把握世界现象的目的。譬如，试看他们如何把自由与必然区别开，以及如何应用这些规定来讨论自然和精神。他们总是认为自然现象受必然规律的支配，而精神则是自由的。这种区别无疑是很重要的，而且是以精神本身最深处的要求为根据的。但把自由和必然认作彼此抽象地对立着，只属于有限世界，而且也只有在有限世界内才有效用。这种不包含必然性的自由，或者一种没有自由的单纯必然性，只是一些抽象而不真实的观点。自由本质上是具体的，它永远自己决定自己，因此同时又是必然的。一说到必然性，一般人总以为只是从外面去决定的意思，例如在有限的力学里，一个物体只有在受到另一物体的撞击时，才有运动，而且运动所循的方向也是被另一物体的撞击所决定的。但这只是一种外在的必然性,而非真正内在的必然性,因为内在的必然性就是自由。

同样,善与恶的对立也是这样。善与恶的这种对立,在近代世界中可以说是愈益深刻化了。假如,我们认恶为本身固定,认恶不是善,这诚然完全是对的,它们两者之间实有相反处。即使那些认为善恶的对立只是表面的或相对的人,也并不承认善与恶在绝对中是同一的,有如近来许多人所常说的,一物之所以成为恶,只是由于我们的〔主观的〕看法有以使然。但如果我们认恶为固定的肯定的东西,那就错了。因为,恶只是一种否定物,它本身没有持久的存在,但只是想要坚持其独立自为存在,其实,恶只是否定性自身的绝对假象。

§ 36

形而上学的第四部分是自然的或理性的神学,它研究上帝的概念或上帝存在的可能性,上帝存在的证明和上帝的特性。

〔**说明**〕(a)从知性的观点去探讨上帝,其主要的目的在于寻求哪些谓词适合或不适合于表达我们表象中的上帝。因此实在性与否定性的对立出现在这里便成为绝对的。这样一来,这为知性所坚持的上帝概念,最后便只是一个空洞抽象的无确定性的本质,一个纯粹的实在性或实证性,——这就是近代启蒙思想的一种毫无生命的产物。

(b)用有限认识去证明上帝的存在总会陷于本末倒置:目的在寻求上帝存在的客观根据,而这客观根据又被表述为是以另一物为条件的一种东西。这种证明是以知性的抽象同一为准则,陷于由有限过渡到无限的困难。其后果或者是不能将上帝从存在世界无法逃避的有限性中解放出来，从而将上帝认作这有限世界的直接的实体——这就会流入泛神论；或者是认上帝为永远与主体对立的客体，这样一来，上帝也是有限的——这就陷于二元论。

(c)上帝的特性，本应是多样的，而且也应是确定的，然而照这种看法也就难免沉陷于纯粹实在或不确定的本质的抽象概念中。但如果把有限世界认作真实的存在，把上帝看成与它对立，就又会引起认为上帝与世界有种种不同的关系的看法。这些不同的关系就被认作上帝的特性，一方面它们必须是对于一切有限情况的关系，其本身即是有限的性格。(例如说：上帝具有公正、仁慈、威力、智慧等特性。)另一方面，它们同时又必须是无限的。按照这个观点，对于这种矛盾，只能通过各种特性之量的增加的办法得到一个模糊溶解，而将上帝的各种特性引到不确定的惝恍迷离的至高无上的感觉(Sensum eminentiosem)之中。

附释：旧形而上学中的理性神学部分，其目的在于确定理性的本身究竟能够认识上帝到什么限度。无疑地，通过理性去认识上帝是哲学的最高课题。宗教最初所包含的都是些关于上帝的表象。这些表象汇集为信条，自幼便传授给我们当作宗教的教义。只要个人相信这些教义，觉得它们是真理，他便算具有作一个基督徒应有的条件。但神学是研究这种宗教信仰的科学。但如果神学只是一些宗教教义的外在的列举与汇集，则这种神学尚不得称为科学。即以现时极盛行的单纯对于宗教对象的历史的研究而论(例如关于这个或那个神父所说的话的报告)，也还不能使神学具有科学性。要想使神学成为科学，首先必须进而对于宗教达到思维的把握，这就是哲学的任务了。所以真正的神学本质上同时必是宗教哲学，即在中世纪，那时的神学也是宗教哲学。

试对旧形而上学中的理性神学细加考察，便可看出这种神学不是探讨上帝的理性科学，而只是知性科学，其思维仅仅活动于抽象的思想规定之中。这里所要探讨的是上帝的概念，却以上帝的表象作为关于上帝的知识的标准。但思维必须在自己本身内自由运用，不过同时却须注意，自由思维的结果与基督教的教义应该是一致的，因为基督教的教义就是理性的启示。但理性的神学却说不上达到了这种一致。因为理性神学所从事的，在于通过思维去规定上帝的表象，因此所得到的关于上帝的概念只是些肯定性和实在性的抽象概念，而排斥一切否定性的概念，于是上帝就被界说为一切存在中的最真实的存在。但是任何人也易于看出，说这个万有中的最真实的存在没有任何否定性，恰好是他应当如此，和知性以为他是如何的反面。他不仅不是最丰富最充实的存在，由于这种抽象的看法，反而成为最贫乏最空虚的东西。人的性灵很正当地要求具体的内容。但这种具体内容的出现，必须包含有规定性或否定性在自身内。如果上帝的概念只是被认作抽象的或万有中最真实的存在，则上帝将因而对于我们只是一缥缈的他界，更说不上对于上帝可能有什么知识。因为如果没有规定性，也就不可能有知识。纯粹的光明就是纯粹的黑暗。

理性神学的第二问题[1]涉及上帝存在的证明。这问题的主要

---

① 此处直译应作第二兴趣 Interesse，兹意译作问题。其第一问题为本节附释开首所提出，即理性究竟能够认识上帝到什么程度。——译者注

之点，就是按照知性的观点所谓证明，指此一规定依赖另一规定而言。在知性的证明里，先有一个固定的前提，从这一前提推出另一个规定，因此必须指出某一规定依赖某一前提。如果用这种方式去证明上帝的存在，这意思就是说，上帝的存在是依赖另一些规定，这些规定构成上帝存在的根据。我们立即会觉得这显然有些不对，因为上帝应是一切事物的绝对无条件的根据，因此绝不会依赖别的根据。由于这种缘故，所以近代有人说，上帝的存在是不能〔用理智〕证明的，而须直接体认。但理性，甚至健康的常识所了解的证明与知性所了解的证明，完全两样。理性的证明诚然仍须以一个不是上帝的“他物”作出发点，不过在证明的进程里，理性不让这个“他物”作为一个直接的东西、存在着的东西，而是要指出，这个出发点乃是一个中介的东西和设定起来的东西，因而最后归结到同时认为上帝是自己扬弃中介、包含中介在自身内、真正直接的、原始的、自依而不依他的存在。譬如我们说：“试向外谛观自然，自然将会引导你到上帝，你将会察见绝对的天意。”这话并不是说，上帝是从自然里产生出来的，而是说，这只是我们凭借一有限事物以达到上帝的进程，在这进程里，上帝一方面好像是后于有限事物，但同时又是先于有限事物，而为它的绝对根据。因此二者的地位便恰好颠倒。那最初好像是在后的，经揭示出来成为在先的根据，而那最初好像是在先的根据，经指明而降为在后的结果了。理性证明的进程也是这样。

根据前此的一番讨论，试再对于旧形而上学的方法加以概观，则我们便可见到，其主要特点，在于以抽象的有限的知性规定去把握理性的对象，并将抽象的同一性认作最高原则。但是这种知性的无限性，这种纯粹的本质，本身仍然只是有限之物，因为它把特殊性排斥在外面，于是这特殊性便在外面否定它，限制它，与它对立。这种形而上学未能达到具体的同一性，而只是固执着抽象的同一性。但它的好处在于意识到，只有思想才是存在着的事物的本质。这种形而上学的材料是从古代哲学家，特别是经院哲学家那里得来的。在思辨的哲学里，知性也是必不可少的一个“阶段”(Moment)或环节，但这个环节却是不能老停滞不前进的“阶段”。柏拉图并不是这种〔抽象的独断的〕形而上学家，亚里士多德更不是，虽说有许多人常常以为他们也是这样的形而上学家。

B. 思想对客观性的第二态度

I. 经验主义

§ 37

为补救上述形而上学的偏蔽，开始感觉到有两层需要：一方面的需要是要求一具体的内容，以补救知性的抽象理论，因为知性自身无法从它的抽象概念进展到特殊的规定的事实。另一方面的需要是寻求一坚实的据点以反对在抽象的知性范围内，按照有限思想规定的方法，去证明一切事物的可能性。这两层需要首先有助于引导哲学思想趋向经验主义。经验主义力求从经验中，从外在和内心的当前经验中去把握真理，以代替纯从思想本身去寻求真理。

附释:经验主义的起源,是由于上述两种要求具体内容和坚实据点的需要,而这种需要非抽象的知性形而上学所能满足。这里所涉及的具体内容一般是指意识的诸对象必须认为是自身规定的,而且是许多有差别的规定的统一。但我们已经知道,在知性形而上学里,按知性的原则来说,却并不是这样。那单纯抽象的知性思维局限在抽象共相的形式里,不能进展到对这种共相的特殊化。譬如就发生关于灵魂的本质或根本性质的问题,旧形而上学便通过抽象思维的作用,得到灵魂是单纯的答案。这里所指的灵魂的单纯性,意思是指抽象的不包含区别的单纯性而言。区别性被看成是复合性,是肉体以及物质一般的根本规定。不用说,这种抽象的单纯性乃是一个异常贫乏的规定,绝不能据以把握灵魂或精神的丰富内容。当这种抽象的形而上学思维表明其自身不能令人满足时,人们便感到有逃避到经验的心理学去求援救的必要。理性物理学的情形与此正好相同。譬如说,空间是无限的,自然界没有飞跃等等抽象的说法,显然太不能道出自然的充实丰富和生机洋溢之处,因而无法令人满意。

§ 38

在某种意义下,经验主义与形而上学有一个相同的源泉。一方面,形而上学为其界说(包括它的前提和它更确定的内容)寻求根据起见,须从表象里,亦即首先从经验流出的内容里去求保证。另一方面,须知个别的知觉与经验有别,而经验主义者将属于知觉、感觉、和直观的内容提升为普遍的观念、命题和规律。但经验主义者把这类具体的内容抽象化,只有在这种条件下,这些抽象的原则或概念(如物理学中力的概念)在其所从出的知觉印象范围之外,便没有更广的意义和效用,而且除了在现象中即可说明的〔因果〕联系外,也没有别的联系或规律可以认为是合法的。所以经验的知识便在主观方面得到一坚实据点,这就是说,意识从知觉里得到它自己的确定性和直接当前的可靠性。

〔**说明**〕经验主义中有一重大的原则,即凡是真的,必定在现实世界中为感官所能感知。这一现实原则正好与应有相对立。凭借应有的原则能作反省思考的人,常以矜骄的态度提出一〔理想的应当的〕彼岸观念,而表示他们对现实或现在的世界的轻蔑。而这种彼岸的观念也只有在主观的理智里才有其地位和定在。与经验主义一样,哲学也只认识什么是如此(参看§7),凡是仅是应如此,而非是如此的事物,哲学并不过问。再则,就主观方面来看,同样必须承认经验主义中还包含有一个重要的自由原则,即凡我们认为应有效用的知识,我们必须亲眼看到,亲身经历到。

经验主义的彻底发挥,只要其内容仅限于有限事物而言,就必须否认一切超感官的事物,至少,必须否认对于超感官事物的知识与说明的可能性,因而只承认思维有形成抽象概念和形式的普遍性或同一性的能力。但科学的经验主义者总难免不陷于一个根本的错觉,他应用物质、力,以及一、多、普遍性、无限性等形而上学范畴,更进而依靠这些范畴的线索向前推论,因此他便不能不假定并应用推论的形式。在这些情形下,他不知道,经验主义中即已包含并运用形而上学的原则了。不过他只是完全在无批判的、不自觉的状态中运用形而上学的范畴和范畴的联系罢了。

附释:从经验主义发出这样的呼声:不要驰骛于空洞的抽象概念之中,而要注目当前,欣赏现在,把握住自然和人类的现实状况。无人可以否认这话包含有不少真理。以此时,此地,当前世界去代替那空洞虚玄的彼岸,去代替那抽象理智的空想和幻影,当然是很合算的交易。而且在这里又复赢得了旧形而上学所憧憬而未能得到的坚实据点或无限原则。知性仅能摭拾一些有限范畴。有限范畴本身就是无根据的、不坚实的,建筑在它们上面的结构,必然会塌毁。寻求一个无限的原则,可以说是理性的通有的驱迫力,但是要想在思维中找到无限原则的时机却尚未成熟。于是这理性的驱迫力便捉住这此时、此地、此物。此时、此地、此物无疑是具有无限的形式的,不过它们并非无限形式的真正实际存在。那外在世界本身是真实的,因为真理是现实的,而且是必定有实际存在的。所以理性所寻求的无限原则是内在于这世界之中的,不过在感官所见的个别形象里,不足以表现其真正面目罢了。

尤有进者,经验主义者以知觉为把握当前实事的形式。这就是经验主义的缺点之所在了。因为知觉作为知觉,总是个别的,总是转瞬即逝的。但知识不能老停滞在知觉的阶段,必将进而在被知觉的个别事物中去寻求有普遍性和永久性的原则。这就是由单纯知觉进展到经验的过程。

为了形成经验起见,经验主义必须主要地应用分析方法。在知觉里,我们具有一个多样性的具体的内容,对于它的种种规定,我们必须一层一层地加以分析,有如剥葱一般。这种分解过程的主旨,即在于分解并拆散那些集在一起的规定,除了我们主观的分解活动外，不增加任何成分。但分析乃是从知觉的直接性进展到思想的过程，只要把这被分析的对象所包含的联合在一起的一些规定分辨明白了，这些规定便具有普遍性的形式了，但经验主义在分析对象时，便陷于错觉：它自以为它是让对象呈现其本来面目，不增减改变任何成分，但事实上，却将对象具体的内容转变成为抽象的了。这样一来，那有生命的内容便成为僵死的了，因为只有具体的、整个的才是有生命的。不用说，要想把握对象，分别作用总是不可少的，而且精神自身本来就是一种分别作用。但分别仅是认识过程的一个方面，主要事情在于使分解开了的各分子复归于联合。至于分析工作老是停留在只是分解而不能联合的阶段，下面所引的诗人的一段话，颇足以表明其缺点：

化学家所谓自然的化验，
不过是自我嘲弄，而不知其所以然。
各部分很清楚地摆在他面前，
可惜的，就是没有精神的系联。

（见歌德著《浮士德》第一部，书斋）

分析从具体的材料出发，有了具体的材料，自然比起旧形而上学的抽象思维似略胜一筹。分析坚持着事物的区别，这点关系异常重要。但究其实，这些区别仍然只是一些抽象概念，这就是说，是一些思想。当这些思想被认作对象的本身时，这就又退回到形而上学的前提，认为事物的真理即在思想中了。

让我们现在进一步比较经验主义与旧形而上学的观点，特别就两派的内容来看，就可以发现如前面所看见的，后者以有普遍性的理性对象、上帝、灵魂和世界为其内容。而这内容却是从流行的表象接受来的，哲学的任务即在于把这些内容归结为思想的形式。这与经院哲学的方法颇为相同。因为经院哲学接受基督教教会的信条，把它们作为不容怀疑的内容，其任务即在用思维对于这些信条加以较严密的规定和系统化。经验主义也接受了一种现成的内容作为前提，不过与经院哲学所接受的内容不同类罢了。经验主义所接受的前提乃是自然的感觉内容和有限心灵的内容。换言之，经验主义所处理的是有限材料，而形而上学所探讨的是无限的对象。但这无限的对象却被知性的有限形式有限化了。在经验主义里，其形式的有限性，与形而上学相同，不过它的内容也还是有限的罢了。所以，两派哲学皆坚持一种前提作为出发点，它们所用的方法可以说是一样的。经验主义一般以外在的世界为真实，虽然也承认有超感官的世界，但又认为对那一世界的知识是不可能找到的，因而认为我们的知识须完全限于知觉的范围。这个基本原则若彻底发挥下去，就会成为后来所叫做的唯物论。唯物论认为物质的本身是真实的客观的东西。但物质本身已经是一个抽象的东西，物质之为物质是无法知觉的。所以我们可以说，没有物质这个东西，因为就存在着的物质来说，它永远是一种特定的具体的事物。然而，抽象的物质观念却被认作一切感官事物的基础，——被认作一般的感性的东西，绝对的个体化，亦即互相外在的个体事物的基础。只要经验主义认为感官事物老是外界给予的材料，那么这学说便是一个不自由的学说。因为自由的真义在于没有绝对的外物与我对立，而依赖一种“内容”，这内容就是我自己。再则，从经验主义的观点看来，理性与非理性都只是主观的，换言之，我们必须接受外界给予的事实，是怎样就是怎样，我们没有权利去追问，究竟这种给予的东西是否合理或在何种程度内它本身才是合理的。

§ 39

关于经验主义的原则，曾经有一个正确的看法，就是所谓经验，就其有别于单纯的个别事实的个别知觉而言，它有两个成分。一为个别的无限杂多的材料，一为具有普遍性与必然性的规定的形式。经验中诚然呈现出很多甚或不可胜数的相同的知觉，但普遍性与一大堆事实却完全是两回事。

同样，经验中还呈现许多前后相续的变化的知觉和地位接近的对象的知觉，但是经验并不提供必然性的联系。如果老是把知觉当做真理的基础，普遍性与必然性便会成为不合法的，一种主观的偶然性，一种单纯的习惯，其内容可以如此，也可以不如此的。

〔**说明**〕这种理论的一个重要后果，就是在这种经验的方式内，道德礼教上的规章、法律，以及宗教上的信仰都显得带有偶然性，而失掉其客观性和内在的真理性了。

休谟的怀疑论，也就是上面这一段想法所自出的主要根据，却与希腊的怀疑论大有区别。休谟根本上假定经验、感觉、直观为真，进而怀疑普遍的原则和规律，由于他在感觉方面找不到证据。而古代的怀疑论却远没有把感觉直观作为判断真理的准则，反而首先对于感官事物的真实性加以怀疑。（对于近代怀疑论与古代怀疑论的比较，请参看谢林、黑格尔合编的《哲学评论杂志》1802年第1卷第1期。）

II. 批判哲学

§ 40

批判哲学与经验主义相同，把经验当做知识的唯一基础，不过不以基于经验的知识为真理，而仅把它看成对于现象的知识。

批判哲学首先把从经验分析中所得来的要素即感觉的材料和感觉的普遍联系两者的区别作为出发点。

一方面承认上节所提到的那个看法，认为知觉本身所包含的只是些个别的东西，只是些连续发生的事情。一方面同时又坚持普遍性与必然性对于构成我们所谓经验也有其主要的功能。因为这有普遍性和必然性的成分，是不能从经验的或感觉的成分产生的，所以是属于思维的自发性，或者说，是先天的。思维的范畴或知性的概念构成经验知识的客观性。它们一般包含有联系作用，凭借这些范畴或概念的联系作用，形成了先天的综合判断，这就是说，形成了对立者的原始的联系。

〔**说明**〕知识中有普遍性与必然性的成分的事实，就是休谟的怀疑论也并不否认。这一事实即在康德哲学中也仍然一样地被认为是前提。用科学上普遍的话来说，康德只不过是对于同一的事实加以不同的解释罢了。

§ 41

批判哲学于是首先进而对形而上学以及别的科学上和日常观念中所用的知性概念的价值加以考察。然而这种批判工作并未进入这些思想范畴的内容和彼此相互间的关系，而只是按照主观性与客观性一般的对立的关系去考察它们。这种对立，就这里所了解的，涉及上节所说的经验内的两种成分的区别。这里所谓客观性是指那有普遍性和必然性的成分，亦即指思想范畴的本身或所谓先天的〔成分〕。但批判哲学把主观的对立扩大了，它所谓主观性包括经验的总体，换言之，把经验的两个成分都包括在内，除了物自体以外，更没有别的与主观性相对立的客观性了。

思维的特殊的先天形式虽说具有客观性，但仍然只是被认作主观的活动，用一种系统化的方式列举了出来，而这些系统化的范畴，只是建筑在心理的和历史的基础上的。

附释一：对于旧形而上学上的范畴加以考察，无疑地是一步很重要的进展。素朴的意识大都应用一些现成的自然而然的范畴，漫不加以怀疑，也从来没有追问过，究竟这些范畴本身在什么限度内具有价值和效用。前面我们已经说过，自由的思想就是不接受未经考察过的前提的思想。由此可见，旧形而上学的思想并不是自由的思想。因为旧形而上学漫不经心地未经思想考验便接受其范畴，把它们当作先在的或先天的前提。而批判哲学正与此相反，其主要课题是考察在什么限度内，思想的形式能够得到关于真理的知识。康德特别要求在求知以前先考验知识的能力。这个要求无疑是不错的，即思维的形式本身也必须当作知识的对象加以考察。但这里立即会引起一种误解，以为在得到知识以前已在认识，或是在没有学会游泳以前勿先下水游泳。不用说，思维的形式诚不应不加考察便遽尔应用，但须知，考察思维形式已经是一种认识历程了。所以，我们必须在认识的过程中将思维形式的活动和对于思维形式的批判，结合在一起。我们必须对于思维形式的本质及其整个的发展加以考察。思维形式既是研究的对象，同时又是对象自身的活动。因此可以说，这乃是思维形式考察思维形式自身，故必须由其自身去规定其自身的限度，并揭示其自身的缺陷。这种思想活动便叫做思想的“矛盾发展”(Dialektik)，往后我们将加以特殊探讨，这里只消先行指出，矛盾发展并不是从外面加给思维范畴的，而毋宁是即内在于思维范畴本身内。

由此可见，康德哲学主要在于指出，思维应该自己考察自己认识能力的限度。现今我们已超出康德哲学，每个人都想推进他的哲学。但所谓推进却有两层意义，即向前走或向后走。我们现时许多哲学上的努力，从批判哲学的观点看来，其实除了退回到旧形而上学的窠臼外，并无别的，只不过是照各人的自然倾向，往前作无批判的思考而已。

附释二：康德对于思维范畴的考察，有一个重要的缺点，就是他没有从这些思维范畴的本身去考察它们，而只是从这样一种观点去考察它们，即只是问：它们是主观的或者是客观的。所谓客观在日常生活习用的语言中，大都是指存在于我们之外的事物，并从外面通过我们的知觉而达到的事物。康德否认思维范畴，如因与果，具有刚才所说的客观性的意义，换言之，他否认思维范畴是给予知觉的材料。反之，他认为思维范畴乃属于我们思维本身的自发性，在这个意义下，乃是主观的。但他却又称有普遍性和必然性的思想内容为客观的，而称那只是在感觉中的材料为主观的。康德似乎把习用语言中所谓主观客观的意义完全颠倒过来，因此有人责备康德，说他紊乱了语言的用法；但这种责备是很不对的。仔细考量一下，实际情形正是这样的。通常意义总以为那与自己对立、感官可以觉察的（如这个动物、这个星宿等），是本身存在，独立不依的，反过来又以为思想是依赖他物，没有独立存在的。但真正讲来，只有感官可以觉察之物才是真正附属的，无独立存在的，而思想倒是原始的，真正独立自存的。因此康德把符合思想规律的东西（有普遍性和必然性的东西）叫做客观的，在这个意义下，他完全是对的。从另一方面看来，感官所知觉的事物无疑地是主观的，因为它们本身没有固定性，只是漂浮的和转瞬即逝的，而思想则具有永久性和内在持存性。这里所说的康德对于客观和主观所作的区别，现在即在受过高等教育的人的思想中，也成为习用语。譬如，在评判一件艺术品时，大家总是说，这种批评应该力求客观，而不应该陷于主观。这就是说，我们对于艺术品的品评，不是出于一时偶然的特殊的感觉或嗜好，而是基于从艺术的普遍性或〔美的〕本质着眼的观点。在同样意义下，对于科学的研究，我们也可据以区别开客观的兴趣和主观的兴趣之不同的出发点。

但进一步来看，康德所谓思维的客观性，在某意义下，仍然只是主观的。因为，按照康德的说法，思想虽说有普遍性和必然性的范畴，但只是我们的思想，而与物自体间却有一个无法逾越的鸿沟隔开着。与此相反，思想的真正客观性应该是：思想不仅是我们的思想，同时又是事物的自身（an sich），或对象性的东西的本质——客观与主观乃是人人习用的流行的方便的名词，在用这些名词时，自易引起混淆。根据上面的讨论，便知客观性一词实具有三个意义。第一为外在事物的意义，以示有别于只是主观的、意谓的或梦想的东西。第二为康德所确认的意义，指普遍性与必然性，以示有别于属于我们感觉的偶然、特殊和主观的东西。第三为刚才所提出的意义,客观性是指思想所把握的事物自身,以示有别于只是我们的思想,与事物的实质或事物的自身有区别的主观思想。

§ 42

(A)理论的能力——论知识之所以为知识。

康德的批判哲学指出,自我在思想中的原始的同一性,(即自我意识的先验的统一性)就是知性概念的特定根据。通过感觉和直观所给予的一些表象,就其内容看来,乃是杂多的东西。而且就其形式看来,就其在感性中的互相外在,在时间和空间两个直观形式中来看,所有一切表象也同样是杂多的东西。虽说空间与时间本身,作为直观的普遍形式,却是先天的。感觉和直观的这种杂多东西,由于自我把它同自己相联系,并且把它联系在一个意识(即纯粹统觉)中,于是便得到同一性或得到一个原始的综合。自我与感觉的杂多事物相联系的各种特定方式就是纯知性概念范畴。

康德有一个很方便的法门可以发现那些范畴,这是人们很熟知的事。自我,自我意识的统一,既是很抽象,又是完全无规定性的,于是问题便发生了,我们如何得到自我的规定或范畴呢?很幸运的是,在普通逻辑学里,已经根据经验揭示出各种不同的判断了。但判断即是对于一个特定对象的思维。那已经列举出来的各种判断的形式因此也就同时把思维的各种范畴告诉了我们。——费希特的哲学却有一个大的功绩,他促使我们注意到一点:即须揭示出思维范畴的必然性,并主要地推演出范畴的必然性来。——费希特的哲学对于逻辑的方法至少产生了一个效果,就是说,他曾昭示人，一般的思维范畴，或通常的逻辑材料，概念，判断，和推论的种类，均不能只是从事实的观察取得，或只是根据经验去处理，而必须从思维自身推演出来。如果思维能够证明什么东西是真的，如果逻辑要求提出理论证明，如果逻辑是要教人如何证明，那么，逻辑必须首先能够对它自己的特有内容加以证明，并看到它的必然性。

附释一：康德的主张是说，思维的范畴以自我为其本源，而普遍性与必然性皆出于自我。我们试观察近在眼前的事物，则所得的尽是些杂多的东西，而范畴却是些简单的〔格式〕，这些杂多事实，皆可分别归于其中。感性的事物是互相排斥、互相外在的。这是感性事物所特有的基本性质。譬如说，"现在"只有与过去和将来相联系，才有意义。同样，红之为红，只有与黄和蓝相对立才显明。但这个他物乃外在于感性之物，而感性之物之所以存在，只是由于他物存在，并且由于他物与它对立。但思想或自我的情形恰与此相反，无有绝对排斥它或外在于它的对立者。自我是一个原始的同一，自己与自己为一，自己在自己之内。当我说"我"时，我便与我自己发生抽象的联系。凡是与自我的统一性发生关系的事物，都必受自我的感化，或转化成自我之一体。所以，自我俨如一洪炉，一烈火，吞并消溶一切散漫杂多的感官材料，把它们归结为统一体。这就是康德所谓纯粹的统觉（reine apperception），以示有别于只是接受复杂材料的普通统觉，与此相反，纯粹统觉则被康德看作是自我化（Vermeinigen）〔外物〕的能动性。

无疑地，康德这种说法，已正确地道出了所有一切意识的本性了。人的努力，一般讲来，总是趋向于认识世界，同化（anzueignen)并控制世界，好像是在于将世界的实在加以陶铸锻炼，换言之，加以理想化，使符合自己的目的。但同时还须注意，那使感觉的杂多性得到绝对统一的力量，并不是自我意识的主观活动。我们可以说，这个同一性即是绝对，即是真理自身。这绝对一方面好像是很宽大，让杂多的个体事物各从所好，一方面，它又驱使它们返回到绝对的统一。

附释二：康德所用的名词，如“自我意识的先验统一”，看起来好像很严重，就好像那后面藏匿着有什么巨大的怪物似的，但其实，意义却异常简单。康德所说的“先验的”的意义，可从他所划分的“先验的”和“超越的”区别，细绎出来。所谓“超越的”是指超出知性的范畴而言，这种意义的用法，最初见于数学里面。譬如，在几何学里，我们必须假定一个圆周的圈线，是由无限多和无限小的直线形成的。在这里，知性认为绝对不相同的概念，直线与曲线，要假设为相同，〔这便是超越知性的看法了。〕这种意义的“超越”，那本身无限，自己与自己同一的自我意识，也是有的。因为自我意识有别于〔或超出了〕受有限材料限制的普通意识。但康德认为自我意识的统一只是“先验的”，他的意思是说，自我意识的统一只是主观的，而不归属于知识以外的对象自身。

附释三：认范畴为只是属于我们的，只是主观的，这在自然意识看来，必定觉得很奇怪，无疑地，这种看法确有些欠妥。范畴绝不包含在当前的感觉里，这诚然不错。例如，我们试看一块糖。这块糖是硬的、白的、甜的等等。于是我们说，所有这些特质都统一在一个对象里，但这统一却不在感觉里。同样的道理，当我们认为两件事实彼此间有了因果的关系时，我们这里所感到的，只是两件依时间顺序相连续的个别的事实。至于两件事之中，一件为原因，一件为结果，换言之，两件事的因果联系，都不是感觉到的，而只是出现在我们思维内的。这些范畴，如统一性、因果等等，虽说是思维本身的功能，但也决不能因此便说，只是我们的主观的东西，而不又是客观对象本身的规定。但照康德的看法，范畴却只是属于我们的，而不是对象的规定，所以，他的哲学就是主观唯心论，因为他认为自我或能知的主体既供给认识的形式，又供给认识的材料。认识的形式作为能思之我，而认识的材料则作为感觉之我。

关于康德的主观唯心论的内容，此处毋庸赘述。初看或以为对象的统一性既然属于主体，这样一来，对象岂不失掉实在性了么？如果，只是说，对象有存在，这于对象和主体双方均毫无所得。主要的是要说明对象的内容是否真实。只是说事物的存在，对于事物的"真实性"并无帮助。凡是存在的，必受时间的限制，转瞬可以变为不存在。人们也可以说，主观唯心论足以引起人的自我夸大的心理。但假如他的世界只是一堆感觉印象的聚集体，那么他就没有理由以这种世界自豪。所以，我们最好抛开主观性和客观性的区别，而着重对象内容的真实性，内容作为内容，既是主观的，又是客观的。如果只是〔在时间上〕存在便叫做客观实在，那么，一个犯罪的行为也可说是客观实在，但是犯罪的行为本质上是没有真实存在的，由罪行后来受到惩罚或禁止来看，更足以显得它没有真实的存在。

§ 43

一方面，通过范畴的作用，单纯的知觉被提升为客观性或经验，但另一方面，这些概念，又只是主观意识的统一体，受外界给予的材料的制约，本身是空的，而且只能在经验之内才可应用有效。而经验的另一组成部分，感觉和直观的诸规定，同样也只是主观的东西。

附释：说范畴本身是空的，在某种意义下，这话是没有根据的，因为这些范畴至少是有规定的，亦即有其特殊内容的。范畴的内容诚然不是感官可见的，不是在时空之内的。但并不能认为这是范畴的缺陷，反倒是范畴的优点。这种意义的内容（即不是感官可见，不在时空内的内容），即在通常意识里，也早已得到承认的。譬如，当我们说一本书或一篇演说包含甚多或内容丰富时，大都是指这书或演说中具有很多的思想和普遍性的道理而言。反之，一本书，或确切点说，例如一本小说，我们决不因为书中堆积有许多个别的事实或情节等等，就说那本书内容丰富。由此可见，通常意识也明白承认，属于内容的必比感觉材料为多，而这多于感觉材料的内容就是思想，这里首先就指范畴了。但说到这里，另有一面必须注意的，就是认范畴本身是空虚的这一说法，也还是有它的正确意义。因为这些范畴和范畴的总体（即逻辑的理念）并不是停滞不动，而是要向前进展到自然和精神的真实领域去的，但这种进展却不可认为是逻辑的理念借此从外面获得一种异己的内容，而应是逻辑理念出于自身的主动，进一步规定并展开其自身为自然和精神。

§ 44

由此看来，范畴是不能够表达绝对的，绝对不是在感觉中给予的。因此知性或通过范畴得来的知识,是不能认识物自体的。

〔**说明**〕物自体(这里所谓"物"也包含精神和上帝在内)表示一种抽象的对象。——从一个对象抽出它对意识的一切联系、一切感觉印象,以及一切特定的思想,就得到物自体的概念。很容易看出,这里所剩余的只是一个极端抽象,完全空虚的东西,只可以认作否定了表象、感觉、特定思维等等的彼岸世界。而且同样简单地可以看到,这剩余的渣滓或僵尸(caput mortum),仍不过只是思维的产物,只是空虚的自我或不断趋向纯粹抽象思维的产物。这个空虚自我把它自己本身的空虚的同一性当作对象,因而形成物自体的观念。这种抽象的同一性作为对象所具有的否定规定性,也已由康德列在他的范畴表之中,这种否定的规定性正如那空虚的同一性,都是大家所熟知的。当我们常常不断地听说物自体不可知时,我们不禁感到惊讶。其实,再也没有比物自体更容易知道的东西。

§ 45

发现经验知识是有条件的,那是理性的能力,——理性即是认识无条件的事物的能力。至于这里所谓理性的对象,无条件的或无限的事物,不是别的,而是自我同一性,或即上面(§42)所提及的在思维中的自我之原始同一性。理性就是把这纯粹的同一性本身作为对象或目的之抽象的自我或思维(请参看前节的说明)。这种完全没有规定性的同一性,是经验知识所不能把握的,因为经验知识总是涉及特定的内容的。如果承认这种无条件的对象为绝对、为理性的真理、(为理念),那就会认为经验知识不是真理,而是现象了。

附释:康德是最早明确地提出知性与理性的区别的人。他明确地指出:知性以有限的和有条件的事物为对象,而理性则以无限的和无条件的事物为对象。他指出只是基于经验的知性知识的有限性,并称其内容为现象,这不能不说是康德哲学之一重大成果。但他却不可老停滞在这种否定的成果里,也不可只把理性的无条件性归结为纯粹抽象的、排斥任何区别的自我同一性。如果只认理性为知性中有限的或有条件的事物的超越,则这种无限事实上将会降低其自身为一种有限或有条件的事物,因为真正的无限并不仅仅是超越有限,而且包括有限并扬弃有限于自身内。同样,再就理念而论,康德诚然使人知道重新尊重理念,他确证理念是属于理性的,并竭力把理念与抽象的知性范畴或单纯感觉的表象区别开。(因为在日常生活中,我们大家漫无区别地称感觉的表象为观念,也称理性的理念为观念。)但关于理念,他同样只是停留在否定的和单纯的应当阶段。

认构成经验知识内容的直接意识的对象为单纯现象的观点,无论如何必须承认是康德哲学的一个重大成果。常识(即感觉与理智相混的意识)总认为人们所知道的对象都是各个独立自存的。如当他们明白了这些对象彼此是互相联系、互相影响的事实时,则他们也会认为这些对象的互相依赖只是外在的关系,而不属于它们的本质。与此相反,康德确认,我们直接认知的对象只是现象,这就是说,这些对象存在的根据不在自己本身内,而在别的事物里。于是又须进一步说明这里所谓"别的事物"是指的什么东西。照康德哲学来说,我们所知道的事物只是对我们来说是现象,而这些事物的自身却总是我们所不能达到的彼岸。这种主观的唯心论认为凡是构成我们意识内容的东西，只是我们的，只是我们主观设定的，难怪这会引起素朴意识的抗议。事实上，真正的关系是这样的：我们直接认识的事物并不只是就我们来说是现象，而且即就其本身而言，也只是现象。而且这些有限事物自己特有的命运、它们存在的根据不是在它们自己本身内，而是在一个普遍神圣的理念里。这种对于事物的看法，同样也是唯心论，但有别于批判哲学那种的主观唯心论，而应称为绝对唯心论。这种绝对唯心论虽说超出了通常现实的意识，但就其内容实质而论，它不仅只是哲学上的特有财产，而且又构成一切宗教意识的基础，因为宗教也相信我们所看见的当前世界，一切存在的总体，都是出于上帝的创造，受上帝的统治。

§ 46

但单说有理性的对象存在，尚不能令我们满足。求知欲使我们不能不要求去认识这自我同一性或空洞的物自体。所谓认识不是别的，即是知道一个对象的特定的内容。但特定的内容包含多样性的东西结合在它自身内，而且这种结合是建筑在与许多别的对象的联系上的。如今要想规定那无限之物或物自体的性质，则理性除了应用它的范畴外，就会没有别的认识工具了。但如果设法应用范畴去把握无限，则理性便成为飞扬的或超越的了。

〔**说明**〕说到这里，就进到康德理性批判的第二方面了，这一方面就其本身而论，较之前一部分，尤为重要。批判哲学的第一部分就是前面所提到的观点，即认所有范畴都以自我意识的统一性为本源,因此通过这些范畴所得到的知识,事实上不包含任何客观性,即在前面(§40和§41)所归给范畴的客观性,也只是主观的了。所以,如单就这点看来,则康德的批判只是一种粗浅的主观唯心论。它并未深入到范畴的内容,只是列举一些主观性的抽象形式,而且甚至片面地停留在主观方面,认主观性为最后的绝对肯定的规定。但到了批判哲学的第二部分,康德考察他所谓范畴的应用,即理性应用范畴以求得到关于对象的知识时,他至少曾略略提到范畴的内容。或至少他曾给了一个可以讨论范畴的内容的机会。我们有特殊兴趣去看康德讨论范畴如何应用于无条件的对象,亦即如何批判形而上学。对于他进行的方法,我们在这里将略加叙述和批判。

§ 47

(a)康德所考察的第一个无条件的对象,就是灵魂〔参看上面(§34)〕。他指出,在我的意识里,我总是发现:(1)我是一个能规定的主体;(2)我是单一的东西或抽象地简单的东西;(3)在我的一切杂多的意识经验中,我意识着就是同一的、一而不二的;(4)我是能思维的,我是与一切外在于我的事物有区别的。

康德很正确地指出,旧形而上学在于将上面这些经验的规定,用思维规定或相应的范畴去代替,于是产生了下面四个新的命题:(1)灵魂是一实体;(2)灵魂是一简单的实体;(3)灵魂在它不同时间的特定存在里,数目上是同一的;(4)灵魂和空间有关系。

由前面经验的说法过渡到后面这些形而上学的说法,其缺点显而易见,即是将两种不同范围的规定,将经验中的规定和逻辑上的范畴，弄得互相混淆了，这就陷于一种背理的论证(Paralogismus)。康德认为由经验的规定推到思想的范畴，用思维范畴以代替经验的规定，我们是没有权利那样做的。

我们可以看出，康德的批判所表明的只不过是重述上面§39所说的休谟的观点，即认为思维的范畴总是具有普遍性与必然性的，是不能在感觉之内遇见的，并认为经验的事实，无论就内容或形式而言，都是与思想的范畴不同的。

〔**说明**〕如果把经验的事实认作构成思想之所以为思想的证件，那么无疑地就必须能在知觉中去准确地指出思想的本源。——为了说明灵魂不能认作是实体，有单纯性，自我同一性，且与物质世界接触仍能保持其独立性起见，康德于批判形而上学的心理学时，特别指出我们在经验中所意识着的灵魂的各种规定与思维的活动所产生的规定并不完全相同。但根据上面的陈述，康德认为一切知识，甚至一切经验，都是经过思想的知觉所构成。换言之，他将原来属于知觉的规定，转变成思维的范畴。

康德的批判有一很好的后果值得注意，即是他把对于精神的哲学研究从灵魂是实物，从思想的范畴，因而从关于灵魂的单纯性、复合性、物质性等问题里解放出来。这种种形式之所以不能容许，甚至一般人的常识也都知道，真的看法不是因为这些形式不是思想，而是因为这种思想的本身并不包含真理。

如果思想与现象彼此不完全相符合，那么我们至少可以自由选择，究竟是两者中的哪一个有了缺陷。在康德的唯心哲学里，就涉及理性的世界而论，他把这种缺陷归之于思想。他说思想有了缺点不能符合现象，因为思想〔的范畴〕不适合于把握知觉或把握限于知觉范围的意识，而且在知觉里也寻不着思想的痕迹。但对于思想内容的本身，他却并没有提到。

附释：背理的论证一般说来是一种谬误的推理，细究起来，其错误在于将两个前提中同一的名词加以不同的意义的应用。据康德的看法，旧形而上学家的理性心理学所采取的方法，就是基于这种背理的论证，因为他们把仅仅具有经验规定的灵魂认作灵魂的本质。无疑地康德是很对的，他说简单性、不变性等谓词是不能应用在灵魂上面的。但所以如此的道理，却不是像康德所提示的，理性超出了特定的范围那个理由所能解释。真正的原因，乃在于这些抽象的知性范畴本身太拙劣，不能表达灵魂的性质，而灵魂的内容远较那只是简单性、不变性等等所指谓的更为丰富。所以，譬如说，一方面自须承认灵魂是简单的自我同一性，但同时另一方面也可说灵魂是能动的，自己区别自己的。凡属“只是”的，或抽象地简单的，可以说即是死的东西。康德在攻击旧形而上学时，把这些抽象的谓词从灵魂或精神中扫除净尽，可以看作一个大的成就。至于他所陈述的理由，却是错的。

§ 48

(b)第二个无条件的对象就是世界(参看§35)。理性在试图认识世界时，便陷于矛盾〔Antinomie 二律背反〕。这就是说，对于同一对象持两个相反的命题，甚至必须认为这两个相反的命题中的每一个命题都有同样的必然性。世界既有这种矛盾的规定，由此可见世界的内容不能是自在的实在，只能是现象。康德所提出的解答认为这矛盾并不是对象自己本身所固有，而仅是属于认识这对象的理性。

〔**说明**〕因此他便提出引起矛盾的是内容自身或范畴本身的说法。康德这种思想认为知性的范畴所引起的理性世界的矛盾，乃是本质的，并且是必然的，这必须认为是近代哲学界一个最重要的和最深刻的一种进步。但康德的见解是如此的深远，而他的解答又是如此的琐碎；它只出于对世界事物的一种温情主义。他似乎认为世界的本质是不应具有矛盾的污点的，只好把矛盾归于思维着的理性，或心灵的本质。恐怕没有人能够否认现象界会呈现许多矛盾于观察的意识之前。——这里所谓现象界指表现在主观的心灵，表现在感性或知性之前的世界而言。但当把世界的本质与心灵的本质比较时，我们真会觉得奇怪，何以竟会有人那样坦率无疑地提出，并有人附和这种谦逊的说法，即认为那本身具有矛盾的不是世界的本质，而是思维的本质，理性。虽转了一个说法，谓只有在应用范畴〔去把握世界〕时才陷于矛盾，也不足以纠正上说之偏。因为既坚持范畴的应用是必然的，而理性在求知时除了应用范畴外并无其他认识的规定。其实认识就是规定着的和规定了的思维；如果理性只是空洞的、没有规定的思维，则理性将毫无思维。所以如果最后将理性归结为一种空虚的同一性（参看下节），则最后理性只有轻易牺牲一切的内容和实质，以求幸而换取自身矛盾的解除。

还须注意，康德对于理性的矛盾缺乏更深刻的研究，所以他只列举了四种矛盾。他提出这四种，正如对所谓背理的论证的讨论那样，是以他的范畴表为基础的。他照他后来所喜爱的办法，应用他的范畴表，不是从一个对象的概念去求出对象的性质，而只是把那对象安排在现成的图式之内。康德对于理性矛盾发挥的缺点，在我的《逻辑学》[1]里，我曾顺便有所阐述。主要之点，此处可以指出的，就是不仅可以在那四个特别从宇宙论中提出来的对象里发现矛盾，而且可以在一切种类的对象中，在一切的表象、概念和理念中发现矛盾。认识矛盾并且认识对象的这种矛盾特性就是哲学思考的本质。这种矛盾的性质构成我们后来将要指明的逻辑思维的辩证的环节(das dialektische Moment)。

附释：按照旧形而上学的观点看来，如果知识陷于矛盾，乃是一种偶然的错差，基于推论和说理方面的主观错误。但照康德的说法，当思维要去认识无限时，思维自身的本性里便有陷于矛盾(二律背反)的趋势。在上节的说明里，已经附带指出，就康德理性矛盾说在破除知性形而上学的僵硬独断，指引到思维的辩证运动的方向而论，必须看成是哲学知识上一个很重要的推进。但同时也须注意，就是康德在这里仅停滞在物自体不可知性的消极结果里，而没有更进一步达到对于理性矛盾有真正积极的意义的知识。理性矛盾的真正积极的意义，在于认识一切现实之物都包含有相反的规定于自身。因此认识甚或把握一个对象，正在于意识到这个对象作为相反的规定之具体的统一。而旧形而上学，我们已经看到，在考察对象以求得形而上学知识时，总是抽象地去应用一些片面的知性范畴，而排斥其反面。康德却与此相反，他尽力去证明，用这种抽象的方法所得来的结论，总是可以另外提出一些和它正相反对但具有同样的必然性的说法，去加以否定。当他列举理

① 指《大逻辑》。——译者注

性的矛盾时，他只限于旧形而上学的宇宙论中的矛盾，他一共举出了四种矛盾来加以驳斥，这四种矛盾是建立在他的范畴表上面的。第一种矛盾是关于我们是否要设想这世界为限制在时空中的问题。在第二种矛盾里，他讨论到一种两难的问题。须认物质为无限可分呢？还是须认物质为原子所构成？第三种矛盾涉及自由与必然的对立，他特别提起这样的问题：须认世界内一切事物都受因果律的支配呢？还是可以假定在世界中有自由的存在，换言之，有行为的绝对起点呢？最后，第四种矛盾为这样的两难问题：究竟这世界总的讲来有一原因呢？还是没有原因？

康德在讨论理性的矛盾时所遵循的方法是这样的：他并列两难问题中所包含的两个相反的命题，作为正题与反题，而分别加以证明，这就是说，他力求表明这些相反的命题都是对这些问题加以反思所应有的必然结果，这样他就明显地避免了建立论证于幻觉之上，偏为一面辩护的嫌疑。但事实上康德为他的正题和反题所提出的证明，只能认作似是而非的证明。因为他要证明的理论总是已经包含在他据以作出发点的前提里，他的证明之所以表面上似有道理，都是由于他那冗长的和惯于用来证明其反面不通的方法所致。但无论如何，他之揭示出这些矛盾，总不失为批判哲学中一个很重要而值得承认的收获。因为这样一来他说出了，虽说只主观地未充分发挥地说出了，那为知性所呆板地分开了的范畴之间的实际的统一性。譬如，在宇宙论的第一个矛盾里，便包含有须认时间与空间有其分离的方面亦有其连续的方面的学说，反之，旧形而上学则老是承认时空的连续性，因此便认这世界在时间和空间中为无限。的确不错，我们可以超出每一特定的空间，并超出每一特定的时间，但须知，同样是不错的，只有特定的时空（如此时此地）才是真实的，而且规定性即包含在时空的概念之中。这层道理也可同样地适用于别的理性矛盾。譬如以自由与必然的矛盾为例。真正讲来，知性所了解的自由与必然实际上只构成真自由和真必然的抽象的环节，而将自由与必然截然分开为二事，则两者皆失其真理性了。

§ 49

(c)第三个理性的对象就是上帝（§36）。上帝也是必须认识的，换言之，也是必须通过思维去规定的。从知性的观点看来，对于单纯的同一性，一切规定都只是一种限制，一种否定。因此一切实在只可当作是无限制的或不确定的。于是这一切实在的总体或最真实的存在——上帝，便成为一单纯的抽象物，而对于上帝的定义也只剩下一绝对抽象的规定性叫做存在了。抽象的同一性（在这里也叫做概念）和存在就是理性想要加以统一的两个环节。完成它们两者的统一，就是理性的理想。

§ 50

要达到这种统一，可能有两个途径或形式。我们可以从存在开始，由存在过渡到思维的抽象物，或者，相反地，可以从抽象物出发而回归到存在。

今试采取从存在开始的途径，就存在作为直接的存在而论，它便被看成一个具有无限多的特性的存在，一个无所不包的世界。这个世界还可进一步认为是一个无限多的偶然事实的聚集体（这是宇宙论的证明的看法)，或者可以认为是无限多的目的及无限多的有目的的相互关系的聚集体(这是自然神学的证明的看法)。如果把这个无所不包的存在叫做思维，那就必须排除其个别性和偶然性，而把它认作一普遍的、本身必然的、按照普遍的目的而自身规定的、能动的存在。这个存在有异于前面那种的存在，就是上帝。——康德对于整个这种思想过程的批判，其主旨在于否认这是一种推论或过渡。康德认为，知觉和知觉的聚集体或我们所谓世界，其本身既然不表现有普遍性(因为普遍性乃是思想纯化知觉内容的产物)，可见通过这种经验的世界观念，并不能证实其普遍性。所以思想要想从经验的世界观念一跃而升到上帝的观念，显然是违反休谟的观点的(如在背理论证中所讨论的那样，参看§47)。照休谟的观点，不容许对知觉加以思维，换言之，不容许从知觉中去䌷绎出普遍性与必然性。

〔**说明**〕因为人是有思想的，所以人的常识和哲学，都决不会让他放弃从经验的世界观出发并超出它以提高到上帝的权利。这种提高的基础不外是对于世界的思维着的考察，而不仅是对它加以感性的动物式的考察。唯有思维才能够把握本性、实体、世界的普遍力量和究竟目的。所谓对于上帝存在的证明，真正讲来，只应认作是对于整个能思的心灵思索感官材料过程的描述和分析罢了。思维之超出感官世界，思维之由有限提高到无限，思维之打破感官事物的锁链而进到超感官界的飞跃，凡此一切的过渡都是思维自身造成的，而且也只是思维自身的活动。如果说没有造成这种过渡或提高的过程，那应说是没有思想。事实上，禽兽便没有这种过渡；它们只是停滞在感性的感觉和直观阶段，因此它们也就没有宗教。

对于思维的这种提高作用的批判，无论一般地和特殊地讲来，有两点必须注意。第一，就形式而论，这种提高表现为推论的形式（亦即所谓上帝存在的证明），则这种推论的出发点，自不免认世界为一种偶然事变的聚集体，或者为种种目的和有目的性的诸多相互关系的聚集体。这种出发点，就仅作三段论式的推论的思想家看来，似乎是很坚实的基础，并且始终保持在经验的范围内。这样，出发点与所要达到的终结点的关系，将被看成只是肯定的，即是由一个存在而且保持存在之物推论到另一物，而此物亦一样地存在。但这种推论的重大错误，即在于以为只在这种抽象理智的形式里即可认识思维的本性。殊不知，对经验世界加以思维，本质上实即是改变其经验的形式，而将它转化成一个普遍的东西——共相。所以思维对于其所出发的经验基础同时即开展一个否定的活动；感性材料经过思维或共性加以规定后，已不复保持其原来的经验形状了。对于外壳加以否定与排斥，则感性材料的内在实质，即可揭示出来了（参看§13和§23）。对于上帝存在的形而上学证明，所以只是对于精神由世界提高到上帝的过程之一种不完善的表达和描述，因为在这个证明里，未能将精神的提高过程里所包含的否定环节显著地表达或者突出出来。因为如果世界只是偶然事变的聚集体，则这世界便只是一个幻灭的现象的东西，其本身即是空无的。精神的提高，其意义在于表示这世界虽然存在，但其存在只是假象，而非真实存在，非绝对真理，而且表明绝对真理只在超出现象之外的上帝里，只有上帝才是真实的存在。精神的提高固然是一种过渡和中介的过程，但同时也是对过渡和中介的扬弃。

因为那似乎作为中介可以达到上帝的世界，也由此而被宣示为空无了。只有通过否定世界的存在，精神的提高才有了依据，于是那只是当作中介的东西消逝了，因此即在中介的过程中便扬弃了中介。当耶可比反对理智的证明时，他心目中所要反对的，主要也只是指把这种否定性的中介关系看成两个存在物间平列互依的肯定的关系而言。他公允地攻击那种由有条件的事物（世界）去寻求无条件的上帝，因而认无限的上帝为有所依赖、有所根据的那种证明方法。然而在那种精神的提高里便校正了这种假象，也可以说，精神提高的整个意义即在于校正这个假象。但耶柯比没有认清本质的思维的真实性质，即在中介的过程中便扬弃了中介本身。因此他的批评如仅用以攻击反思式的理智证明，倒还恰当，但如用来攻击整个的思想，特别是理性的思想，那就陷于错误了。

为了说明对于思想中否定环节的忽视，可用一般人认斯宾诺莎学说为泛神论和无神论的攻击，作为例证。斯宾诺莎的绝对实体诚然还不是绝对精神，而上帝应该界说为绝对精神，乃是正当的要求。但当斯宾诺莎的界说被认为将上帝与自然及有限世界相混，并且使世界与上帝同一，这就假定了认为有限世界具有真正的现实性和肯定的实在性。如果承认这个假定，则上帝与世界合而为一，是不啻将上帝纯然有限化了，贬低成为一个仅属有限的存在之外在的复合体了。从这点看来，我们必须注意：斯宾诺莎并没有把上帝界说为上帝与世界的统一，而是认上帝为思想与形体（物质世界）的统一。即使我们接受他对于统一原来那种异常笨拙的说法，他也只是认这世界为现象，并没有现实的实在性，所以他的体系并不是无神论，宁可认为是无世界论（Akosmismus）。一个坚持上帝存在,坚持唯有上帝存在的哲学,至少是不应被称为无神论的。何况对于许多把猴猿、母牛、石像或铜像等当作神灵去崇拜的民族,我们尚且承认其有某种的宗教。但常人的想象总深信这叫做世界的有限事物的聚集体,是有真实存在的。要他放弃这种信念,他们是决不愿意的。如果要说没有世界,他们很容易认为那是不可能的,至少他们会觉得相信没有世界,比相信没有上帝的可能性还少。人们总是相信(这对他们并不是很光荣的事)一个体系要否认上帝远较否认世界为容易。大家总是觉得否认上帝远较否认世界为更可以理解。

第二点值得注意的是关于对上述那种思想提高所赢得的内容的批判。这些内容如果只包含一些说上帝是世界的实体,世界的必然本质,或主导并主宰世界的目的因等规定,当然不适合于表达我们所了解或我们所应了解的上帝的性质。但除了可将这种对于上帝的普通观念作为初步假定,并根据这种假定以评判其结果外,则刚才提到的那些规定仍然有很大的价值,而且是上帝的理念中所包含的必然环节。所以,如果我们要想这样用思维去明白认识上帝的真理念而把握其内容的真性质,那么,我们切不可采取较低级的事物为出发点。世界中单纯偶然的事物,只是一种异常抽象的规定,不足以作为理解实在的出发点。有机的结构和其互相适应的目的性虽属于较高的、生命的范围。但是除了对有生命的自然和当前事物与目的的种种联系的看法,都由于目的之琐屑不足道,甚或由于对目的和目的与手段的联系的许多幼稚的说法,会玷污了目的论之外,即单就有生命的自然本身来说,事实上还是不足以表达上帝这一理念的真实性质。上帝不仅是生命,他主要是精神。如果思维要想采取一个出发点而且要想采取一个最近的出发点，那么，唯有精神的本性才是思维绝对〔或上帝〕最有价值和最真实的出发点。

§ 51

达到思维和存在的统一，并借以实现理性的理想之另一途径，是从思维的抽象物出发，以达到明确的规定。为了达到这个目的，便只剩下存在这个概念比较合用了。这就是对于上帝存在的本体论的证明所取的途径。在这里出现的对立，便是思维与存在的对立，而在前一途径里，存在是对立的双方所共同的，其对立所在，仅在于个体化的存在与普遍性的存在的对立。知性据以反对这第二个途径的理由，与上面提到过的反驳第一途径的理论本质上相同，即知性认为在经验事物中寻不出普遍概念，反之，在普遍概念中也不包含有特定事物。所谓特定事物即指这里的存在。换言之，从概念中推不出存在来，也分析不出存在来。

〔**说明**〕康德对于本体论证明的批判之所以如此无条件地受欢迎和被接受，无疑地大半是由于当他说明思维与存在的区别时所举的一百元钱的例子。一百元钱就其在思想中来说，无论是真实的或仅是可能的，都同是抽象的概念。但就我的实际的经济状况来说，真正一百元钱在钱袋中与可能的一百元钱在思想中，却有重大的区别。没有比类似这样的事更显明的了，即我心中所想的或所表象的东西，决不能因其被思想或被表象便认为真实；思想、表象，甚或概念还不够资格叫做存在。姑且不说称类似一百元钱的东西为概念，难免贻用语粗野之讥，但那些老是不断地根据思维与存在的差别以反对哲学理念的人，总应该承认哲学家绝不会完全不知道一百元现款与一百元钱的思想不相同这一回事。事实上还有比这种知识更粗浅的吗？但须知，一说到上帝，这一对象便与一百元钱的对象根本不同类，而且也和任何一种特殊概念、表象或任何其他名称的东西不相同。事实上，时空中的特定存在与其概念的差异，正是一切有限事物的特征，而且是唯一的特征。反之，上帝显然应该，只能"设想为存在着"，上帝的概念即包含他的存在。这种概念与存在的统一构成上帝的概念。

如果上帝的性质就像这里所说的这样，则我们对于上帝只算得到一形式的界说，这界说实际上只包含着概念本身的性质。即就概念最抽象的意义而言，它已包含有存在在自身内，这是显而易见的事。因为无论概念的别的性质如何，它至少是由于扬弃了间接性而成立的，所以概念自身即具有与它自身直接的联系；但所谓存在不是别的，即是这种自身联系。我们很可以说，精神的最深处，概念，甚至于自我或具体的大全，即上帝，竟会不够丰富，连像存在这样贫乏的范畴，这样最贫乏、最抽象的范畴，都不能包含于其中，岂非怪事。因为就内容而论，思想中再也没有比存在这个范畴更无足重轻的了。只有人们最初当作存在的东西，如外界感性存在，我面前的一张纸的存在，也许还比存在更是无足重轻。但关于有限的变灭事物的感性存在，谁也不愿无条件地说它存在。此外，康德书中关于"思维与存在的差别"的粗浅的说法，对于人心由上帝的思想到上帝存在的确信的过程，最多仅能予以干扰，但绝不能予以取消。这种基于上帝的思想和他的存在绝对不可分的过程，也就是近来关于直接知识或信仰的学说所要重新恢复其权威的。关于此点,下面将有讨论。

§ 52

在这种方式下,思维的规定性即在它的最高点,也总有某种外在的东西。这种思维的方式,虽说也老是叫作理性,但只是彻头彻尾的抽象思维。这样,其结果,理性除了提供简单化系统化经验所需的形式统一以外,没有别的,在这样的意义下,理性只是真理的规则,不是真理的工具。理性只能提供知识的批判,而不能提供关于无限者的理论。这种批判,分析到极致,可以总结在这样一句断语里:即思维本身只是一种无规定性的统一,或只是这个无规定性的统一的活动。

附释:康德诚然曾经认理性为〔理解〕无条件的事物的能力。但如果理性单纯被归结为抽象的同一性,则理性不啻放弃其无条件性,事实上,除了只是空疏的理智以外,没有别的了。理性之能为无条件的,只有由于理性不是为外来的异己的内容所决定,而是自己决定自己的,因此,在它的内容中即是在它自己本身内。但康德却明白宣称,理性的活动只在于应用范畴把知觉所供给的材料加以系统化,换言之,使它有一种外在的条理,而系统化或条理化知觉材料所依据的原则仍不过仅仅是那个不矛盾的原则。

§ 53

(B)实践理性——康德所谓实践理性是指一种能思维的意志,亦即指依据普遍原则自己决定自己的意志。实践理性的任务在于建立命令性的、客观的自由规律,这就是说,指示行为应该如此的规律。这样就假定了思维为一种在客观上决定着的活动(换言之,思维事实上是一种理性),这样就有理由认为通过经验可以证明实践的自由,换言之,即有通过自我意识的现象以证明实践的自由。与此相反,决定论者则同样根据经验中重复多次出现的事实,特别是对人类所认作权利和义务(即对客观上应如此的自由规律)根据杂多分歧的事实去归纳出怀疑性的(亦即休谟式的)决定论的观点。

§ 54

实践理性自己立法所依据的规律,或自己决定所遵循的标准,除了同样的理智的抽象同一性,即:"于自己决定时不得有矛盾"一原则以外,没有别的了。因此康德的实践理性并未超出那理论理性的最后观点——形式主义。

但这种实践理性设定善这个普遍规定不仅是内在的东西,而且实践理性之所以成为真正的实践的理性,是由于它首先要求真正地实践上的善必须在世界中有其实际存在,有其外在的客观性,换言之,它要求思想必须不仅仅是主观的,而且须有普遍的客观性。关于实践理性的这种要求或公设(Postulate),下面再讨论。

附释:康德否认了理论理性的自由自决的能力,而彰明显著地在实践理性中去予以保证。康德哲学的这一方面特别赢得许多人盛大的赞许,诚然不无理由。要想正确地估量康德在这方面的贡献,首先必须明了盛行于康德当时的实践哲学,确切点说,道德哲学的情形。那时的道德哲学,一般讲来,是一种快乐主义(Eudaemo nismus)。当我们问什么是人生的使命和究竟目的时,这种道德学说便答道，在于求快乐。所谓快乐是指人的特殊嗜好、愿望、需要等等的满足而言。这样就把偶然的特殊的东西提高到意志所须追求实现的原则。对于这本身缺乏坚实据点为一切情欲和任性大开方便之门的快乐主义，康德提出实践理性去加以反对，并指出一个人人都应该遵守的有普遍性的意志原则的需要。上面几节所讨论到的理论理性，据康德看来，只是认识“无限”的消极能力，既然没有积极内容，故其作用只限于揭穿经验知识的有限性。反之，对于实践理性，康德却显明地承认其有积极的无限性，认为意志有能力采取普遍方式，亦即依据理性思维着以决定自身。无疑地，意志诚然具有这种自决的力量，而且最要紧的是要知道唯有具有这种自决的力量，并把它发挥在行为上，人才可以算是自由的。但虽承认人有这种力量，然而对于意志或实践理性的内容的问题却仍然还没有加以解答。因此，当其说人应当以善作为他意志的内容时，立刻就会再发生关于什么是意志的内容的规定性问题。只是根据意志须自身一致的原则，或只是提出为义务而履行义务的要求，是不够的。

§ 55

(C)判断力批判——康德认为反思的判断力是一种直观的理智的原则。这就是说，特殊，对抽象共相或抽象同一性来说，只是偶然的，是不能从共相中推演出来的，但就直观的理智看来，特殊是被普遍本身所规定的。——这种普遍和特殊的结合，在艺术品和有机自然的产物里一般是可以体察到的。

〔**说明**〕康德的《判断力批判》的特色，在于说出了什么是理念的性质,使我们对理念有了表象,甚至有了思想。直观的理智或内在的目的性的观念,提示给我们一种共相,但同时这共相又被看成一种本身具体的东西。只有在这方面的思想里,康德哲学才算达到了思辨的高度。席勒以及许多别的人曾经在艺术美的理念中,在思想与感觉表象的具体统一中寻得一摆脱割裂了的理智之抽象概念的出路。另有许多人复于一般生命(无论自然的生命或理智的生命)的直观和意志中找到了同样的解脱。——不过,艺术品以及有生命的个体,其内容诚然是有局限的;但康德于其所设定的自然或必然性与自由目的的谐和,于其所设想为实现了的世界目的时,曾发挥出内容极其广泛的理念。不过由于所谓思想的懒惰,使这一最高的理念只在应当中得到一轻易的出路,只知坚持着概念与实在的分离,而未能注重最后的目的的真正实现。但这在思想中所未能实现的东西,反而在有机组织和艺术美的当前现实里,感官和直观却能看见理想的现实。所以康德对于这些对象的反思,最适宜于引导人的意识去把握并思考那具体的理念。

§ 56

这里康德就提出了关于知性的普遍概念与感性的特殊事物之间的另外一种关系的思想,——不同于理论理性和实践理性所依据的对于普遍与特殊关系的学说。但这种关系的新看法,并没有明确承认普遍与特殊统一的关系为真正关系,甚或为真理本身的见解。他毋宁只承认这种统一是存在于有限的现象中,而且只是在经验中得到体现。主体具有这种经验,一方面是出于天才,创造美的理念的能力。所谓美的理念即是出于自由想象力的表象,这些表象有助于暗示理念，启发思想，但其内容并未用概念的形式表达出来，而且也不容许用概念去表达。美的经验另一方面则系出于趣味判断(Geschmacksurteil)，一种对于自由的直观或表象和理智的匀称合度之间的适当配合的敏感。

§ 57

再则，反思的判断力所据以规定有生命的自然产物的原则，便称为目的。目的是一种能动的概念，一种自身决定而又能决定他物的共相。同时康德又排斥了外在目的或有限目的，因为在有限目的里，目的仅是所欲借以实现其自身的工具和材料的外在形式。反之，在有机体中，目的乃是其材料的内在的规定和推动，而且有机体的所有各环节都是彼此互为手段，互为目的。

§ 58

有了这样的理念，知性所坚持的目的与手段，主观与客观间的对立关系立刻就被扬弃了。但康德至此又不免陷于矛盾，因为目的的理念又仅仅被解释为一种实存并活动着的一个原因，这原因又仅仅被看作表象，亦即主观的东西，于是目的性又被解释为仅属于我们知性的品评原则。

〔**说明**〕当批判哲学得到了理性只能认识现象的结论之后，这时我们至少对于有机的自然可以在两个同等主观的思想方式之间选择一个。而且即使按照康德自己的陈述，也不得不承认要想认识自然产物，单纯依照质量、因果、组合和组成部分等范畴是不够的了。内在目的这一原则，如果坚持加以科学地应用和发挥，对于观察自然,将可以导致一种较高的而且完全不同的方式。

§ 59

如果依据内在目的这一原则完全不加以限制,那么,由理性所规定的普遍性,绝对目的,或善,就会在世界中实现了。而且甚至是通过一个第三者,一个建立并实现这最后目的的力量——上帝而实现的。于是在上帝中,在绝对真理中,那些普遍与个体,主观与客观的对立都被解除了,而且被解释为既不坚定,也不真实了。

§ 60

但这被建立为世界最后目的的“善”,一直就只是作为我们的善,只是作为我们的实践理性所规定的道德律。这样一来,则刚才所提及的统一,除仅限于使世界情况和世界进程与我们的道德观念相一致外,并没有别的东西。[①] 此外即使加上这层限制,那最后目的或善,仍然只是一个没有规定性的抽象概念,正如实践理性中的义务观念那样。更进一步,这种和谐又会重新唤起或引起一种对立,这种对立的内容本身即被设定为不真实的。因此这种和谐只被认作主观的东西,——一种只是应该存在,亦即同时并无实在性的东西,或者只被认作一种信仰,只具有主观的确定性,但没有

① 〔原注〕依康德自己的话(见《判断力批判》第一版,第427页〔§88〕):“目的因只是我们实践理性的一个概念,既不能从任何经验的与料推演出来作为批评自然的理论准则,也不能应用去求得对于自然的知识。除了依据道德律唯一可以用在实践理性上面以外,没有应用目的因这概念的任何可能。创造世界的最后目的乃表示世界是与我们所可唯一依据普遍原则去规定的目的,亦即与我们的纯粹实践理性(就其应该是实践的理性而言)所建立的最后目的相和谐一致的一种结构。”

真实性,换言之,没有具有符合那个理念的客观性。这种矛盾似乎可以有办法加以掩蔽,即将理念实现的时间推迟到将来(因为在将来,理念也会存在的)。但一个像时间这样的感性的条件,恐怕正是解除矛盾的反面,而且知性用来表示时间的表象,一种无穷的延长,也不过老是这种矛盾之无穷的重演而已。

〔**说明**〕关于认识的性质,批判哲学所达到的结果,几乎已经成为当时共信的成见或普遍的前提。对于这个结果,我们还想提出一个概括的评论。

在每种二元论体系里,有一个根本缺陷,可以从它努力去联合那即在前一瞬间所宣称为独立自在、不可能联合之物时所产生的不一致里看得出来。即当一方面宣称那联合之物为真实时,一方面即又说这有联系的两个环节,于其联合中并无独立自存的真理性,唯有于其分离中,才具有真理性和实在性。像这种哲学思想缺少一种简单的认识,它没有意识到像这样反复往返即足以表明单是两者中的任一环节均不能令人满足。其缺陷是由于没有能力将两个思想(因为就形式看来,只有两个思想)联系在一起。因此这实在是一个很大的矛盾,一方面承认知性仅能认识现象,另一方面又断言这种认识有其绝对性,如谓"认识至此止步","这就是人类知识之自然的绝对限度"。自然事物诚然是受限制的,而且自然事物之所以为自然事物,也只是由于它们不自知其普遍限制,并且由于它们的规定性只是从我们的观点,不是从它们自己的观点才是一种限制。当一个人只消意识到或感觉到他的限制或缺陷,同时他便已经超出他的限制或缺陷了。有生命的事物可以说是有一种感受痛苦的优先权利,而为无生命的东西所没有的,甚至在有生命的事物里，每一个别的规定性都可变成一种否定的感觉。因为凡属有生命的存在都普遍地具有一种生命力，促使它超出其个别性，并包含其个别性在自身内。因此在否定其自身又保持其自身的过程里，它们感觉到这种矛盾实际存在于它们自身中。但也只有由于在同一主体里包含有两个方面：生命情调的普遍性与否定这生命情调的个别性，这种矛盾才存在于它们自身中。同样，认识的限度或缺陷之所以被规定为限度、缺陷，也只是由于有了一个普遍的理念，一个全体或完整的理念在前面与它相比较。因此，只是由于没有意识才会看不到，正是当一件事物被标明为有限或受限制的东西时，它即包含有无限或无限制东西的真实现在的证明。这就是说，只有无限的东西已经在我们意识里面时，我们才会有对于限制的知识。

康德关于认识的学说，其结果还可引起另外一种的评论，即是说康德哲学对于科学的研究没有什么影响。他的认识论使得认识的范畴与一般认识的方法各不相涉。也许偶然于当时科学著作的开首几页里，我们或可发现引用康德哲学几句话，但从全部著作看来，便可看出所引用康德那几句话，只是些装点门面的多余的话。而且即使把那开首几页删节掉了，也不会丝毫影响那本书的实际内容。①

试以康德哲学与形而上学化的经验论细加比较：那素朴的经

---

① 〔原注〕即如在赫尔曼的《韵律学教本》一书中，开首即引用了几段康德哲学。在书中§8里即申论音节的定律必须是：(一)客观的，(二)形式的，(三)先天规定的定律。试把这几种规定和下面提到的因果关系和相互作用的原则拿来和书中讨论音节的地方相比较，就可看到这些形式的原则对于内容实毫无影响。

验论虽坚持感性知觉，但还同样承认精神的现实性，超感官的世界，不管它的内容是如何形成，或出于思想，或出于幻想，单就形式而论，这种超感官世界的内容有一种基于心灵的权威而来的证据，正如经验的知识有一种基于外界知觉而来的证据。但这种反思的，逻辑上有了一贯原则的经验论，就要反对这种有最后最高内容的二元论，并且否认思想原则和从思想中发展出来的精神世界的独立性。所以唯物论，自然主义就是经验论的一贯地发挥出来的体系。康德的哲学提出一思想的原则和自由的原则，以反对这种经验论而赞成第一种素朴的经验论，而且对这种素朴经验论的普遍原则从未稍有违背。所以在康德哲学中仍保留有二元论的色彩。一方面有知觉世界和思索知觉的知性世界。他虽宣称这是现象世界，但这不过只是一个名称，只是一个形式的说法。因为其本源、其内容实质、其观察方式与经验论大体上都是一样。另一方面有独立的、自己理解自身的思想，或自由的原则。这种思想或原则在康德哲学中，仍与前此一般形而上学相同，但扫空了一切内容，而又未能加进一些新的内容。这种思维（此处叫做理性）没有任何特殊规定，因此也没有任何权威。康德哲学的主要作用在于曾经唤醒了理性的意识，或思想的绝对内在性。虽说过于抽象，既未能使这种内在性得到充分的规定，也不能从其中推演出一些或关于知识或关于道德的原则；但它绝对拒绝接受或容许任何具有外在性的东西，这却有重大的意义。自此以后，理性独立的原则，理性的绝对自主性，便成为哲学上的普遍原则，也成为当时共信的见解。

附释一：批判哲学有一很大的消极的功绩，在于它使人确信，知性的范畴是属于有限的范围，并使人确信，在这些范畴内活动的知识没有达到真理。但批判哲学的片面性，在于认为知性范畴之所以有限，乃因为它们仅属于我们的主观思维，而物自体永远停留在彼岸世界里。事实上，知性范畴的有限性却并不由于其主观性，而是由于其本身性质，即可从其本身指出其有限性。然而依康德看来，我们思想的内容之所以有错误，是因为我们自己在思维。——康德哲学的另一缺点，在于它对思维活动只加以历史的叙述，对意识的各环节，只加以事实的列举。他所列举的各项诚然大体上是对的，但他对于这样根据经验得来的材料并没有说明其必然性。他对于意识各阶段所作的反思，其结果可以总括在“凡我们所认识的一切内容只是现象”一句话里面。既然凡属有限的思维只能涉及现象的说法，都是对的，则他这种结论当然也是对的。但须知，到了现象的阶段，思维并没有完结，此外尚有一较高的领域。但这领域对于康德哲学是一个无法问津的“他界”。

附释二：因为在康德哲学里，思维作为自身规定的原则，只是形式地建立起来的，至于思维如何自身规定，自身规定到什么程度，康德并无详细指示。这是费希特才首先发现这种缺欠，并宣扬有推演范畴的需要。同时他也曾试图这样做过，而且的确提出了一个那样的范畴推演的体系。费希特哲学以自我作为哲学发展的出发点，各种范畴都要证明为出于自我的活动。但是费希特所谓自我，似乎并不是真正地自由的、自发的活动。因为这自我被认为最初是由于受外界的刺激而激励起来的，对于外界的刺激，自我就要反抗，唯有由于反抗外界刺激，自我才会达到对自身的意识——

同时，刺激的性质永远是一个异己的外力，而自我便永远是一个有限的存在，永远有一个"他物"和它对立。因此，费希特也仍然停滞在康德哲学的结论里，认为只有有限的东西才可认识，而无限便超出思维的范围。康德叫做物自体的，费希特便叫做外来的刺激。这外来的刺激是自我以外的一个抽象体，没有别的法子可以规定，只好概括地把它叫做否定者或非我。这样便将自我认作与非我处于一种关系中，通过这种关系才激励起自我的自身规定的活动，于是在这种情形下，自我只是自身不断的活动，以便从外来刺激里求得解放，但永远得不到真正的自由。因为自我的存在，既基于刺激的活动，如果没有了刺激，也随之就没有了自我。而且自我活动所产生的内容，除了通常经验的内容以外，也没有别的，只不过加了一点补充，说自我活动所产生的内容只是现象而已。

C. 思想对客观性的第三态度

直接知识或直观知识

§ 61

批判哲学认为思维是主观的，并且认为思维的终极的、不可克服的规定是抽象的普遍性、形式的同一性。于是就把思维当作是与真理相反对的，因为真理不是抽象的普遍性，而是具体的普遍性。在思维的这种最高规定即理性里，范畴没有得到重视。——与此正相反对的观点便认思维只是一种特殊的活动，因此便宣称思维不能够认识真理。

§ 62

依照这种理论，思维既然是特殊的活动，就只能以范畴为其整个的内容和产物。但范畴既然是知性所坚持的，所以就是受限制的规定，是认识有条件的、有中介性的、有依赖性的东西的形式。像这样受限制的思维是说不上认识无限，认识真理的。因为这种思维是不能从有限过渡到无限的（它是反对关于上帝存在的证明的）。这些思维范畴也叫做概念。按照这种说法，要把握一个对象，不外用一个认识有条件的、有中介性的事物的形式去认识那个对象。因此只要对象是真理、无限或无条件的东西，就只有用我们的范畴把它改变成一个有条件、有中介的东西。在这样的方式下，我们不但没有用思想掌握住真理，反而把它歪曲成为不真的了。

〔**说明**〕这就是唯一简单的论证，提出来支持对于上帝和真理只有直接知识或直观知识的说法的。在从前，各式各样关于上帝的所谓拟人的观念，都当作只是有限的，不配认识无限而予以排斥。因此，上帝便成为一异常空洞的存在了。但那时还没有将一般的思维规定认作属于“拟人”[①]的观念之列。毋宁是说，人们相信思维的作用在于扫除绝对中的许多表象的有限性。——这种信念颇符合于上面（§5）所提及的一切时代所共有的成见，即我们只有通过反思才可达到真理。但到现在，思维规定最后也一概被认

① 认神与人有相同的情意，即以人的观念情意去揣度神的观念情意，叫做拟人主义。——译者注

作是拟人主义，甚至思维也被宣称为只是一种有限化的活动。——耶可比在他讨论斯宾诺莎学说的书信第七篇“补录”[①]里对于这种评论，曾加以最明确的陈述。他应用斯宾诺莎哲学里得来的论证，来攻击一般的知识。在他对于知识的抨击里，他将知识认作仅是对于有限事物的知识，认作仅是由一系列有限事物到有限事物的思想进程，其中每一有限之物与另一有限之物彼此互为条件。依此看法，解释与理解只是通过他物为中介以说明某物的间接过程。因此一切知识的内容只是特殊的、依赖的和有限的。无限、真理、上帝则在这些机械联系之外，而认识便局限在这种范围之内。——最可注意的，就是康德哲学肯定范畴的有限性主要仅在于它们的主观性的形式规定方面，在这个评论里，是就范畴的规定性加以讨论，认为即就范畴本身来说，它们也是有限的。耶可比心目中所特别着重的，乃是当时的自然科学（精确科学）在认识自然力量和自然规律时所取得的灿烂的成就。当然，在这种有限事物的基础上，人们是无法寻找到内在于其中的无限者的。诚有如拉朗德[②]所说，他曾〔用望远镜〕搜遍了整个天宇，但没有寻找到上帝（参看§60说明）。在这种自然科学的范围里，所可得到的普遍性，亦即科学知识的最后成果，只是外界的有限事物之无确定性的聚集，换言之，物质而已。耶可比很正确地看到了这种只是中介性的知识进程没有别的出路。

---

① 耶可比（1743－1819）著有《关于斯宾诺莎学说给孟德尔生的书信集》一书，初发表于1785年，于1789年再版时，又加上八篇“补录”。——译者注

② 拉朗德（Lalande，J. J.，1732－1807），法国天文学家。——译者注

§ 63

与此同时,耶柯比主张真理只能为精神所理解,认为人之所以为人,只是由于具有理性,而理性即是对于上帝的知识。但因间接知识仅限于有限的内容,所以理性即是直接知识、信仰。

〔**说明**〕知识、信仰、思维、直观,便是在这一派的观点里所时常出现的范畴。耶柯比既假定这些范畴是人人所熟知的,因而就常常仅按照心理学的单纯表象和区别,加以武断的使用,而对其最关重要的本性和概念,却漫不加以考察。因此我们常常发现,知识总是与信仰对立,而同时又把信仰规定为直接的知识,所以我们也要承认信仰是一种知识。再则,这也是经验的事实:即凡我们所信仰的,必在我们意识中,这就是说,对于我们确信的东西,我们至少对它必有所知。还有我们经常看见,思维与直接知识和信仰对立,而且特别与直观对立。但如果直观可以规定为理智的直观的话,那么理智的直观只能叫做思维着的直观,除非我们对于以上帝为对象的理智的直观有别的不同理解,想要把它理解为想象中的影像或表象。在耶柯比哲学的语言里,信仰一词也可以用来指谓呈现在当前感性里的日常事物。耶柯比说,我们相信我们有身体,我们相信感性事物的实际存在。但是,当我们说对于真理或永恒有信仰,或说上帝在直接知识或直观中启示给我们时,我们所说的并不是感性的东西,而是一个本身具有普遍性的内容,只是能思的心灵的对象。再则,当个体是指自我、人格,而不是指经验的自我或特殊的人格时,特别当我们心目中所想到的是上帝的人格时,我们所说的乃是指纯人格,本身具有普遍性的人格而言。像这样的纯人格即是思想，而且只是指思想。——而且纯直观与纯思想只是完全同一的东西。直观和信仰最初总是表示普通意识所赋予这些字眼的特定意义，因而直观和信仰实与思想有区别，而它们之间的这种区别，也差不多是尽人皆知的。但是如今我们要就信仰和直观的最高意义来看，即是把它们作为对上帝的信仰、作为理智的直观来看，这就是说，我们要排除直观、信仰与思想之间的区别来看。直观和信仰一旦被提升到这种较高的领域里，便无法再去说它们与思想的区别了。然而人们总以为有了这些空洞的字面的区别，他们就说出重要的真理了，殊不知他们所攻击的种种说法，与他们所坚持的都是同样的东西。

耶柯比所用的信仰一词却具有特别的便利，因为一提到信仰一词，便令人想起对于基督教的信仰，令人觉得信仰一词似乎包含基督教信仰，甚至以为就是指基督教的信仰。于是，耶柯比的信仰哲学看来本质上好像是虔诚的，而且具有基督教虔诚的热忱。基于这种虔诚，他便得着特殊自由，更可以自负和权威的态度任意下断语。但我们切不可仅因字面上偶尔相同的假象便被欺骗，而须谨记两者间的区别。一则，基督教信仰包含有教会的权威在内，而基于这种哲学立场的信仰，却只是凭借个人主观的启示的权威。再则基督教的信仰是一个客观的、本身内容丰富的、一个具有教义和知识的体系。而耶柯比这种信仰本身却并无确定的内容，既可接受基督教的信仰作为内容，又可容许任何内容掺入，甚至可以包括相信达赖喇嘛、猿猴，或牡牛为上帝的信仰于其内。这样一来，他所谓信仰便只限制于以单纯空泛的神、最高存在为内容了。于是，信仰一词就这种自命为哲学的意义看来，不过只是一种直接知识的枯燥的抽象物罢了，也不过只是一个可以应用来指谓许多异常不同的事物的纯粹形式的范畴，无论就在信仰者心灵内的信仰而言，或者就圣灵内在于人心中而言，或就内容充实的神学理论而言，都决不可把它与具有丰富的精神内容的基督教信仰混为一谈。

耶柯比这里所谓信仰或直接知识，其实也就与别处叫做灵感，内心的启示，天赋予人的真理，特别更与所谓人们的健康理智、常识、普通意见是同样的东西。所有这些形式，都同样以一个直接呈现于意识内的内容或事实作为基本原则。

§ 64

这种直接知识确认它所知道的东西是存在的，即在我们观念之内的无限、永恒、上帝，也是存在的。这就是说，它确认：在意识内，它们的存在的确定性，同这个观念直接地、不可分离地联系在一起。

〔**说明**〕要反对这直接知识的原则恐怕是哲学家们很少想到的事。他们反倒会感到欣幸，当他们看见这些足以表示哲学的普遍内容的古老学说，虽说是在这种非哲学的方式下，在某种限度内，会成为这时代的普遍信念。人们倒是会感到惊异的，即何以竟会有人以为这些原则——真理内在于人心，人心可以把握真理(参看§63)，——是违反哲学的。从形式的观点看来，上帝的存在与上帝的思想，客观性与思想所首先具有的主观性有直接而不可分离的联系这一原则，特别令人感到兴趣。甚至还可以说，直接知识的哲学不仅以为单独关于上帝的思想是与存在不可分的，而且还认为甚至在直观中，存在这一规定与人们对于自己的身体以及外界事物的观念也有不可分离的联系。——如果哲学的职责在于努力证明，亦即揭示这种思维与存在的统一，即包含在思想的本性或主观性本身内就是与存在和客观性有不可分离的关系，那么不管这些证明的性质如何，价值多高，无论如何，当哲学看见它的原则被证明，而且被揭示出也是意识中的事实，因而与经验相符合时，它必然会感到异常满意的。至于哲学与直接知识的说法的区别，只在于直接知识所抱的态度过于狭隘，也可以说是只在于它所采取的反对哲学思考的态度。

但是当笛卡尔提出他的可以说是转移近代哲学兴趣的枢纽的"我思故我在"(cogito，ergo sum)这一原则时，他也是用直接自明的真理方式说出来的。如果有人把笛卡尔这一命题认作是三段式的推论的话，那么这人恐怕除了认识这命题中的"故"字以外，对于三段式推论的性质知道得似乎并不很多。因为在这个命题内，你从哪里去找中项(medius terminus)呢？而且中项在三段式推论中，较之那一个"故"字，却远为主要。如果我们一定要用"推论"这个词，把笛卡尔这类概念的联合叫做"直接的推论"，那么，这多余的一种推论形式，只不过是把不同的规定加以完全没有中项作媒介的联合罢了。照这样说来，则持直接知识说者所表述的，认存在与我们的观念相联系的原则，也不多不少地是一种推论了。——我从何佗[①](Hotho，F. G.)先生于1826年出版的《关于笛卡尔哲

① 何佗(1802—1873)，黑格尔的学生，1829年任柏林大学美学教授，1832年后参加编订黑格尔全集工作。——译者注

学》的论文中，借用他所引用笛卡尔的一些文句，以表明笛卡尔自己的说法，即他那“我思故我在”的命题，并不是三段式推论。（散见于《答第二反驳》（见《沉思录》），《方法论》第四章，及《书信集》第一卷，第118页等处。）从第一段落里我引用下面一句最切要的话。笛卡尔首先说，我们是能思的存在，这“乃是一种本原的概念，并不是从三段式推论出来的”。他接着又说“当一个人说我思故我在或者我思故我存在时，他也并非用三段式的推论从思维里推出存在来”。笛卡尔知道三段式的推论所须具备的条件，所以他补充道，要使那命题成为三段式的推论，我们还须加上一个大前提：“凡能思者都在或者都存在”一句话，但这个大前提却又须首先从最初那一命题演绎出来。

笛卡尔关于我的思想与我的存在不可分离这一原则的种种说法，如果说这种我思与我在的联系即呈现于并涵蕴于意识的简单直观里，又谓这种联系是绝对的第一，是最确定、最明白的原则，因此无法设想任何极端的怀疑思想可以不承认这一原则。——他这种种说法是如此明晰而确定，致使近代耶柯比等人关于直接联系的许多言论，只可以当作笛卡尔的原则之多余的重述。

§ 65

这种直接知识的观点，并不以指出孤立起来的间接知识不能够把握真理为满足，而其特点在于坚持单是孤立的直接知识，排斥任何中介性，即具有真理为其内容。这种孤立的排他性表明，这种观点仍然陷于坚持着非此即彼的形而上学的理智观念里，亦即事实上仍然陷于外在的间接关系中，所谓外在的间接关系，即是基于坚持着有限的或片面的范畴的关系。持直接知识的人，错误地以为他们业已超出了有限的范畴，而实际上则尚未达到。但关于此点，让我们此刻毋庸详加发挥。这种排他性的直接知识只被确认为一种事实，在此处的导言里，我们也只能按照这种外在的反思去考察它。至于直接知识的本身将俟我讨论直接性与中介性相对立的逻辑关系时再加以说明。但像刚才这种外在的观点不容许我们考察直接知识这事情的本性或概念，因为这种考察将会引导我们到中介性，甚至于使我们达到知识。故真正的、基于逻辑立场的考察，必须在逻辑学本身以内去寻求。

〔**说明**〕《逻辑学》的整个第二部分，关于本质的学说，便是主要地对直接性与中介性自己建立起来的统一性的考察。

§ 66

所以我们就只能在这里停留住，权且把直接知识当作一种事实。但这样一来，我们的考察便导致经验的范围、一种心理的现象。照这样看来，我们必须指出，这是属于最普通不过的经验，即许多真理我们深知系由于极其复杂的、高度中介化的考察所得到的成果，这种成果却毫不费力地直接呈现其自身于熟习此种知识的人的意识之前。数学家，正如每一个对于某一门科学有训练的人那样，对于许多问题得到直接当下的解答，然而他得出这些解答是经过很复杂的分析才达到的。每一个有学问的人，大都具有许多普遍的观点和基本的原则直接呈现在他的意识里，然而这些直接的观点和原则，也只能是反复思索和长时间生活经验的产物。我们在任何一种知识、艺术和技巧里所得到的熟练，也包含有这样的知识或动作直接出现于意识中，甚或直接表现于向外面反应的活动中和灵活机动地从他的肢体内发出。在所有这些情境中，知识的直接性不但不排斥间接性，而且两者是这样结合着的：即直接知识实际上就是间接知识的产物和成果。

〔**说明**〕同样，直接存在与间接存在显然也是结合着的。胚种和父母，从其所产生的枝叶和后裔看来，只可以说是直接的、创始的存在。不过胚种和父母的存在虽说是直接的，但它们仍然是有根源的，是衍生出来的；而枝叶和后裔，其存在尽管是中介性的，却仍然可说是直接的，因为它们存在。譬如，我在柏林，我的直接存在是在这里，然而我所以在这里，是有中介性的，即由于我走了一段旅程才来到这里的。

§ 67

就关于上帝，关于法律和伦理原则的直接知识而论，（这里面包括有从别的方面看来叫做本能，天赋观念，或先天观念、常识、和自然的理性等等，总之，系指这种自发的原始性而言，不管其表现的形式是什么。）这乃是极普通的经验：即这种直接的原始性所包含的内容，总需要经过教化，经过发展，才能够达到自觉，也可以说才能达到柏拉图所谓“回忆”。（又如基督教的洗礼，虽然是一种仪式，也包含有进一步接受基督教的训诲的义务。）换言之，就宗教和伦理而论，尽管它们是一种信仰和直接知识，但仍然完全是受中介性的制约，所谓中介性，是指发展、教育和教养的过程而言。

〔**说明**〕主张天赋观念以及反对天赋观念的人，都同样为互相排斥的对立所支配，即双方都认为某些普遍规定和心灵在本质上的直接的联合（如果可以这样说的话）与另一种由外在的方式而产生的、通过给予的对象和表象作为中介而引起的联合之间，有了坚不可破的对立。有人对于天赋观念说曾予以经验论的反驳，认为既然人人皆具有天赋观念，譬如矛盾原则既是人人意识中所共同具有的，那么他们必然知道这个原则。因为矛盾原则以及别的类似的原则，均算作天赋观念。我们可以将这个反驳认作是一个误解。因为这里所说的原则，虽是天赋的，却并不因此便具有我们所意识着的观念或表象的形式。但这个反驳用来反对直接知识，却完全中肯，因为持直接知识说的人明白宣称只有在意识之内的内容才可以说是具有直接知识的性质。如果我们假定持直接知识说的人也多少承认，特别就宗教信仰而言，必然是包含有基督教的或宗教的教养和发展的，那么，当他一说到信仰时又想抹杀中介性，这就未免陷于偏见。或者，既然承认了教养的必要性，而又不知道中介性的重要，这也未免太缺乏思考了。

附释：当柏拉图哲学说到理念的回忆时，意思是说理念是潜伏在人心中，而不是如智者派所主张的那样，认为理念是从外面灌输到人心中的。但认知识为一种回忆，却并不排斥把人心中潜在的东西加以发展，而发展不是别的，即是一种中介的过程。同样的道理可以应用来说明笛卡尔和那些苏格兰哲学家所提出的天赋观念。这些观念原来也不过是潜伏的观念，必须看成是人所固有的禀赋。

§ 68

在上面所说的这些经验里，总是向与直接知识相联结的对象中去寻求真理。这种联结最初虽仅不过是外在的经验的联系，所以只要对经验的考察本身来说，这联系足以表明它自身是本质的和不可分的，那么，这种联系就是长久的。再则，如果按照在经验中的这种直接知识自己本身，就其为对于上帝和神圣事物的知识而言，则这种意识一般地将被认为是高出于感性的，有限的事物以及高出于自然心情中直接的欲求和嗜好。这种提高就是过渡到并且归宿到对于上帝和神圣事物的信仰的过程。所以这种信仰就是直接知识和确定性。但它并不因此便没有中介过程作为它的前提和条件。

〔**说明**〕我们已经指明过，那从有限存在出发的所谓对于上帝存在的证明，也表明了这种提高。从这个观点看来，这些证明并不是矫揉造作的反思作用所臆创，而是精神自己本身的、必然的曲折进展的中介过程，虽说在通常的形式里，这些证明没有得到充分而正确的表现。

§ 69

直接知识论的主要兴趣乃在于指出从主观的理念到〔客观的〕存在的过渡（有如上面§64所表明的那样），并断言理念与存在之间有一个原始的无中介性的联系。即使完全不考虑由经验中映现出来的联系，单就由理念过渡到存在这一中心点来说，在它本身内也是包含有中介过程的。而且在它的这种〔中介性〕的规定里，它既然是真实的，并不是一种和外在东西并通过外在东西而形成的中介过程，而是自己包含着前提与结论在自己本身内的中介过程。

§ 70

这种观点的主张是这样的，即无论作为单纯的主观思想的理念，或者作为单纯的自为存在，都不是真理；——一个仅仅是自为的存在，一个与理念无涉的存在，只是世界中有限的感性存在。因此，这种说法，只是直接地断言，理念只有存在为中介，反之，存在只有以理念为中介，才是真理。直接知识的原则自应排斥无规定性的空洞的直接性、抽象存在或纯粹的、自为的统一，而力持理念与存在的统一。恐怕只有由于不用思想才会看不见，举凡两个相异的规定或范畴的统一，并不仅是纯粹直接的或漫无规定性的空洞的统一，反之，必须认定其中的一个规定只有通过另一个规定为中介才会有真理。——或者可以说，每一个规定只有通过另一规定的中介才得与真理相结合。——至于中介性的规定即包括在那个直接性自身之内，这种说法，在这里就被表明是一种事实，对于这种事实，知性，依照直接知识自己的根本原则，也不会出来反对。只有通常的抽象的理智作用〔知性〕，才会把直接性与中介性双方，每一方都各自认作绝对，以为两者之间有一坚固的鸿沟。因而在设法去联合双方时，自己给自己造成一个不可克服的困难。这个困难，有如我们所指出的，事实上并不存在，而且也是消失在玄思的概念里的。

§ 71

直接知识论的片面性给自己带来了一些规定和后果，除了其基本原则已于上面讨论之外，其要点尚须略加指出。第一，既然真理的标准、不是内容的本性，而是意识的事实，那么凡被宣称为真理的，除了主观的知识或确信，除了我在我的意识内发现的某种内容外，就没有别的基础了。这样一来，凡我在我的意识内发现的东西，便扩大成为在人人意识内发现的东西，甚至被说成是意识自身的本性。

〔**说明**〕从前对于上帝存在的证明常提出"众心一致"(Consensus gentium)的论证，西塞罗最早曾援引过这种论证。"众心一致"诚不失为极有意义的权威，而且要援引这种权威，说某种内容即在人人意识中，因而必定是基于意识的本性，出于意识的必然，这乃是极自然而且又很容易的事。但在这众心一致的范畴内却含有一主要看法，甚至那最无教化的人也可以看得到的，这就是，个人的意识同时是一特殊的、偶然的意识。如果对于这种意识不加以考察，不将意识中特殊的偶然的东西排除掉，换言之，如果不通过反思的艰苦工作，将意识中自在自为的普遍的东西揭示出来，则所谓众心的一致不过只是大家对于某一内容表示共同赞成，以为足以建立起一个合乎礼俗的成见，因而就硬说是属于意识的本性罢了。所以，如果思想的要求，在于从普遍常见的事物中更进而寻求其必然性，则众心一致的说法决不足以满足这种要求。而且即使承认事实上的普遍性可以作为一个充足的证明，但根据这种论证也不足以证明对于上帝的信仰，因为经验曾经告诉我们，有些个人和民族并没有对于上帝的信仰。[1] 但只是单纯地断言，我发现一个内容在我心中，我确知这内容是真的，并且宣称这确定性并非出于我个人特殊的主体，而是基于心灵的本性。——恐怕天地间没有比这种办法更简捷便易的了。

§ 72

第二，认直接知识为真理的标准还可引起另一种结果，即把一切的迷信和偶像崇拜均可宣称为真理，并且对任何毫无道理并违反道德内容的意志要求，均可进行辩护。印度人就不根据我们所

① 〔原注〕要想知道根据经验的调查，无神论或信仰上帝广泛程度的大小如何，取决于我们是否仅仅满足于一个上帝的空泛观念，或者要求一个对于上帝的确切知识。在信仰基督教的社会里，决不会承认中国人和印度人所崇拜的偶像、非洲人的拜物教，甚或希腊人的众神灵为上帝。足见相信诸如此类的偶像的人，决不能说是相信上帝。反之，也许有人认为像这类偶像的崇拜，也多少潜伏有某种对于上帝一般的信仰，正如种之于类然，如是，则崇拜偶像不仅是对于偶像的崇拜，也可算作对于上帝的信仰。但至少希腊人的看法却与此相反。希腊人把那些认“宙斯”(Zeus)等神仅为云气，而持唯一的上帝之说的诗人和哲学家，皆斥为无神论者。

问题只在于人的意识实际上对于一个对象怎样理解，而不在于那个对象潜在地包含着什么。如果我们忽略这个区别，那么人的最普通的感官印象，都可以算作宗教。因为每一感官印象，甚至每一心灵活动，都潜伏地包含有一原则，这原则如果加以纯化，加以发挥，都可提升到宗教的领域。但有宗教的潜能是一事，具有宗教信仰是另一事。未经发挥的宗教，只是宗教的潜能或可能而已。

所以近来有许多旅行家曾经发现一些部落例如罗斯和巴利两船长(Capitane Ross und Parry)所发现的因纽特人，据他们说，就连非洲的巫师所有的那一点宗教痕迹，或希罗多德(Herodotus)所说的 Goëtes 也没有宗教。但另一方面，一个英国人前几个月在罗马参加天主教五十年举行一次的大纪念会上，据他关于近代罗马人的叙述中说：罗马的普通民众都是些执迷的信徒，而那些能读能写的人差不多全是无神论者。

在近代已经很少听见用“无神论”一词来攻击人了。主要是因为宗教的内容和所必具的条件已减至最低限度了(参看§73)。

说的中介性的知识，不根据理论和推理，而是信仰母牛、猿猴或婆罗门、喇嘛为神。但自然的意欲和倾向都自发地寄托其兴趣于意识之内，而那些违反道德的目的也完全直接出现在意识之内。无论善的品性或恶的品性都会表示意志的特定的存在，而意志的特定存在，又会在兴趣和目的中被认识，甚至是最直接地被认识。

§ 73

第三，对于上帝的直接知识只告诉我们上帝存在，而没有告诉我们上帝是什么。因为如果能说出上帝是什么，将会是一种知识，而且将会导致中介性的知识。因此，直接知识论就把宗教上崇拜的上帝明白地缩小为一种空泛的神，限制在不确定的超感官的事物方面去，并且把宗教的内容缩减至最小限度了。

〔**说明**〕如果真正有必要，只须能办到并且保持一个神存在的信仰，或者甚至能创造一个神存在那样的信仰，便算满足，那么我们对于这个时代的贫乏，不能不感到惊异。这个时代竟以赢得一些浅陋的宗教知识为无上收获，并且在教堂的神龛中退回到供奉千百年前在雅典即已供奉过的生疏〔异己〕的神！

§ 74

我们还须对于直接性的形式的一般性质略加说明。因为直接性的形式本身是片面性的，致使其内容本身也带有片面性，并且因而成为有限的。直接性使共相成为片面的抽象性，而且使上帝成为无规定性的存在，但是上帝也可以叫做精神，就上帝被理解为自己在自己本身内，自己和自己中介而言。只有这样，上帝才是具体的，有生命的，才是精神。像这样知道上帝是精神，即包含有间接性或中介性在自身内。第二，直接性的形式给予特殊的东西自己存在、自己和自己相联系的规定。但正因为这样特殊事物自身是与外在于它自己的他物相联系。从直接知识的形式看来，有限的特殊的东西便被设定为绝对了。而且既然直接性是异常抽象的，对于每一内容都抱中立态度，正因为如此，它也可以接受任何不同的内容。所以直接性既可以承认偶像式的违反道德的内容，也同样可以承认和它正相反对的内容。只有当我们洞见了直接性不是独立不依的，而是通过他物为中介的，才揭穿其有限性与非真实性。这种识见，由于内容包含有中介性在内，也是一种包含有中介性的知识。因为真正可以认作真理的内容的，并不是以他物为中介之物，也不是受他物限制之物，而是以自己为自己的中介之物所以中介性与直接的自我联系的统一。那执著的知性，自以为足以解除有限知识，超出形而上学和启蒙思想的理智的同一性，却仍然不免直接地以直接性或抽象的自我联系，或抽象同一性作为真理的原则和标准。抽象的思想（反思的形而上学的形式）与抽象的直观（直接知识的形式）实是同一的东西。

附释：假如坚持直接性的形式与中介性的形式是对立的，则直接性便陷于片面，而且使得属于直接性的形式下的每一内容也趋于片面了。大体说来，直接性即是抽象的自我联系，因此同时即是抽象的同一性、抽象的普遍性。如果自在自为的普遍性既然只采取直接性的形式，那么，它就只能是抽象的普遍性。而且从这种观点看来，上帝也只能具有完全无规定性的存在的意义。像这样，我们也许还可以说上帝是精神，但这只是一句空话，因为精神作为意识和自我意识，无论如何即包含有意识自己与它本身的区别和与他物的区别，因此即包含有中介性在内。

§ 75

要批判思想对待真理的第三态度，只能采取这种观点本身所直接表明和承认的方式。直接知识论认为直接知识是一事实，并且说：有一种直接知识，但又没有中介性，与他物没有联系，或者只是在它自身内和它自己有联系，——这是错误的。同样，又宣称：思想只是通过其他中介性的（有限的、有条件的）范畴而进展，——这也不是真实的事实，因为这就忘记了当思想以他物为中介时，它又能扬弃这种中介。但是要指出事实上有一种知识的进展，既不偏于直接性，也不偏于间接性，这就须以逻辑学自身和全部哲学作为样本。

§ 76

假如我们试把直接知识的原则与我们上面所据以出发的、素朴的形而上学比较考察一下，就可以看出耶柯比的直接知识论是退回到这种形而上学在近代的开端，即退回到笛卡尔的哲学。耶柯比与笛卡尔两人皆主张下列三点：

(1)思维与思维者的存在的简单的不可分性，——“我思故我在”(cogito ergs sum)，与我的存在、我的实在、我的生存直接地启示在我的意识里，是完全相同的。同时笛卡尔曾明白宣称，他所理解的思想是指一般的意识（见《哲学原理》第一章第九节）。此种思维与思维者的存在的不可分，是绝对第一的（而非间接的，经过证明的)原理和最确定的知识。

(2)上帝的存在和上帝的观念不可分。上帝的存在即包含在上帝本身的观念中，换言之，上帝的观念决不能没有存在的规定，因此上帝的存在是必然的和永恒的。①

(3)关于外界事物存在的直接意识，他们都同样认为除了指感性的意识外，没有别的了。意思是说，我们具有这种感性意识，乃是最无关重要的知识。我们唯一有兴趣要知道的，就是对于外界事物的存在的直接知识是错误的、虚幻的，而感性事物本身是没有真实性的。外界事物的存在也只是偶然的、幻灭的一种假象。外界事物本质上只有存在，而它们的存在与它们的概念和本质是分离的。

§ 77

但是这两种观点之间也有一些差别：

---

① 〔原注〕笛卡尔的《哲学原理》第一章第十五节，"读者将会更相信有一个无上圆满的存在，假如他能注意到，他不能在任何别的事物里面去发现一个包含有必然存在的观念，有如上帝的观念一样。他将可知道，上帝的理念表示一真实而不变的本质，此本质必定存在，因为它包含有必然存在。"紧接这段话，下面还有几句话，好似含有证明和中介性之意，但不致影响根本原则的大旨。

在斯宾诺莎书中，我们遇着同样的话头，他说："上帝的本质，换言之，上帝的抽象观念，即包含存在。"斯宾诺莎的第一个界说，即关于自因(Causa Sui)的界说，即谓"自因之物，其本性包含存在，其性质除认作存在外，不能设想。"概念和存在的不可分，也是斯宾诺莎系统中的根本思想和前提。但与存在不可分的概念，究竟是什么东西的概念呢？当然不是有限事物的概念，因为有限事物只有一偶然的和被创造的存在。斯宾诺莎的第十一命题，说上帝必然存在，并继之以证明，同样他的第二十命题，说上帝的存在和他的本性是同一之物，其实这种证明都是多余的形式主义。因为说上帝是实体，而且是唯一的实体；但实体是自因，故上帝的存在是必然的，这无异于说上帝是概念与存在不可分的存在。

(1)笛卡尔的哲学从这些未经证明并且认为不能证明的前提出发,进而达到更扩充发展的知识,这样一来,便促进了近代科学的兴起。反之,近时耶柯比的学说(参看§62),却得到一个本身异常重要的结论,即认为凭借有限的中介过程而进行的认识只能认识有限事物,而不能把握真理,而且关于上帝的意识也只好停留在前面所说的完全抽象的信仰阶段。①

(2)近代的观点,一方面,并没有改变笛卡尔所提出的通常的求科学知识的方法,其进行研究的方式也采取与产生经验科学和有限科学完全相同的方式。但另一方面,这个观点一遇到以无限为内容的知识时,便放弃了这种方法,而且因为它不知道有别的方法,所以对于认识内容无限的东西时,便放弃一切方法。因此,这种观点便放纵于想象与确信之狂妄的任意中,沉溺于道德的自大和情感的傲慢中,或陷入于粗鲁的独断和枯燥的辩论中,所有这些,都强烈地反对哲学和哲学的研究。哲学当然不容许单纯的武断或妄自尊大,也不容许任意无端的往复辩论。

§ 78

所以我们首先必须放弃,在知识或内容方面,一个独立的直接性与一个同等独立、无法与直接性联合的中介性之间的对立。因为这种对立只是一个单纯的假设和一个任意的武断。同样,所有

① 〔原注〕反之,安瑟尔谟说过:"依我看来,这乃是由于懈怠,如果在我们业已承认一个信仰之后,而不努力去理解我们所信仰的对象。"(见安氏著《神人论》)安瑟尔谟这番话,对于基督教义的具体内容在知识上提出一远较耶柯比所谓信仰更为艰巨的任务。

一切别的假设和成见，不论其出于表象，或出于思维，都须在走进哲学的大门之前摒弃不用。因为哲学对于类此的想法，首须加以考察，而对于它们自身的意义和种种对立，也须加以理解。

〔说明〕怀疑主义，可以作为彻底怀疑一切认识形式的否定性科学，也可以作为一个导言，以揭露那样的假定的虚妄性。但是怀疑主义的导言，不仅是一种不令人愉快的工作，而且也是一段多余的路程，因为，有如下面即将指陈的，辩证过程或矛盾进展本身就是一个积极的科学的主要环节。再则，怀疑主义只能在经验中去寻求有限的形式，而且只能接受这些形式作为给予的材料，而不能加以逻辑的推演。对于这种彻底的怀疑主义有其需要，犹如坚持科学的研究必须先有普遍的怀疑，或者完全不需任何前提。真正讲来，在要求纯粹思维的决心里，这种需要实通过自由而达到完成了。所谓自由，即从一切“有限”事物中摆脱出来，抓住事物的纯粹抽象性或思维的简单性。

逻辑学概念的进一步规定和部门划分

§ 79

逻辑思想就形式而论有三方面：(a)抽象的或知性〔理智〕的方面，(b)辩证的或否定的理性的方面，(c)思辨的或肯定理性的方面。

〔说明〕这三方面并不构成逻辑学的三部分，而是每一逻辑真实体的各环节，一般说来，亦即是每一概念或每一真理的各环节。

它们可以全部被安置在第一阶段即知性的阶段，如是，则它们便被认作彼此孤立，因而不能见到它们的真理性。我们此处所提出来的关于逻辑学的规定和部门的划分，在现阶段同样只能说是预拟的和历史性的叙述。

§ 80

(a)就思维作为知性〔理智〕来说，它坚持着固定的规定性和各规定性之间彼此的差别。以与对方相对立。知性式的思维将每一有限的抽象概念当作本身自存或存在着的东西。

附释：当我们说到思维一般或确切点说概念时，我们心目中平常总以为只是指知性的活动。诚然，思维无疑地首先是知性的思维。但思想并不仅是老停滞在知性的阶段，而概念也不仅仅是知性的规定。知性的活动，一般可以说是在于赋予它的内容以普遍性的形式。不过由知性所建立的普遍性乃是一种抽象的普遍性，这种普遍性与特殊性坚持地对立着，致使其自身同时也成为一特殊的东西了。知性对于它的对象既持分离和抽象的态度，因而它就是直接的直观和感觉的反面，而直接的直观和感觉只涉及具体的内容，而且始终停留在具体性里。

许多常常一再提出来的对于思维的攻击，都可说是和理智与感觉的对立有关，这些对于思维的攻击大都不外说思维太固执，太片面，如果加以一贯发挥，将会导致有危害的破坏性的后果。这些攻击，如果其内容有相当理由的话，首先可以这样回答说：它们并没有涉及思维一般，更没有涉及理性的思维，而只涉及理智的抽象思维。但还有一点必须补充，即无论如何，我们必须首先承认理智思维的权利和优点,大概讲来,无论在理论的或实践的范围内,没有理智,便不会有坚定性和规定性。

先就认识方面来说,认识起始于理解当前的对象而得到其特定的区别。例如在自然研究里,我们必须区别质料、力量、类别等等,将每一类孤立起来,而固定其特性。在这里,思维是作为分析的理智而进行,而知性的定律是同一律,单纯的自身联系。也就是通过这种同一律,认识的过程首先才能够由一个范畴推进到别一个范畴。譬如,在数学里,量就是排除了它的别的特性而加以突出的范畴。所以,在几何学里,我们把一个图形与另一个图形加以比较,借以突出其同一性。同样,在别的认识范围里,例如在法学里,也是主要地依据同一律而进行研究。在法学里,我们由一条特殊的法理推到另一条特殊的法理,这种推论,也是依据同一律而进行的。

在理论方面,理智固属重要,在实践方面,理智也不可少。品格是行为的要素,一个有品格的人即是一个有理智的人。由于他心目中有确定的目标,并且坚定不移地以求达到他的目标。一个志在有大成就的人,他必须,如歌德所说,知道限制自己。反之,那些什么事都想做的人,其实什么事都不能做,而终归于失败。世界上有趣味的东西异常之多:西班牙诗、化学、政治、音乐都很有趣味,如果有人对这些东西感觉兴趣,我们决不能说他不对。但一个人在特定的环境内,如欲有所成就,他必须专注于一事,而不可分散他的精力于多方面。同样,无论于哪一项职业,主要的是用理智去从事。譬如,法官必须专注于法律,按照法律判决案件,不可为这样那样的考虑而迟疑,不可左顾右盼而有所宽宥。此外,知性又是教养中一个主要成分。一个有教养的人决不以混沌模糊的印象为满足，他必力求把握现象，而得其固定的规定性。反之，一个缺乏教养的人，每每游移不定，而且须费许多麻烦才能理解他所讨论的是什么问题，并促使自己集中视线，专注于所讨论的特定论点。

按照前面的讨论，逻辑的思维一般地讲来，并不仅是一个主观的活动，而是十分普遍的东西，因而同时可以认作是客观的东西。这种说法，现在在这表示逻辑真理之第一形式的理智里，却得到一适当的应用或说明。在这里，理智的意义约略相当于我们所说的上帝的**仁德**，就上帝的仁德被了解为赋予有限事物以**存在**或持续存在而言。譬如，在自然界，我们可以认识到，上帝的仁德在于对一切不同种类的动物和植物，凡为了保持其存在，增进其生活所必需的一切东西，皆一律供应。对于人类，上帝也一视同仁。无论就个人或整个民族而言，凡是对人类的维持和发展所需要的东西，一部分如当前直接的环境、气候、土壤的性质和出产等，一部分如人所具有的禀赋和才能等，皆出于上帝的恩赐。像这样的理智，可以说是表现在客观世界的一切领域里。而且一个对象完善与否，完全视其能否满足理智的原则为准。譬如，一个国家就是不完善的，如果这个国家还没有达到等级与职业的明确区分，而且如果在这个国家里那些性质上各不相同的政治的和行政的功能，并没有发展出特殊的机构去加以治理，如像高度发展的动物的机体，均有特殊的机构以行使感觉、运动、消化等功能那样。

从前此的一番讨论，我们还可以看出，即按照通常的观念，以为距知性最远的活动范围里，如在艺术、宗教和哲学的领域里，理智也同样不可缺少。如果这些部门愈益缺乏理智，则将愈有缺陷。

例如，在艺术里，那些在性质上不同的美的形式，如得到严格的区别和得到明白的阐述，这都有理智活动在起作用。即就每一件艺术品而论，理智的活动情形亦复相同。因此一出剧诗的完美，在于不同的剧中人的性格的纯粹性与规定性得到透彻的描绘，而且在于对各人所以要如此行动的不同目的和兴趣加以明白确切的表达。其次，试再就宗教领域而论。希腊神话较优于北欧神话之处（除了题材和认识方面的其他异点而外），主要在于希腊神话中的每一神灵都有极清楚的雕像式的刻画，而北欧神话中的诸神灵，则是模糊不清的，彼此混淆的。末了，试就哲学来说，经过上面这一番讨论之后，哲学不可缺少理智，似已用不着特加论述了。在哲学里，最紧要的，就是对每一思想都必须充分准确地把握住，而决不容许有空泛和不确定之处。

再则，也常有人说，理智不可太趋于极端。这话也是正确的。因为理智并非究竟至极之物，而毋宁是有限之物，而且理智的发挥，如果到了顶点，必定转化到它的反面。青年人总喜欢驰骛于抽象概念之中，反之，有生活阅历的人决不容许陷于抽象的**非此即彼**，而保持其自身于具体事物之中。

§ 81

(b)在**辩证**的阶段，这些有限的规定扬弃它们自身，并且过渡到它们的反面。

〔**说明**〕(1)当辩证法原则被知性孤立地、单独地应用时，特别是当它这样地被应用来处理科学的概念时，就形成**怀疑主义**。怀疑主义，作为运用辩证法的结果，包含单纯的否定。(2)辩证法通常被看成一种外在的技术，通过主观的任性使确定的概念发生混乱，并给这些概念带来矛盾的假象。从而不以这些规定为真实，反而以这种虚妄的假象和知性的抽象概念为真实。辩证法又常常被认作一种主观任性的往复辩难之术。这种辩难乃出于机智，缺乏真实内容，徒以单纯的机智掩盖其内容的空疏。——但就它的特有的规定性来说，辩证法倒是知性的规定和一般有限事物特有的、真实的本性。反思首先超出孤立的规定性，把它关联起来，使其与别的规定性处于关系之中，但仍然保持那个规定性的孤立有效性。反之，辩证法却是一种内在的超越(immanente Hinausgehen)，由于这种内在的超越过程，知性概念的片面性和局限性的本来面目，即知性概念的自身否定性就表述出来了。凡有限之物莫不扬弃其自身。因此，辩证法构成科学进展的推动的灵魂。只有通过辩证法原则，科学内容才达到内在联系和必然性，并且只有在辩证法里，一般才包含有真实的超出有限，而不只是外在的超出有限。

附释一：正确地认识并掌握辩证法是极关重要的。辩证法是现实世界中一切运动、一切生命，一切事业的推动原则。同样，辩证法又是知识范围内一切真正科学认识的灵魂。在通常意识看来，不要呆板停留在抽象的知性规定里，似乎只是一种公平适当的办法。就像按照“自己生活也让别人生活”(Leben und leben lassen)这句谚语，似乎自己生活与让别人生活，各有其轮次，前者我们固然承认，后者我们也不得不承认。但其实，细究起来，凡有限之物不仅受外面的限制，而且又为它自己的本性所扬弃，由于自身的活动而自己过渡到自己的反面。所以，譬如人们说，人是要死的，似乎以为人之所以要死，只是以外在的情况为根据，照这种看法，人具有两种特性：有生也有死。但对这事的真正看法应该是，生命本身即具有死亡的种子[①]。凡有限之物都是自相矛盾的，并且由于自相矛盾而自己扬弃自己。

又辩证法切不可与单纯的诡辩相混淆。诡辩的本质在于孤立起来看事物，把本身片面的、抽象的规定，认为是可靠的，只要这样的规定能够带来个人当时特殊情形下的利益。譬如，我生存和我应有生存的手段本来可说是我的行为的一个主要动机。但假如我单独突出考虑我个人的福利这一原则，而排斥其他，因此就推出这样的结论，说为维持生存起见，我可以偷窃别人的物品，或可以出卖祖国，那么这就是诡辩。同样，在行为上，我须保持我主观的自由，这意思是说，凡我所作所为，我都以我的见解和我的自信为一个主要原则。但如果单独根据这一原则来替我的一切自由行为作辩护，那就会陷于诡辩，会推翻一切的伦理原理。辩证法与这类的行为本质上不同，因为辩证法的出发点，是就事物本身的存在和过程加以客观的考察，借以揭示出片面的知性规定的有限性。

此外，辩证法在哲学上并不是什么新东西。在古代，柏拉图被称为辩证法的发明者。就其指在柏拉图哲学中，辩证法第一次以自由的科学的形式，亦即以客观的形式出现而言，这话的确是对的。辩证法在苏格拉底手中，与他的哲学探讨的一般性格相一致，仍带有强烈的主观色彩，叫做讽刺的风趣（die Ironie）。苏格拉底常运用他的辩证法去攻击一般人的通常意识，特别攻击智者派。

---

① 恩格斯在《自然辩证法》中，曾评释了这句话，称为“辩证的生命观”。见《马克思恩格斯选集》第3卷，第570页。——译者注

当他同别人谈话时，他总是采取虚心领教的态度，好像他想要向别人就当时所讨论的问题，求得一些更深切的启示似的。根据这种意向，他向对方发出种种疑问，把与他谈话的人引导到他们当初自以为是的反面。譬如当智者派自诩为教师时，苏格拉底便通过一系列的问题使得有名的智者普洛泰戈拉自己也必须承认一切的学习只是回忆[①]。在他的较严格的纯哲学的对话里，柏拉图运用辩证法以指出一切固定的知性规定的有限性。譬如，在《巴曼尼得斯篇》中，他从一推演出多，但仍然指出多之所以为多，复只能规定为一。柏拉图处理辩证法，大都是采用这种宏大的方式。在近代，主要的代表人物是康德，他又促使人们注意辩证法，而且重新回复它光荣的地位。他指出辩证法是通过我们上面已经提及的（§48）对于理性矛盾〔二律背反〕的发挥。在理性矛盾的讨论里，他并不只是在揭示出两方论据的反复辩驳，或评论两方主观的辩难；而他所研讨的、宁可说是，在于指出每一抽象的知性概念，如果单就其自身的性质来看，如何立刻就会转化到它的反面。

无论知性如何常常竭力去反对辩证法，我们却不可以为只限于在哲学意识内才有辩证法或矛盾进展原则。相反，它是一种普遍存在于其他各级意识和普通经验里的法则。举凡环绕着我们的一切事物，都可以认作是辩证法的例证。我们知道，一切有限之物

---

① 按在柏拉图《普洛泰戈拉对话》中，普洛泰戈拉以青年导师自命，自诩欲教训青年懂得道德。苏格拉底与普洛泰戈拉诘难的结果，使得后者自己承认道德不可教。今以教训青年道德自命的人，而被苏格拉底用辩证法问得自认道德不可教，因而陷于自相矛盾。至于学习只是回忆之说，在《曼诺篇》中始加发挥，在《裴都篇》中亦有较多讨论。黑格尔此处只是想当然耳，并不完全契合柏拉图原书，当然这也可能是由于学生笔记之误。——译者注

并不是坚定不移、究竟至极的，而毋宁是变化、消逝的。而有限事物的变化消逝不外是有限事物的辩证法。有限事物，本来以他物为其自身，由于内在的矛盾而被迫超出当下的存在，因而转化到它的反面。在前面（§80）我们曾经说过，知性可以认作包含有普通观念所谓上帝的**仁德**。现在我们可以说，辩证法在同样客观的意义下，约略相当于普通观念所谓上帝的**力量**。当我们说，“一切事物（亦即指一切有限事物）都注定了免不掉矛盾”这话时，我们确见到了矛盾是一普遍而无法抵抗的力量，在这个大力之前，无论表面上如何稳定坚固的事物，没有一个能够持久不摇。虽则力量这个范畴不足以穷尽神圣本质或上帝的概念的深邃性，但无疑的，力量是任何宗教意识中的一个主要环节。

此外，自然世界和精神世界的一切特殊领域和特殊形态，也莫不受辩证法的支配。例如，在天体的运动里，一个星球现刻在此处，但它潜在地又在另一处。由于它自身的运动，使得它又存在于另一处。同样，物理的元素也是矛盾进展的，同样气象变化的过程也可说是它的内在矛盾的表现。同一矛盾原则是构成其他一切自然现象的基本原则，由于有了内在矛盾，同时自然被迫超出其自身。就辩证法表现在精神世界中，特别是就法律和道德范围来说，我们只消记起，按照一般经验就可以表明，如果事物或行动到了极端总要转化到它的反面。这种辩证法在流行的谚语里，也得到多方面的承认。譬如在 Summum jus Summa injuria（至公正即至不公正）一谚语里，意思是说抽象的公正如果坚持到它的极端，就会转化为不公正。同样，在政治生活里，人人都熟知，极端的无政府主义与极端的专制主义是可以相互转化的。在道德意识内，特别在个人修养方面,对于这种辩证法的认识表现在许多著名的谚语里:如"太骄则折"、"太锐则缺"等等。即在感情方面、生理方面以及心灵方面也有它们的辩证法。最熟知的例子,如极端的痛苦与极端的快乐,可以互相过渡。心情充满快乐,会喜得流出泪来。最深刻的忧愁常借一种苦笑以显示出来。

附释二:怀疑主义不应该被看成一种单纯怀疑的学说。怀疑主义者也有其绝对确信不疑的事情,即确信一切有限事物的虚妄不实。一个单纯怀疑的人仍然抱着希望,希望他的怀疑终有解决之时,并且希望着在他所徘徊不决的两个特定的观点之间,总有一个会成为坚定的真实的结论。反之,真正的怀疑主义,乃是对于知性所坚持为坚固不移的东西,加以完全彻底的怀疑。由于这样,彻底怀疑〔或绝望〕所引起的心境,是一种不可动摇的安定和内在的宁静。这是古代的高尚的怀疑主义,有如塞克滔斯·恩披里库斯(Sextus Empiricus)的著作所陈述的那样。在晚期的罗马时代,这种怀疑主义被斯多葛学派和伊壁鸠鲁学派加以系统化,成为他们的独断体系的补充。这种古代的高尚的怀疑主义切不可与前面(§39)所提到的近代怀疑主义相混淆。后者是一方面先于批判哲学,一方面又出自批判哲学的怀疑主义,其目的仅在于否认超感官事物的真理性和确定性,并指出感官的事实和当前感觉所呈现的材料,才是我们所须保持的。

即在今日,怀疑主义还常被认作寻求一切实证知识的一个不可抗拒的仇敌,因此又被认作以考察实证知识为任务的哲学的仇敌。但必须指出,事实上,只有抽象理智的有限思维才畏惧怀疑主义,才不能抗拒怀疑主义。与此相反,哲学把怀疑主义作为一个环节包括在它自身内，——这就是哲学的辩证阶段。但哲学不能像怀疑主义那样，仅仅停留在辩证法的否定结果方面。怀疑主义没有认清它自己的真结果，它坚持怀疑的结果是单纯抽象的否定。辩证法既然以否定为其结果，那么就否定作为结果来说，至少同时也可说是肯定的。因为肯定中即包含有它所自出的否定，并且扬弃其对方〔否定〕在自身内，没有对方它就不存在。但这种扬弃否定、否定中包含肯定的基本特性，就具有逻辑真理的第三形式，即思辨的形式或肯定理性的形式。

§ 82

(c)思辨的阶段或肯定理性的阶段在对立的规定中认识到它们的统一，或在对立双方的分解和过渡中，认识到它们所包含的肯定。

〔**说明**〕(1)辩证法具有肯定的结果，因为它有确定的内容，或因为它的真实结果不是空的、抽象的虚无，而是对于某些规定的否定，而这些被否定的规定也包含在结果中，因为这结果确是一结果，而不是直接的虚无。(2)由此可知，这结果是理性的东西，虽说只是思想的、抽象的东西，但同时也是具体的东西，因为它并不是简单的形式的统一，而是有差别的规定的统一。所以对于单纯的抽象概念或形式思想，哲学简直毫不相干涉，哲学所从事的只是具体的思想。(3)思辨逻辑内即包含有单纯的知性逻辑，而且从前者即可抽得出后者。我们只消把思辨逻辑中辩证法的和理性的成分排除掉，就可以得到知性逻辑。这样一来，我们就得着普通的逻辑，这只是各式各样的思想形式或规定排比在一起的事实记录，却把它们当作某种无限的东西。

附释：就其内容来说，理性不仅是哲学所特有的财产，毋宁应该说，理性是人人所同具。无论在什么阶段的文化或精神发展里，总可在人心中发现理性。所以自古以来，人就被称为理性的存在，这的确是很有道理的。从经验的普遍方式去认知理性的对象，最初得到的不外是成见和假定；而理性事物的性格，根据前面的讨论（§45）一般是一个无条件的东西，因此是一个包含自己的规定性在自身内的东西。在这个意义下，当人知道上帝，并知道上帝是绝对自己规定自己的存在时，他便先于一切事物已经知道理性的对象了。同样，一个公民对于他的祖国和祖国法令的知识，也可以说是对于理性法则的认识，只要他认为这些法令是无条件的，而且是普遍有效的东西，他自愿抑制他的个人意志，去遵循它们。在同样意义下，一个儿童的知识和意志也可以说是合乎理性的，只要他知道他父母的意志，并且以父母之意志为意志。

再则，思辨的真理不是别的，只是经过思想的理性法则（不用说，这是指肯定理性的法则）。在日常生活里，"思辨"一词常用来表示揣测或悬想的意思，这个用法殊属空泛，而且同时只是使用这词的次要意义。譬如，当大家说到婚姻的揣测或商业的推测（Handels-spekulation）[1]时，其用法便是如此。但这种日常用法，至多仅可表示两点意思：一方面，思辨或悬想表示凡是直接呈现在面前的东西应加以超出，另一方面，形成这种悬想或推测的内容，最初虽只是主观的，但不可听其老是如此，而须使其实现，或者使

① 商业推测，普通叫做商业投机。——译者注

它转化为客观性。

前些时候所说的关于理念的话，很可以适用于“思辨”一词的普通用法。于此尚须补充一点，就是许多自命为有学问的人，当他们说到“思辨”时，甚至也明确把它只当作单纯主观的意义。他们总以为关于自然或心灵的现象或关系的某种理论，单就其为纯粹的思辨或悬想而论，也许很好、很对，但与经验不相符合，事实上这类的理论却无法可以接受。对于这种看法，我们可以说，思辨的真理，就其真义而言，既非初步地亦非确定地仅是主观的，而是显明地包括了并扬弃了知性所坚持的主观与客观的对立，正因此证明其自身乃是完整、具体的真理。因此思辨的真理也是决不能用片面的命题去表述的。譬如，我们说，绝对是主观与客观的统一。这话诚然不错，但仍然不免于片面，因为这里只说到绝对的统一性，也只着重绝对的统一性，而忽略了，事实上在绝对里主观与客观不仅是同一的，而又是有区别的。

思辨真理，这里还可略加提示，其意义颇与宗教意识和宗教学说里所谓神秘主义相近。但在现时，一说到神秘主义，大家总一律把它当作与神奇奥妙和不可思议同一意义。由于各人的思想路径和前此的教育背景不同，对于他们所了解的神秘主义，就会有不同的估价。虔诚信教的人大都信以为真实无妄，而在思想开明的人，却又认为是迷信和虚幻。关于此点，我们首先要指出，只有对于那以抽象的同一性为原则的知性，神秘的真理才是神奇奥妙的；而那与思辨真理同义的神秘真理，乃是那样一些规定的具体统一，这些规定只有在它们分离和对立的情况下，对知性来说才是真实的。如果那些承认神秘真理为真实无妄的人，也同样听任人们把神秘真理纯粹当作神奇奥妙的东西，因而只让知性一面大放厥词，以致思维对他们来说也同样只有设定抽象同一性的意义。因此，依他们看来，为了达到真理，必须摒弃思维，或者正如一般人所常说的那样，人们必须把理性禁闭起来。但我们已经看见，抽象的理智思维并不是坚定不移、究竟至极的东西，而是在不断地表明自己扬弃自己和自己过渡到自己的反面的过程中。与此相反，理性的思辨真理即在于把对立的双方包含在自身之内，作为两个观念性的环节。因此一切理性的真理均可以同时称为神秘的，但这只是说，这种真理是超出知性范围的，但这决不是说，理性真理完全非思维所能接近和掌握。

§ 83

逻辑学可分为三部分：

1. 存在论。

2. 本质论。

3. 概念论和理念论。

这就是说，逻辑学作为关于思想的理论可分为这样三部分：

1. 关于思想的直接性——自在或潜在的概念的学说。

2. 关于思想的反思性或间接性——自为存在和假象的概念的学说。

3. 关于思想返回到自己本身和思想的发展了的自身持存——自在自为的概念的学说。

附释：这里所提出的逻辑学的分目，与前面关于思维的性质的全部讨论一样，只可当作一种预拟。对于它的证明或说明须俟对于思维本身的性质加以详细的发挥时才可提出。因为在哲学里证明即是指出一个对象所以如此，是如何地由于自身的本性有以使然。这里所提出的思想或逻辑理念的三个主要阶段，其彼此的关系可以这样去看：只有概念才是真理，或更确切点说，概念是存在和本质的真理，这两者若坚持在其孤立的状态中，决不能认为是真理。——一经孤立之后，存在，因为它只是直接的东西；本质，因为它最初只是间接的东西，所以两者都不能说是真理。至此，也许有人要提出这样的问题，既然如此，为什么要从不真的阶段开始，而不直接从真的阶段开始呢？我们可以回答说，真理既是真理，必须证实其自身是真理，此种证实，这里单就逻辑学范围之内来说，在于证明概念是自己通过自己，自己与自己相联系的中介性，因而就证明了概念同时是真正的直接性。这里所提出的逻辑理念中三个阶段的关系，其真实而具体的形式可以这样表示：上帝既是真理，我们要认识他的真面目，要认识他是绝对精神，只有赖于我们同时承认他所创造的世界，自然和有限的精神，当它们与上帝分离开和区别开时，都是不真实的。

第一篇　存在论
(Die Lehre vom Sein)

§ 84

存在只是潜在的概念。存在的各个规定或范畴都可用是去指谓。把存在的这些规定分别开来看，它们是彼此互相对立的。从它们进一步的规定(或辩证法的形式)来看，它们是互相过渡到对方。这种向对方过渡的进程，一方面是一种向外的设定，因而是潜在存在着的概念的开展，并且同时也是存在的向内回复或深入于其自己本身。因此在存在论的范围内去解释概念，固然要发挥存在的全部内容，同时也要扬弃存在的直接性或扬弃存在本来的形式。

§ 85

存在自身以及从存在中推出来的各个规定或范畴，不仅是属于存在的范畴，而且是一般逻辑上的范畴。这些范畴也可以看成对于绝对的界说，或对于上帝的形而上学的界说。然而确切地说，却总是只有第一和第三范畴可以这样看，因为第一范畴表示一个范围内的简单规定，而第三范畴则表示由分化而回复到简单的自身联系。因为对上帝予以形而上学的界说，就是把他的本性表达在思想里；但是逻辑学却包括了一切具有思想形式的思想。反之，第二范畴则表示一个范围内的分化阶段，因此只是对于有限事物的界说。但当我们应用界说的形式时，这形式便包含有一种基质(Substrat)浮起在我们观念中的意思。这样一来，即使绝对——这应是用思想的意义和形式去表达上帝的最高范畴——与用来界说上帝的谓词或特定的实际思想中的名词相比，也不过仅是一意谓的思想，一本身无确定性的基质罢了。因为这里所特别讨论的思想或事情，只是包括在谓词里，所以命题的形式，正如刚才所说的那个主体或绝对，都完全是某种多余的东西(比较§31和下面讨论判断的章节〔§166以下〕)。

附释：逻辑理念的每一范围或阶段，皆可证明其自身为许多思想范畴的全体，或者为绝对理念的一种表述。譬如在"存在"的范围内，就包含有质、量和尺度三个阶段。质首先就具有与存在相同一的性质，两者的性质相同到这样程度，如果某物失掉它的质，则这物便失其所以为这物的存在。反之，量的性质便与存在相外在，量之多少并不影响到存在。譬如，一所房子，仍然是一所房子，无论大一点或小一点。同样，红色仍然是红色，无论深一点或浅一点。尺度第三阶段的存在，是前两个阶段的统一，是有质的量。一切事物莫不有"尺度"，这就是说，一切事物都是有量的，但量的大小并不影响它们的存在。不过这种"不影响"同时也是有限度的。通过更加增多，或更加减少，就会超出此种限度，从而那些事物就会停止其为那些事物。于是从尺度出发，就可进展到理念的第二个大范围，本质。

这里所提及的"存在"的三个形式，正因为它们是最初的，所以又是最贫乏的，亦即最抽象的。直接的感性意识，因为它同时包含有思想的成分，所以特别局限在质和量的抽象范畴。这种感性意识通常被认作最具体的，因而同时也常被看成是最丰富的。但这仅是就其材料而言，倘若就它所包含的思想内容来看，其实可以说是最贫乏的和最抽象的。

A. 质（Die Qualität）

（a）存在（Sein）

§ 86

纯存在或纯有之所以当成逻辑学的开端，是因为纯有既是纯思，又是无规定性的单纯的直接性，而最初的开端不能是任何间接性的东西，也不能是得到了进一步规定的东西。

〔**说明**〕只要我们能够简单地意识到开端的性质所包含的意义，那么，一切可以提出来反对用抽象空洞的存在或有作为逻辑学开端的一切怀疑和责难，就都会消失。存在或有可以界说为“我即是我”，为绝对无差别性或同一性等等。只要感觉到有从绝对确定性，亦即自我确定性开始，或从对于绝对真理的界说或直观开始的必要，则这些形式或别的同类的形式就可以看成必然是最初的出发点。但是由于这些形式中每一个都包含着中介性，因此不能是真正的最初开端。因为中介性包含由第一进展到第二，由此一物出发到别的一些有差别的东西的过程。如果“我即是我”，甚或理智的直观真的被认作只是最初的开端，则它在这单纯的直接性里仅不过是有罢了。反之，纯有若不再是抽象的直接性，而是包含间接性在内的"有",则是纯思维或纯直观。

如果我们宣称存在或有是绝对的一个谓词,则我们就得到绝对的第一界说,即:"绝对就是有"。这就是纯全(在思想中)最先提出的界说,最抽象也最空疏。这就是爱利亚学派所提出来的界说,同时也是最著名的界说,认上帝是一切实在的总和。简言之,依这种看法,我们须排除每一实在内的限制,这样才可以表明,只有上帝才是一切实在中之真实者,最高的实在。如果实在已包含有反思在内,那么,当耶柯比说斯宾诺莎的上帝是一切有限存在中的存在原理时,就已经直接说出这种看法了。

附释一:开始思维时,除了纯粹无规定性的思想外,没有别的,因为在规定性中已包含有"其一"与"其他";但在开始时,我们尚没有"其他"。这里我们所有的无规定性的思想乃是一种直接性,不是经过中介的无规定性;不是一切规定性的扬弃,而是无规定性的直接性,先于一切规定性的无规定性,最原始的无规定性。这就是我们所说的"有"。这种"有"是不可感觉、不可直观、不可表象的,而是一种纯思,并因而以这种纯思作为逻辑学的开端。本质也是一无规定性的东西,但本质乃是通过中介的过程已经扬弃了规定并把它包括在自身内的无规定性。

附释二:在哲学史上,逻辑理念的不同阶段是以前后相继的不同的哲学体系的姿态而出现,其中每一体系皆基于对绝对的一个特殊的界说。正如逻辑理念的开展是由抽象进展到具体,同样在哲学史上,那最早的体系每每是最抽象的,因而也是最贫乏的。故早期的哲学体系与后来的哲学体系的关系,大体上相当于前阶段的逻辑理念与后阶段的逻辑理念的关系,这就是说,早期的体系被后来的体系所扬弃，并被包括在自身之内。这种看法就表明了哲学史上常被误解的现象——一个哲学体系为另一哲学体系所推翻，或前面的哲学体系被后来的哲学体系推翻的真意义。每当说到推翻一个哲学体系时，总是常常被认为只有抽象的否定的意义，以为那被推翻的哲学已经毫无效用，被置诸一旁，而根本完结了。如果真是这样，那么，哲学史的研究必定会被看成异常苦闷的工作，因为这种研究所显示的，将会只是所有在时间的进程里发生的哲学体系如何一个一个地被推翻的情形。虽然我们应当承认，一切哲学都曾被推翻了，但我们同时也须坚持，没有一个哲学是被推翻了的，甚或没有一个哲学是可以推翻的。这有两方面的解释：第一，每一值得享受哲学的名义的哲学，一般都以理念为内容；第二，每一哲学体系均可看作是表示理念发展的一个特殊阶段或特殊环节。因此所谓推翻一个哲学，意思只是指超出了那一哲学的限制，并将那一哲学的特定原则降为较完备的体系中的一个环节罢了。所以，哲学史的主要内容并不是涉及过去，而是涉及永恒及真正现在的东西。而且哲学史的结果，不可与人类理智活动的错误陈迹的展览相比拟，而只可与众神像的庙堂相比拟。这些神像就是理念在辩证发展中依次出现的各阶段。所以哲学史总有责任去确切指出哲学内容的历史开展与纯逻辑理念的辩证开展一方面如何一致，另一方面又如何有出入。但这里须首先提出的，就是逻辑开始之处实即真正的哲学史开始之处。我们知道，哲学史开始于爱利亚学派，或确切点说，开始于巴曼尼得斯的哲学。因为巴曼尼得斯认“绝对”为“有”，他说：“唯‘有’在，‘无’不在。”这须看成是哲学的真正开始点，因为哲学一般是思维着的认识活动，而在这里第一次抓住了纯思维，并且以纯思维本身作为认识的对象。

人类诚然自始就在思想，因为只有思维才使人有以异于禽兽，但是经过不知若干千年，人类才进而认识到思维的纯粹性，并同时把纯思维理解为真正的客观对象。爱利亚学派是以勇敢的思想家著称。但与这种表面的赞美相随的，常常就有这样的评语，即这些哲学家太趋于极端了，因为他们只承认只有“有”是真的，而否认意识中一切别的对象的真理性。说我们不应老停滞在单纯的“有”的阶段，这当然是很对的。但认为我们意识中别的内容好像是在“有”之旁和在“有”之外似的，或把“有”与某种别的东西等量齐观，说有“有”，某种别的东西也“有”，那就未免太缺乏思想了。真正的关系应该是这样：有之为有并非固定之物，也非至极之物，而是有辩证法性质，要过渡到它的对方的。“有”的对方，直接地说来，也就是无。总结起来，“有”是第一个纯思想，无论从任何别的范畴开始（如从我即是我，从绝对无差别，或从上帝自身开始），都只是从一个表象的东西，而非从一个思想开始；而且这种出发点就其思想内容来看，仍然只是“有”。

§ 87

但这种纯有是纯粹的抽象，因此是绝对的否定。这种否定，直接地说来，也就是无。

〔**说明**〕(1)由此便推演出对于绝对的第二界说：绝对即是无。其实，这个界说所包含的意思不外说：物自身是无规定性的东西，完全没有形式因而是毫无内容的。或是说，上帝只是最高的本质，此外什么东西也不是。因为这实无异于说，上帝仍然只是同样的否定性。那些佛教徒认作万事万物的普遍原则、究竟目的和最后归宿的“无”，也是同样的抽象体。

(2)如果把这种直接性中的对立表述为有与无的对立，因而便说这种对立为虚妄不实，似乎未免太令人诧异，以致使得人不禁想要设法去固定“有”的性质，以防止它过渡到“无”。为达到这目的起见，我们的反思作用自易想到为“有”去寻求一个确定的界说，以便把“有”与“无”区别开。譬如，我们认“有”为万变中之不变者，为可以容受无限的规定之质料等，甚或漫不假思索地认“有”为任何个别的存在，任何一个感觉中或心灵中偶然的东西。但所有这些对“有”加以进一步较具体的规定，均足以使“有”失其为刚才所说的开始那种直接性的纯有。只有就“有”作为纯粹无规定性来说，“有”才是无——一个不可言说之物；它与“无”的区别，只是一个单纯的指谓上的区别。

凡此所说，目的只在于使人意识到这些开始的范畴只是些空虚的抽象物，有与无两者彼此都是同样的空虚。我们想要在“有”中，或在“有”和“无”两者中，去寻求一个固定的意义的要求，即是对“有”和“无”加以进一步的发挥，并给予它们以真实的，亦即具体的意义的必然性。这种进展就是逻辑的推演，或按照逻辑次序加以阐述的思维过程。那能在“有”和“无”中发现更深一层含义的反思作用，即是对此种含义加以发挥(但不是偶然的而是必然的发挥)的逻辑思维。因此“有”和“无”获得更深一层的意义，只可以看成是对于绝对的一个更确切的规定和更真实的界说。于是这样的界说便不复与“有”和“无”一样只是空虚的抽象物，而毋宁是一个具体的东西，在其中，“有”和“无”两者皆只是它的环节。“无”的最高形式，就其为一个独立的原则而言，可以说就是“自由”。这种自由，虽是一种否定，但因为它深入于它自身的最高限度，自己本身即是一种肯定，甚至即是一种绝对的肯定。

附释：“有”与“无”最初只是应该有区别罢了，换言之，两者之间的区别最初只是潜在的，还没有真正发挥出来。一般讲来，所谓区别，必包含有二物，其中每一物各具有一种为他物所没有的规定性。但“有”既只是纯粹无规定者，而“无”也同样的没有规定性。因此，两者之间的区别，只是一指谓上的区别，或完全抽象的区别，这种区别同时又是无区别。在他种区别开的东西中，总会有包括双方的共同点。譬如，试就两个不同“类”的事物而言，类便是两种事物间的共同点。依据同样的道理，我们说，有自然存在，也有精神存在，在这里，“存在”就是两者间的共同点。反之，“有”与“无”的区别，便是没有共同基础的区别。因此两者之间可以说是没有区别，因为没有基础就是两者共同的规定。如果有人这样说，“有”与“无”既然两者都是思想，则思想便是两者的共同基础，那么，说这话的人便忽视了，“有”并不是一特殊的、特定的思想，而毋宁是一完全尚未经规定、因此尚与“无”没有区别的思想。——人们虽然也可以将“有”表象为绝对富有，而将“无”表象为绝对贫乏。但是，如果我们试观察全世界，我们说在这个世界中一切皆有，外此无物，这样我们便抹杀了所有的特定的东西，于是我们所得的，便只是绝对的空无，而不是绝对的富有了。同样的批评也可以应用到把上帝界说为单纯的“有”的说法上面。这种界说与佛教徒的界说，即认上帝为“无”，因而推出人为了与上帝成为一体，就必须毁灭他自己的结论，表面上好似对立，但实际上是基于同样的理由。

§ 88

如果说，无是这种自身等同的直接性，那么反过来说，有正是同样的东西。因此“有”与“无”的真理，就是两者的统一。这种统一就是变易(Das Werden)。

〔**说明**〕(1)有即是无这命题，从表象或理智的观点看来，似乎是太离奇矛盾了，甚至也许会以为这种说法，其用意简直是在开玩笑。要承认这话为真，事实上是思想所最难做到的事。因为“有”与“无”就其整个直接性看来，乃是根本对立的。这就是说，两项中任何一项都没有设定任何规定，足以包含它和另一项的联系。但有如上节所指出的那样，两者也包含有一共同的规定(即无规定性)。从这点看来，推演出“有”与“无”的统一性，乃完全是分析的。一般的哲学推演的整个进程，也是这样。哲学推演的进程，如果要有方法性或必然性的话，只不过是把蕴涵在概念中的道理加以明白的发挥罢了。说“有”与“无”是同一的，与说“有”与“无”也是绝对不同的，一个不是另一个，都一样是对的。但是，既然有与无的区别在这里还没有确定，因为它们还同样是直接的东西，那么，它们的区别，真正讲来，是不可言说的，只是指谓上的区别。

(2)用不着费好大的机智，即可以取笑“有即是无”这一命题，或可以引申出一些不通的道理来，并误认它们为应用这命题所推出的结论，所产生的效果。例如反对这命题的人可以说，如果有与无无别，那么，我的房子，我的财产，我所呼吸的空气，我所居的城市、太阳、法律、精神、上帝，不管它们存在(有)或不存在(无)，都是一样的了。在上面这些例子里提出反对意见的人，有一部分人是从个人的特殊目的和某一事物对他个人的利益出发，去问对自己有利的事情的有或无，对他有什么差别。其实哲学的教训正是要使人从那无穷的有限目的与个人愿望中解放出来，并使他觉得不管那些东西存在或不存在，对他简直完全无别。但是，一般讲来，只要一提到一个有实质的内容，便因而与别的存在、目的等等建立一种联系，在这个联系中，别的存在、目的等就成了起作用的前提，这时就可以根据这些前提去判断一个特定内容的有或无是否也是一样的。这样一来，一个充满内容的区别便代替了有与无的空洞区别。——但另一部分人却对主要的目的、绝对的存在和理念用单纯的有与非有的范畴去说明。但这种具体的对象不仅是存在着或者非存在着，而另有其某种别的较丰富的内容。像有与无这样的空疏的抽象概念，——它们是最空疏的概念，因为它们只是开始的范畴，——简直不能正确地表达这种对象的本性。有真实内容的真理远远超出这些抽象概念及其对立。每当人们用有与无的概念去说明一个具体的东西时，便会引起由于不用思想而常犯的错误，以为我们心目中除了现在所说及的单纯抽象的有与无之外还另有某种事物的表象。

(3)也许有人会这样说：我们不能形成有与无统一的概念。但须知，有与无统一的概念已于前面几节里阐明了，此外更无别的可说了。要想掌握有无统一的性质，就必须理解前几节所说的道理。也许反对者所了解的概念，比真正的概念所包含的意义还更广泛些。他所说的概念大约是指一个较复杂、较丰富的意识，一个表象而言。他以为这样的概念是可以作为一个具体的事例表达出来的，而这种事例也是思想于其通常的运用里所熟习的。只要"不能形成概念”仅表示不习惯于坚执持抽象思想而不混之以感觉，或不习惯于掌握思辨的真理，那么，只须说哲学知识与我们日常生活所熟习的知识以及其他科学的知识，是的确不同类的，就可解答明白了。但是如果“不能形成概念”只是指我们不能想象或表象有与无的统一，那么这话事实上并不可靠，因为宁可说每人对于有无的统一均有无数多的表象。说我们没有有无统一的表象，只能指我们不能从任何一个关于有无统一的表象里认识有无统一的概念，也不知道这些表象是代表有无统一的概念的一个例子。足以表示有无统一的最接近的例子是变易(Das Werden)。人人都有一个变易的表象，甚至都可承认变易是一个表象。他并可进而承认，若加以分析，则变易这个表象，包含有有的规定，同时也包含与有相反的无的规定；而且这两种规定在变易这一表象里又是不可分离的。所以，变易就是有与无的统一。——另一同样浅近的例子就是开始这个观念。当一种事情在其开始时，尚没有实现，但也并不是单纯的无，而是已经包含它的有或存在了。开始本身也是变易，不过“开始”还包含有向前进展之意。——为了符合于科学的通常进程起见，人们可以让逻辑学从纯思维的“开始”这一观念出发，也就是从“开始本身”这一观念开始，并对“开始”这一观念进行分析。由于这样分析的结果，人们或许更易于接受有与无是不可分的统一体的理论。

(4)还有一点须得注意，就是“有与无是同样的”，或“有无统一”这种说法，以及其他类似的统一体，如主客统一等，其令人反对，也颇有道理。因为这种说法的偏颇不当之处在于太强调统一，而对于两者之间仍然有差异存在(因为，此说所要设定的统一，例如，有与无的统一)，却未同时加以承认和表达出来。因此似乎太不恰当地忽视了差异，没有考虑到差异。其实，思辨的原则是不能用这种命题的形式正确表达的。因为须通过差异，才能理解统一；换言之，统一必须同时在当前的和设定起来的差异中得到理解。变易就是有与无的结果的真实表达，作为有与无的统一。变易不仅是有与无的统一，而且是内在的不安息，——这种统一不仅是没有运动的自身联系，而且由于包含有“有”与“无”的差异性于其内，也是自己反对自己的。——反之，定在就是这种的统一，或者是在这种统一形式中的变易。因此定在是片面的，是有限的。在定在中，有与无的对立好像是消失了，其实，对立只是潜在地包含在统一中，而尚未显明地设定在统一中罢了。

(5)有过渡到无，无过渡到有，是变易的原则，与此原则相反的是泛神论，即“无不能生有，有不能变无”的物质永恒的原则。古代哲学家曾经见到这简单的道理，即“无不能生有，有不能变无”的原则，事实上将会取消变易。因为一物从什么东西变来和将变成什么东西乃是同一的东西。这个命题只不过是表现在理智中的抽象同一性原则。但不免显得奇异的是，我们现时也听见“无不能生有，有不能变无”的原则完全自由地传播着，而传播的人丝毫没有意识到这些原则是构成泛神论的基础，并且也不知道古代哲学家对于这些原则已经发挥尽致了。

附释：变易是第一个具体思想，因而也是第一个概念，反之，有与无只是空虚的抽象。所以当我们说到“有”的概念时，我们所谓“有”也只能指“变易”，不能指“有”，因为“有”只是空虚的“无”；也不能指“无”，因为“无”只是空虚的“有”。所以“有”中有“无”，“无”中有“有”；但在“无”中能保持其自身的“有”，即是变易。在变易的统一中，我们却不可抹杀有与无的区别，因为没有了区别，我们将会又返回到抽象的“有”。变易只是“有”按照它的真理性的“设定存在”(Gesetztsein)。

我们常常听见说思维〔思〕与存在〔有〕是对立的。对于这种说法，我们首先要问对存在或“有”要怎样理解？如果我们采取反思对于存在所下的界说，那么，我们只能说存在是纯全同一的和肯定的东西。现在我们试考察一下思维，则我们就不会看不见，思维也至少是纯全与其自身同一的东西。故存在与思维，两者皆具有相同的规定。但存在与思维的这种同一却不能就其具体的意思来说，我们不能因而便说：一块石头既是一种存在，与一个能思维的人是相同的。一个具体事物总是不同于一个抽象规定本身的。当我们说“存在”时，我们并没有说到具体事物，因为“存在”只是一纯全抽象的东西。而且，按照这里所说的，关于上帝存在（上帝是本身无限具体的存在）的问题也就没有什么意义了。

变易既是第一个具体的思想范畴，同时也是第一个真正的思想范畴。在哲学史上，赫拉克利特的体系约相当于这个阶段的逻辑理念。当赫拉克利特说：“一切皆在流动”(πάνῖα ζεῖ)时，他已经道出了**变易**是万有的基本规定。反之，爱利亚学派的人，有如前面所说，则认“有”、认坚硬静止的“有”为唯一的真理。针对着爱利亚学派的原则，赫拉克利特[①]于是进一步说：“有比起非有来并不更

---

① 苏尔康卜(Suhrkamp)出版社版《小逻辑》，根据第尔斯所编《苏格拉底以前哲学家残篇》，把赫拉克利特改成德谟克利特，因为下面一句引文是出于德谟克利特。可以参考。——译者注

多一些"(οὐδε'ν μᾶλλον τὸ ὂν τοῦ μὴ ὄντος ἐσί)。这句话已说出了抽象的"有"之否定性,说出了"有"与那个同样站不住的抽象的"无"在变易中所包含的同一性。从这里我们同时还可以得到一个哲学体系为另一哲学体系所真正推翻的例子。对于一个哲学体系加以真正的推翻,即在于揭示出这体系的原则所包含的矛盾,而将这原则降为理念的一个较高的具体形式中组成的理想环节。但更进一层说,变易本身仍然是一个高度贫乏的范畴,它必须进一步深化,并充实其自身。例如,在生命里,我们便得到一个变易深化其自身的范畴。生命是变易,但变易的概念并不能穷尽生命的意义。在较高的形式里,我们还可见到在精神中的变易。精神也是一变易,但较之单纯的逻辑的变易,却更为丰富与充实。构成精神的统一的各环节,并不是有与无的单纯抽象概念,而是逻辑理念和自然的体系。

(b)定在(Dasein)

§ 89

在变易中,与无为一的有及与有为一的无,都只是消逝着的东西。变易由于自身的矛盾而过渡到有与无皆被扬弃于其中的统一。由此所得的结果就是定在〔或限有〕。

〔**说明**〕在这第一个例子里,我们必须长此记住前面 § 82 及说明里所说的话。要想为知识的进步与发展奠定基础,唯一的方法,即在于坚持结果的真理性。(天地间绝没有任何事物,我们不能或不必在它里面指出矛盾或相反的规定。理智的抽象作用强烈地坚持一个片面的规定性，而且竭力抹杀并排斥其中所包含的另一规定性的意识。）只要在任何对象或概念里发现了矛盾，人们总惯常作这样的推论，说：这个对象既然有了矛盾，所以它就不存在。如芝诺首先指出运动的矛盾，便推论没有运动。又如古代哲学家根据太一〔或太极〕为不生不灭之说，因而认为生与灭，作为变易的两方面，是虚妄的规定。这种辩证法仅注意到矛盾过程中否定的结果，而忽略了那同时真实呈现的特定的结果，这个结果是一个纯粹的无，但无中却包含有，同样，这个结果也是一个纯粹的有，但有中却包含无。因此第一，限有〔或定在〕就是有无的统一。有无两范畴的直接性以及两者的矛盾关系，皆消逝于这种统一中。在这个统一体中，有无皆只是构成的环节。第二，这个结果〔限有〕既然是扬弃了的矛盾，所以它具有简单的自身统一的形式，或可说，它也是一个有，但却是具有否定性或规定性的有。换言之，限有是变易处在它的一个环节的形式中，亦即在“有”的形式中。

附释：即在我们通常对于变易的观念里，亦包含有某种东西由变易而产生出来的意思。所以变易必有结果。但这种看法就会引起这样的问题，即变易如何不仅是变易，而且会有结果呢？对于这个问题的答复，可以从前面所表明的变易的性质中得出来。变易中既包含有与无，而且两者总是互相转化，互相扬弃。由此可见，变易乃是完全不安息之物，但又不能保持其自身于这种抽象的不安息中。因为既然有与无消逝于变易中，而且变易的概念〔或本性〕只是有无的消失，所以变易自身也是一种消逝着的东西。变易有如一团火，于烧毁其材料之后，自身亦复消灭。但变易过程的结果并不是空虚的无，而是和否定性相同一的有，我们叫做限有或定在。限有最初显然表示经过变易或变化的意思。

§ 90

(α)定在或限有是具有一种规定性的存在，而这种规定性，作为直接的或存在着的规定性就是质。定在返回到它自己本身的这种规定性里就是在那里存在着的东西，或某物。——由分析限有而发展出来的范畴，只须加以简略地提示。

附释：质是与存在同一的直接的规定性，与即将讨论的量不同，量虽然也同样是存在的规定性，但不复是直接与存在同一，而是与存在不相干的。且外在于存在的规定性。——某物之所以是某物，乃由于其质，如失掉其质，便会停止其为某物。再则，质基本上仅仅是一个有限事物的范畴，因此这个范畴只在自然界中有其真正的地位，而在精神界中则没有这种地位。例如，在自然中，所谓元素即氧气、氮气等等，都被认为是存在着的质。但是在精神的领域里，质便只占一次要的地位，并不是好像通过精神的质可以穷尽精神的某一特定形态。譬如，如果我们考察构成心理学研究对象的主观精神，我们诚然可以说，普通所谓〔道德上或心灵上〕的品格，其在逻辑上的意义相当于此处所谓质。但这并不是说，品格是弥漫灵魂并且与灵魂直接同一的规定性，像刚才所说的诸原素在自然中那样。但即在心灵中，质也有较显著的表现：即如当心灵陷于不自由及病态的状况之时，特别是当感情激动并且达到了疯狂的程度时，就有这种情形。一个发狂的人，他的意识完全为猜忌、恐惧种种情感所浸透，我们很可以正确地说，他的意识可以规定为"质"。

§ 91

质，作为存在着的规定性，相对于包括在其中但又和它有差别的否定性而言，就是实在性。否定性不再是抽象的虚无，而是一种定在和某物。否定性只是定在的一种形式，一种异在（Anderssein）。这种异在既然是质的自身规定，而最初又与质有差别，所以质就是为他存在（Sein-für-anderes），亦即定在或某物的扩展。质的存在本身，就其对他物或异在的联系而言，就是自在存在（Ansichsein）。

附释：一切规定性的基础都是否定（有如斯宾诺莎所说："一切规定都是否定"Omnis determinatio est negatio）[①]。缺乏思想的人总以为特定的事物只是肯定的，并且坚持特定的事物只属于存在的形式之下。但是有了单纯的"存在"，事情并不是就完结了，因为我们在前面已经看到，单纯的存在乃是纯全的空虚，同时又是不安定的。此外，如果像这里所提及的那样，把作为特定存在的定在与抽象的存在混淆起来，虽也有正确之处，那就是因为在定在中所包含的否定成分，最初好像只是隐伏着的。只有后来在自为存在的阶段，才开始自由地出现，达到它应有的地位。——假如我们进而将"定在"当作存在着的规定性，那么我们就可以得到人们所了解的实在。譬如，我们常说到一个计划或一个目标的实在，意思是指这个计划或目标不只是内在的主观的观念，而且是实现于某时某

① 这句话见于斯宾诺莎：《通信集》第 50 封信。恩格斯在《反杜林论》中曾引证了这句话，见《马克思恩格斯选集》第 3 卷，第 181－182 页。——译者注

地的定在。在同样意义之下，我们也可以说，肉体是灵魂的实在，法权是自由的实在，或普遍地说，世界是神圣理念的实在。此外我们还用实在一词来表示另外一种意思，即用来指谓一物遵循它的本性或概念而活动。譬如，当我们说：“这是一真正的〔或实在的〕事业”，或“这是一真正的〔或实在的〕人”。这里“真正”〔或实在〕并不指直接的外表存在，而是指一个存在符合其概念。照这样来理解，则实在性便不致再与理想性不同了。这里所说的理想性立刻就会以“自为存在”(Fürsichsein)的形式为我们所熟识。

§ 92

(β)离开了规定性而坚持自身的存在，即“自在存在”(Ansichsein)，这只会是对存在的空洞抽象。在“定在”里，规定性和存在是一回事，但同时就规定性被设定为否定性而言，它就是一种限度、界限。所以异在并不是定在之外的一种不相干的东西，而是定在的固有成分。某物由于它自己的质：第一是有限的，第二是变化的，因此有限性与变化性即属于某物的存在。

附释：在定在里，否定性和存在仍是直接同一的，这个否定性就是我们所说的限度。某物之所以为某物，只是由于它的限度，只是在它的限度之内。所以我们不能将限度认作只是外在于定在，毋宁应说，限度却贯穿于全部限有。认限度是定在的一个单纯外在规定的看法，乃基于混淆了量的限度与质的限度的区别。这里我们所说的本来是质的限度。譬如，我们看见一块地，三亩大，这就是它的量的限度。但此外这块地也许是一草地，而不是森林或池子，这就是它的质的限度。——一个人想要成为真正的人，他必须是一个特定的存在〔存在在那里 dasein〕，为达此目的，他必须限制他自己。凡是厌烦有限的人，决不能达到现实，而只是沉溺于抽象之中，消沉暗淡，以终其身。

如果我们试进一步细究限度的意义，那么我们便可见到限度包含有矛盾在内，因而表明它自身是辩证的。一方面限度构成限有或定在的实在性，另一方面限度又是定在的否定。但此外限度作为某物的否定，并不是一个抽象的虚无，而是一个存在着的虚无，或我们所谓"别物"。假定有某物于此，则立即有别物随之。我们知道，不仅有某物，而且也还有别物。但我们不可离开别物而思考某物，而且别物也并不是我们只用脱离某物的方式所能找到的东西，相反，某物潜在地即是其自身的别物，某物的限度客观化于别物中。如果我们试问某物与别物之间的区别，就会见得两者是同一的，两者之间的这种同一性，在拉丁文便用 aliud-aliud〔彼一此〕来表示。[①] 与某物相对立的别物，其本身亦是一某物。所以我们常常说："某种别的东西"；同样，反过来说，那最初的某物与被认作和某物特定的别物相对立，其本身也同样是一别物。当我们说"某种别的东西"时，我们最初总以为某物单就它本身而论，只是某物，它具有别物的规定，只是通过一种单纯外在的看法加上给它的。譬如，我们以为月亮是太阳以外的别物，即使没有太阳，月亮仍然一样地存在。但真正讲来，月亮（就其为某物言）具有它的别物于其自身，而它的别物就构成它的有限性。柏拉图说过：神从

① 这两个拉丁字约相当于中文所谓"彼一此"。拉丁文用同一个 aliud 字来表示彼此，黑格尔认为这是从语言上可以看出彼此或某物与别物有同一性，亦即有对立同一性。——译者注

"其一"与"其他"(τοῦ ἑτεροῦ)的本性以造成这个世界;神把两者合拢在一起之后,便据以造成第三种东西,这第三种东西便具有其一与其他的本性。[①] ——柏拉图这些话已一般地道出有限事物的本性了。有限事物作为某物,并不是与别物毫不相干地对峙着的,而是潜在地就是它自己的别物,因而引起自身的变化。在变化中即表现出定在固有的内在矛盾。内在矛盾驱迫着定在不断地超出自己。据一般表象的看法,定在似乎最初即是一简单的肯定的某物,同时静止地保持在它的界限之内。我们诚然也知道,一切有限之物(有限之物即是定在)皆免不了变化。但定在的这种变化,从表象的观点看来,只是一单纯的可能性,而这可能性的实现并不基于定在自己本身。但事实上,变化即包含在定在的概念自身之内,而变化只不过是定在的潜在本性的表现罢了。有生者必有死,简单的原因即由于生命本身即包含有死亡的种子。

§ 93

某物成为一个别物,而别物自身也是一个某物,因此它也同样成为一个别物,如此递推,以至无限。

§ 94

这种无限是**坏的**或**否定的**无限。因为这种无限不是别的东西,只是有限事物的否定,而有限事物仍然重复发生,还是没有被

---

① 见柏拉图对话:《蒂迈欧篇》斯梯芬本第 34—35 页;参考黑格尔:《哲学史讲演录》中译本第二卷,第 232 页,三联书店,1957 年。——译者注

扬弃。换句话说，这种无限只不过表示有限事物应该扬弃罢了。这种无穷进展只是停留在说出有限事物所包含的矛盾，即有限之物既是某物，又是它的别物。这种无限进展乃是互相转化的某物与别物这两个规定彼此交互往复的无穷进展。

附释：如果我们将定在的两个环节，某物与别物，分开来看，就可得出下面这样的结果：某物成为一别物，而别物自身又是一某物，这某物自身同样又起变化，如此递进，以至无穷。这种情形从反思的观点看来，似乎已达到很高甚或最高的结果。但类似这样的无穷进展，并不是真正的无限。真正的无限毋宁是"在别物中即是在自己中"，或者从过程方面来表述，就是："在别物中返回到自己。"对于真正无限的概念有一正确的认识，而不单纯滞留在无穷进展的坏的无限中，这具有很大的重要性。当我们谈到空间和时间的无限性时，我们最初所想到的总是那时间的无限延长，空间的无限扩展。譬如我们说，此时——现在——，于是我们便进而超出此时的限度，不断地向前或向后延长。同样，对于空间的看法也是如此。关于空间的无限，许多喜欢自树新说的天文学家曾经提出了不少空洞的宏论。他们常宣称，要思考时间空间的无限性，我们的思维必须穷尽到了至极。无论如何，至少这是对的，我们必须放弃这种无穷地向前进展的思考，但并不是因为作这种思考太崇高了，而是因为这种工作太单调无聊了。置身于思考这种无限进展之所以单调无聊，是因为那是同一事情之无穷的重演。人们先立定一个限度，于是超出了这限度。然后人们又立一限度，从而又一次超出这限度，如此递进，以至无穷。凡此种种，除了表面上的变换外，没有别的了。这种变换从来没有离开有限事物的范围。假如人们以为踏进这种的无限就可从有限中解放出来，那么，事实上只不过是从逃遁中去求解放。但逃遁的人还不是自由的人。在逃遁中，他仍然受他所要逃避之物的限制。此外还有人说，无限是达不到的，这话诚然是完全对的，但只是因为无限这一规定中包含有抽象的否定的东西。哲学从来不与这种空洞的单纯彼岸世界的东西打交道。哲学所从事的，永远是具体的东西，并且是完全现在的东西。——当然有人也这样提出过哲学的课题，说哲学必须解答无限如何会决意使自己从自己本身中迸发出来的问题。这个问题根本上预先假定了有限与无限的凝固对立，只好这样加以答复：这种对立根本就是虚妄的，其实无限永恒地从自身发出来，也永恒地不从自身发出来。如果我们另外说，无限是“非有限”，那么就可算得真正道出真理了，因为有限本身既是第一个否定，则“非有限”便是否定之否定，亦即自己与自己同一的否定，因而同时即是真正的肯定。

这里所讨论的反思中的无限只可说是达到真无限的一种尝试，一个不幸的、既非有限也非无限的中间物。一般说来，这种对于无限的抽象看法，就是近来在德国甚为通行的一种哲学观点。持这种观点的人认为，有限只是应该加以扬弃的，无限不应该只是一否定之物，而应该是一肯定之物。在这种“应该”里，总是包含有一种软弱性，即某种事情，虽然已被承认为正当的，但自己却又不能使它实现出来。康德和费希特的哲学，就其伦理思想而论，从没有超出这种“应该”的观点。那无穷尽地逐渐接近理性律令的公设，就是循着这种应该的途径所能达到的最高点。于是根据这种公设，人们又去证明灵魂的不灭。

§ 95

(γ)事实上摆在我们前面的，就是某物成为别物，而别物一般地又成为别物。某物既与别物有相对关系，则某物本身也是一与别物对立之别物。既然过渡达到之物与过渡之物是完全相同的(因为二者皆具有同一或同样的规定，即同是别物)，因此可以推知，当某物过渡到别物时，只是和它自身在一起罢了。而这种在过渡中、在别物中达到的自我联系，就是真正的无限。或者从否定方面来看，凡变化之物即是别物，它将成为别物之别物。所以存在作为否定之否定，就恢复了它的肯定性，而成为自为存在(Fürsichsein)。

〔**说明**〕认为有限与无限有不可克服的对立的二元论，却没有明了这个简单的道理，因为照二元论的看法，无限只是对立的双方之一方，因而无限也成为一个特殊之物，而有限就是和它相对的另一特殊之物。像这样的无限，只是一特殊之物，与有限并立，而且以有限为其限制或限度，并不是应有的无限，并不是真正的无限，而只是有限。——在这样的关系中，有限在这边，无限在那边，前者属于现界，后者属于他界，于是有限就与无限一样都被赋予同等的永久性和独立性的尊严了。有限的存在被这种二元论造成绝对的存在，而且得到固定和独立性。这种固定的独立的有限，如果与无限接触，将会消融于无形；但二元论决不使无限有接触有限的机会，而认为两者之间有一深渊，有一无法逾越的鸿沟，无限坚持在那边，有限坚持在这边。主张有限与无限坚固对立的人，并不像他们想象的那样，超出了一切形而上学，其实他们还只是站在最普通的知性形而上学的立场。因为这里的情形与无限递进中所表明的情形是一样的:有时他们承认有限不是自在自为的,没有独立的现实性,没有绝对存在,而只是一种暂时过渡的东西;但有时他们又完全忘记这些,而认为有限与无限正相对立,与无限完全分离,将有限从变灭无常中拯救出来,把它当作独立的、自身坚持的东西。如果我们以为这样一来,思想就可以提高到无限,殊不知,适得其反。因为这样,思想所达到的无限,其实只是一种有限,而思想所遗留下来的有限,将会永远保持着,被当作绝对。

当我们经过上面这番考察,指明了知性所坚持的有限与无限的对立为虚妄之后(关于此点,试比较柏拉图的《菲利布篇》[①],当不无益处),我们自易陷入这种说法,即既然无限与有限是一回事,则真理或真正的无限就须宣称并规定为无限与有限的统一。这种说法诚然不错,但也足以引起误解和错误,有如前面关于有无统一所指出的那样。此外,这种说法还会引起有限化无限或无限化有限的正当责难。因为在这种说法里,有限似乎只是原样保留在那里,而并未明白说出有限是被扬弃了的。——或则,我们试略加反思,有限既被设定为与无限统一,则它无论如何,决不能保持当它在此统一关系以外时的原样,它的性质至少必有所改变(就好像碱与任何一种酸化合,必失去它的一些原有特质一样),同样,无限也免不了改变,当有限与无限统一时,作为否定性的无限也在对方之前失掉其尖锐性了。实际上对于知性的抽象、片面的无限性,的确

① 参看柏拉图对话集:《菲利布篇》,斯梯芬本,第33—38页,里面讨论了有限、无限、有限与无限的结合等问题。——译者注

发生过这样的变化。但真正的无限并不单纯像那片面的酸，而是能保持其自身。否定之否定并不是一种中性状态。无限是肯定的，只有有限才会被扬弃。

在自为存在里，已经渗入了理想性这一范畴。定在最初只有按照它的存在或肯定性去理解，才具有实在性（§91），所以有限性最初即包含在实在性的范畴里。但有限事物的真理毋宁说是其理想性。同样的道理，知性的无限，即与有限平列的无限，本身只是两个有限中之一种有限，或是理想的有限，或是不真实的有限。这种认为有限事物具有理想性的看法，是哲学上的主要原则。因此每一真正哲学都是理想主义[①]。但最要紧的是，不要把那些本身性质为特殊或有限之物当作无限。——因此，关于这点区别，这里才加以长篇讨论，借以促起注意。哲学的基本概念，真正的无限，即系于这种区别。这个区别通过本节前面所讲的一些反思给弄清楚了，这些反思是十分简单的，因而似乎不甚重要，却是无可反驳的。

(c)自为存在(Fürsichsein)

§96

(α)自为存在，作为自身联系就是直接性，作为否定的东西的自身联系就是自为存在着的东西，也就是一。一就是自身无别之物，因而也就是排斥别物之物。

① 原文为 Idealismus，一般也译作“唯心论”。——译者注

附释：自为存在是完成了的质，既是完成了的质，故包含存在和定在于自身内，为其被扬弃了的理想的环节。自为存在作为存在，只是一单纯的自身联系；自为存在作为定在是有规定性的。但这种规定性不再是有限的规定性，有如某物与别物有区别那样的规定性，而是包含区别并扬弃区别的无限的规定性。

我们可以举出我作为自为存在最切近的例子。我们知道我们是有限的存在，首先与别的有限存在有区别，并且与它们有关系。但我们又知道这种定在的广度仿佛缩小到了自为存在的单纯形式。当我们说我时，这个"我"便表示无限的同时又是否定的自我联系。我们可以说，人之所以异于禽兽，且因而异于一般自然，即由于人知道他自己是"我"，这就无异于说，自然事物没有达到自由的"自为存在"，而只是局限于"定在"〔的阶段〕，永远只是为别物而存在。——再则，自为存在现在一般可以认为是理想性，反之，定在在前面则被表述为实在性。实在性与理想性常被看成一对有同等独立性，彼此对立的范畴。因此常有人说，在实在性之外，还另有理想性。但真正讲来，理想性并不是在实在性之外或在实在性之旁的某种东西，反之理想性的本质即显然在于作为实在性的真理。这就是说，若将实在性的潜在性加以显明发挥，便可证明实在性本身即是理想性。因此，当人们仅仅承认实在性尚不能令人满足，于实在性之外尚须承认理想性时，我们切不可因此便相信这样就足以表示对于理想性有了适当尊崇。像这样的理想性，在实在性之旁，甚或在实在性之外，事实上就只是一个空名。唯有当理想性是某物的理想时，则这种理想性才有内容或意义，但这种某物并不仅是一不确定的此物或彼物，而是被确认为具有实在性的特定存在。这种定在,如果孤立起来,并不具有真理。一般人区别自然与精神,认为实在性为自然的基本规定,理想性为精神的基本规定,这种看法,并不大错。但须知,自然并不是一个固定的自身完成之物,可以离开精神而独立存在,反之,唯有在精神里自然才达到它的目的和真理。同样,精神这一方面也并不仅是一超出自然的抽象之物,反之,精神唯有扬弃并包括自然于其内,方可成为真正的精神,方可证实其为精神。说到这里,我们顺便须记取德文中Aufheben(扬弃)一字的双层意义。扬弃一词有时含有取消或舍弃之意,依此意义,譬如我们说,一条法律或一种制度被扬弃了。其次,扬弃又含有保持或保存之意。在这意义下,我们常说,某种东西是好好地被扬弃(保存起来)了。这个字的两种用法,使得这字具有积极的和消极的双重意义,实不可视为偶然之事,也不能因此便责斥语言产生出混乱。反之,在这里我们必须承认德国语言富有思辨的精神,它超出了单纯理智的非此即彼的抽象方式。

§ 97

(β)否定的东西的自身联系是一种否定的联系,也是"一"自己与自己本身相区别,"一"的排斥,或许多一的建立。按自为存在的直接性看来,这些多是存在着的东西,这样,这些存在着的"一"的排斥,就成为它们彼此的相互排斥,它们这种排斥是当前的或两方相互的排除。

附释:只要我们一说到"一",我们常常就会立刻想到多。这里就发生"多从何处来?"的问题。在表象里,这问题是寻不着答复的,因为表象认多为直接当前的东西,同时也只认一为多中之一。

反之，从概念来看，一为形成多的前提，而且在一的思想里便包含有设定其自身为多的必然性。因为，自为存在着的"一"并非像存在那样毫无联系，而是有近似定在那样的联系的。但是这种"一"的联系不是作为某物与别物的联系，而是作为某物与别物的统一而和自己本身相联系，甚至可以说，这种自身联系即是否定的联系。因此，"一"显得是一个纯全自己与自己不相融自己反抗自己的东西，而它自己所竭力设定的，即是多。我们可以用一个形象的名词斥力来表示自为存在这一方面的过程。"斥力"这一名词原来是用来考察物质的，意思是指物质是多，这些多中之每一个"一"与其余的"一"，都有排斥的关系。我们切不可这样理解斥力的过程，即以为"一"是排斥者，"多"是被排斥者；毋宁有如前面所说的，"一"自己排斥其自己，并将自己设定为多。但多中之每一个"一"本身都是一，由于这种相互排斥的关系，这种全面的斥力便转变到它的反面——引力。

§ 98

(γ)但多是一的对方，每一方都是一，或甚至是多中之一；因此它们是同一的东西。或者试就斥力本身来看，斥力作为许多"一"彼此相互的否定联系，同样也就本质上是它们的相互联系。因为一于发挥其斥力时所发生联系的那些东西，仍然是一个一个的"一"，所以在这些一中，"一"就与其自身发生联系了。因此斥力本质上也同样是引力；排他的一或自为存在扬弃其自身。质的规定性在"一"里充分达到其自在自为的特定存在，因而过渡到扬弃了的规定性〔或质〕，亦即过渡到作为量的存在。

〔**说明**〕原子论的哲学就是这种学说，将绝对界说为自为存在，为一，为多数的一。在一的概念里展示其自身的斥力，仍被假定为这些原子的根本力量。但使这些原子聚集的力量却不是引力，而是偶然，亦即无思想性的〔盲目〕力量。只要一被固定为一，则一与其他的一聚集一起，无疑地只能认作纯全是外在的或机械的凑合。虚空，所谓原子的另一补充原则，实即是斥力自身，不过被表象为各原子间存在着的虚无罢了。——近代的原子论——物理学虽仍然保持原子论的原则——但就其信赖微粒或分子而言，已放弃原子了。这样一来，这学说虽比较接近于感性的表象，但失掉了思想的严密规定。——像近代科学这样于斥力之外假设一个引力与之并列，如是则两者的对立诚然完全确立起来了，而且对于这种所谓自然力量的发现，还是科学界颇足自豪之事。但两种力量的相互关系，亦即使两者成为具体而真实的力量的相互关系，尚须自其隐晦的紊乱中拯救出来，此种紊乱即在康德的《自然科学的形而上学原理》里，也未能加以廓清。——在近代，原子论的观点在政治学上较之在物理学上尤为重要。照原子论的政治学看来，个人的意志本身就是国家的创造原则。个人的特殊需要和嗜好，就是政治上的引力，而共体或国家本身只是一个外在的契约关系。

附释一：原子论的哲学在理念历史的发展里构成一个主要的阶段，而这派哲学的原则就是在"多"的形式中的自为存在。现今许多不欲过问形而上学的自然科学家，对于原子论仍然大为欢迎。但须知，人们一投入原子论的怀抱中，是不能避免形而上学的，或确切点说，是不能避免将自然追溯到思想里的。因为，事实上原子本身就是一个思想。因此认物质为原子所构成的观点，就是一个形而上学的理论。牛顿诚然曾经明白地警告物理学，切勿陷入形而上学的窠臼。但同时我们必须说，他自己却并没有严格遵守他的警告，这对他乃是很荣幸的事。唯一纯粹的物理学者，事实上只有禽兽。因为唯有禽兽才不能思想，反之，人乃是能思维的动物，天生的形而上学家。真正的问题，不是我们用不用形而上学，而是我们所用的形而上学是不是一种正当的形而上学，换言之，我们是不是放弃具体的逻辑理念，而去采取一种片面的、为知性所坚持的思想范畴，把它们作为我们理论和行为的基础。这种责难才是恰中原子论哲学弱点的责难。古代的原子论者认万物为多（直至今日原子论的继承者仍然持此种见解），而认偶然为浮游于空虚中的原子聚集起来的东西。但众多原子彼此间的联系却并不仅是单纯偶然的，反之，有如上面所说，这种联系乃基于这些原子本身。这不能不归功于康德，康德完成了物质的理论，因为他认为物质是斥力和引力的统一。他的理论的正确之处，在于他承认引力为包含在自为存在概念中的第一个环节，因而确认引力为物质的构成因素，与斥力有同等重要性。但他这种所谓力学的物质构造，仍不免有一缺陷，那就是，他只是直接假定了斥力与引力为当前存在的，而未进一步加以逻辑的推演。有了这种推演，我们才可以理解这两种力如何并为什么会统一，而不再独断地肯定它们的统一了。康德虽曾明白地再三叮咛说，我们决不可认物质为独立存在，好像只是后来偶然地具有刚才所提及的两种力量，而是须将物质认作纯全为两种力的统一所构成。德国的物理学家在有一个期间内，也曾接受了这种纯粹的动力学。但近来大多数德国物理学家似乎又觉得回复到原子论的观点较为便利，并且不顾他们的同道、即已故的开斯特纳[1]的警告，而认物质为无限小的物质微粒叫做原子所构成。这些原子于是又被设定为通过属于它们的引力和斥力的活动，或任何别的力的活动而彼此发生联系的。这种说法也同样是一种形而上学，由于这种形而上学的毫无思想性，我们才有充分的理由加以提防。

附释二：前面这一节所提示的由质到量的过渡，在我们通常意识里是找不到的。通常意识总以为质与量是一对独立地彼此平列的范畴。所以我们总习惯于说，事物不仅有质的规定，而且也有量的规定。至于质和量这些范畴是从何处来的，它们彼此之间的关系如何，又是大家所不愿深问的。但必须指明，量不是别的，只是扬弃了的质，而且要通过这里所考察过的质的辩证法，才能发挥出质的扬弃。我们曾经首先提出存在，存在的真理为"变易"，变易形成到定在的过渡，我们认识到，定在的真理是"变化"(Veränderung)。但变化在其结果里表明其自身是与别物不相联系的，而且是不过渡到别物的自为存在。这种自为存在最后表明在其发展过程的两个方面(斥力与引力)里扬弃其自己本身，因而在其全部发展阶段里扬弃其质。但这被扬弃了的质既非一抽象的无，也非一同样抽象而且无任何规定性的"有"或存在，而只是中立于任何规定性的存在。存在的这种形态，在我们通常的表象里，就叫做量。我们观察事物首先从质的观点去看，而质就是我们认为与事物的存在相同一的规定性。如果我们进一步去观察量，我们

---

① 开斯特纳(Kästner, A. G., 1719—1800)，数学家和哲学家，曾任德国哥廷根大学教授达44年之久。——译者注

立刻就会得到一个中立的外在的规定性的观念。按照这个观念，一物虽然在量的方面有了变化，变成更大或更小，但此物却仍然保持其原有的存在。

B. 量(Die Quantität)

(a)纯量(Reine Quantität)

§ 99

量是纯粹的存在，不过这种纯粹存在的规定性不再被认作与存在本身相同一，而是被认作扬弃了的或无关轻重的。

〔**说明**〕(一)大小(Größe)这名词大都特别指特定的量而言，因此不适宜于用来表示量。(二)数学通常将大小定义为可增可减的东西。这个界说的缺点，在于将被界说者重复包含在内。但这亦足以表明大小这个范畴是显明地被认作可以改变的和无关轻重的，因此尽管大小的外延或内包有了增减或变化，但一个东西，例如一所房子或红色，房子却不失其为一所房子，红色却不失其为红色。(三)绝对是纯量。这个观点大体上与认物质为绝对的观点是相同的，在这个观点里，诚然仍有形式，但形式仅是一种无关轻重的规定。量也是构成绝对的基本规定，如果我们认绝对为一绝对的无差别，那么一切的区别就会只是量的区别。此外，如果我们认实在为无关轻重的空间充实或时间充实，则纯空间和时间等等，也都可以当作量的例子。

附释：数学里通常将大小界说为可增可减之物的说法，初看起来较之本节所提出的对于这一概念的规定，似乎是更为明晰而较可赞许。但细加考察，在假定和表象的形式下，它包含有与仅用逻辑发展的方法所达到的量的概念相同的结论。换言之，当我们说大小的概念在于可增可减时，这就恰好说明大小（或正确点说，量）与质不同，它具有这样一种特性，即"量的变化"不会影响到特定事物的质或存在。至于上面所提及的通常关于量的界说的缺点，细加考察乃在于增减只是量的另一说法。这样一来，量就会只是一般的可变化者。但须知，质也是可变化的，而上面所说的量与质的区别，就在于量有增加或者减少。就是由于这种差别，无论量向增的一方面或向减的一方面变化，事情仍保持它原来那样的存在。

还有一点这里必须注意的，即在哲学里我们并不仅仅寻求表面上不错的界说，更不仅仅寻求由想象的意识直接感到可以赞许的界说，而是要寻求验证可靠的界说，这些界说的内容，不仅是假定为一种现成给予的东西，而且要认识到在自由思想中有其根据，因而同时是在其自身内有其根据的。现在试应用这一观点来讨论量的问题，无论数学里通常对于量的界说如何不错，如何直接自明，但它仍未能满足这样一种要求，即要求知道在何种限度内这一特殊思想（量的概念）是以普遍的思想为根据，因而具有必然性。此外尚另有一种困难，如果量的概念不是通过思想的中介得到的，只是直接从表象里接受过来的，则我们便易陷于夸张它的效用的范围，甚至于将它提高到绝对范畴的地位。事实上实有陷于这种观点的情形，例如认为只有那些可以容许数学计算其对象的科学才是严密的科学的看法，就是这样。于是，前面（§98 附释）所提到的那种以片面抽象的知性范畴代替具体理念的坏形而上学就又在这里出现了。如果类似自由、法律、道德，甚至上帝本身这样的对象，因为无法衡量，不可计算，不能用数学公式来表达，就都被认作非严密的知识所能达到，于是我们只好以模糊的表象为满足，而让它们的较详细特殊的内容，听任每一个人的高兴，加以任意的揣测或玄想，这对于我们的认识会有不少害处。这种理论对于实际生活的恶劣影响，也可以立即看出。仔细看来，这里所说的极端的数学观点，将逻辑理念的一个特殊阶段，即量的概念，认作与逻辑理念本身为同一的东西，这种观点不是别的，正是唯物论的观点。这样的唯物论，在科学思想史里，特别在十八世纪中叶以来的法国，得到了充分的确认。在这种抽象的物质里，诚然是有形式的，不过形式只是一外在的、不相干的规定罢了。

这里所提出的说法，将会大大地被误解，如果有人以为这种说法，会损害数学的尊严，或由于指出量仅是一外在的不相干的范畴，便以为会使懒惰和肤浅的求知者得以妄自宽解，说我们对于量的规定可以置之不理，或我们至少用不着加以精密的研究。无论如何，量是理念的一个阶段，因此它也有它的正当地位，首先作为逻辑的范畴，其次在对象的世界里，在自然界以及精神界，均有其正当地位。但这里也立即表现出一种区别，即量的概念在自然界的对象里与在精神界的对象里，并没有同等的重要性。在自然界里量是理念在它的“异在”和“外在”的形式中，因此比起在精神界或自由的内心界里，量也具有较大的重要性。我们诚然也用量的观点观察精神的内容，但立即可以明白看见，当我们说上帝是三位一体时，这里三这个数字比起我们考察空间的三度或三角形的三边，说三角形的基本特性是三条线所规定的平面具有远较低级的意义。而且即使在自然界之内，量的概念也有较大或较小的重要性之别。在无机的自然里，较之在有机的自然里，量可以说是占据一较重要的地位。甚至在无机的自然之内，我们也可以区别机械的范围和狭义物理学的与化学的范围，而发现量在两者之间也有不同的重要性。力学乃公认为最不能缺少数学帮助的科学，在力学里如果没有数学的计算，真可说寸步不能行。因此，力学常被认为仅次于数学的最严密的科学。这种看法又使我们须得重新谨记着上面因唯物论与极端的数学观点相符合而提出的警告。总结上面所说的一切，为了寻求严密彻底的科学知识计，我们必须指出，像经常出现的那种仅在量的规定里去寻求事物的一切区别和一切性质的办法，乃是一个最有害的成见。无疑地，关于量的规定性精神较多于自然，动物较多于植物，但是如果我们以求得这类较多或较少的量的知识为满足，不进而去掌握它们特有的规定性，这里首先是质的规定性，那么我们对于这些对象和其区别所在的了解，也就异常之少。

§ 100

就量在它的直接自身联系中来说，或者就量为通过引力所设定的自身同一的规定来说，便是连续的量；就量所包含的一的另一规定来说，便是分离的量。但连续的量也同样是分离的，因为它只是多的连续；而分离的量也同样是连续的，因为它的连续性就是作为许多一的同一或统一的“一”。

〔**说明**〕（一）因此连续的和分离的大小必不可视作两种不同的

大小，好像其一的规定并不属于其他似的；反之，两者的区别仅在于对同一个整体，我们有时从它的这一规定，有时又从它的另一规定去加以说明。（二）关于空间、时间或物质的两种矛盾说法（Antinomie），认它们为可以无限分割，还是认它们为绝不可分割的"一"〔或单位〕所构成，这不过是有时持量为连续的，有时持量为分离的看法罢了。如果我们假设空间、时间等等仅具有连续的量的规定，它们便可以分割至无穷；如果我们假设它们仅具有分离的量的规定，它们本身便是已经分割了的，都是由不可分割的"一"〔或单位〕所构成的。两说都同样是片面的。

附释：量作为自为存在发展的最近结果，包含着自为存在发展过程的两个方面，斥力和引力，作为它自身的两个理想环节，因此量便既是连续的，又是分离的。两个环节中的每一环节都包含另一环节于自身内，因此既没有只是连续的量，也没有只是分离的量。我们也可以说两者是两种特殊的彼此互相反对的量；但这只是我们抽象反思的结果，我们的反思在观察特定的量时，对于那不可分的统一的量的概念，有时单看它所包含的这一成分，有时又单看它所包含的另一成分。譬如，我们可以说，这间屋子所占的空间为一连续的量，而集合在屋子内的一百人为分离的量。但那屋子的空间却同时是连续的又是分离的。因此我们可以说空间点，并且可以将空间加以区分，譬如，将它分成某种长度，若干尺若干寸等，这种做法只有在空间潜在地也是分离的这前提之下，才是可能的。在另一方面，同样，那由一百人构成的分离之量同时也是连续的，而其连续性乃基于人所共同的东西，即人的类性，这类性贯穿于所有的个人，并将他们彼此联系起来。

(b)定量(Quantum)

§ 101

量本质上具有排他的规定性，具有这种排他性的量就是定量，或有一定限度的量。

附释：定量是量中的定在，纯量则相当于存在，而下面即将讨论的程度则相当于自为存在。由纯量进展到定量的详细步骤，是以这样的情形为根据，即在纯量里连续性与分离性的区别，最初只是潜在着的，反之，在定量里，两者的区别便明显地确立起来了。所以现在，量一般地是表现为有区别的或受限制的。但这样一来，定量也就同时分裂为许多数目不确定的单位的量或特定的量。每一特定的量，由于它与其他的特定的量有区别，各自形成一单位，但从另一方面看来，这种特定的量所形成的单位仍然是多。于是定量便被规定为数。

§ 102

在数里，定量达到它的发展和完善的规定性。数包含着“一”，作为它的要素，因而就包含着两个质的环节在自身内：从它的分离的环节来看为数目，从它的连续的环节来看为单位。

〔**说明**〕在算术里各种计算方法常被引用来作为处理数的偶然方式。如果这些计算方法也具有必然性，且具有可理解的意义的话，则必须基于一个原则，而这原则只能在数的概念本身所含的规定中去寻求。兹试将此种原则略加揭示：数的概念的规定即是数目和单位，而数本身则是数目和单位二者的统一。但单位如果应用在经验的数上，则仅是指这些数的相等。所以各种计算方法的原则必须将数目放在单位与数目的比例关系上，而求出两者的相等。

多数的一或数本身是彼此互不相干的，因此由数得出的单位，一般表现为一种外在的凑合。所以计算(Rechnen)实即是计数(Zählen)。各种不同的计算方法的区别，只在于所合计的数的性质不同，决定数的性质的原则就是单位和数目的规定。

计数是形成一般的数的最初方法，就是把任意多的“一”合在一起。但作为一种计算方法却是把那些已经是数，而不再是单纯的“一”那样的东西合计在一起。

第一，数是直接的，和最初完全不确定的一般的数，因此一般是不相等的。这些数的合计或计数就是加法。

第二，计数的另一种规定是：数一般都是相等的，因此它们便形成一个单位，于是我们便得到当前这些单位的数目；对于这种数加以计算便是乘法，在相乘的过程里，不论数目和单位的规定如何分配于两个数或两个因素，不论以哪一数为数目，或以哪一数为单位，其结果都是一样的。

最后，计数的第三种规定性是数目和单位的相等。这样确定的数的合计就是自乘，首先是自乘到二次方。(求一个数的高次方，就是这个数的连续自乘，这种自乘是有公式的，可以重复进行到不定多的次数。)在这第三种规定里，既然达到了数的唯一现有区别的完全相等，亦即数目和单位的区别的完全相等，因此除了这三种计算方法外，更没有别的了。与数的合计相对应，按照数的同样的规定性，我们便得到数的分解。因此除了上面所提到的三种方法，也可称为肯定的计算方法以外，还有三种否定的计算方法。

附释：数一般讲来既是有完善规定性的定量，所以我们不仅可以应用这个定量来规定所谓分离之量，而且也同样可以应用它来规定所谓连续的量。因此即使几何学，当它要指出空间的特定图形和它们的比例关系时，也须求助于数。

(c)程度(Grad)

§ 103

限度与定量本身的全体是同一的。限度自身作为多重的，是外延的量〔或广量〕，但限度自身作为简单的规定性，是内涵之量〔或深量〕或程度。

〔**说明**〕连续的量和分离的量区别于外延的量和内涵的量，这种区别就在于前者关涉到一般的量，后者则关涉到量的限度或量的规定性本身。外延的量和内涵的量同样也不是两种不同的量，其一决不包含其他的规定性；凡是外延的量也同样是内涵的量，凡是内涵的量也同样是外延的量。

附释：内涵的量或程度，就其本质而论，与外延的量或定量有别。因此像经常发生的那样，有人不承认这种区别，漫不加以考虑就将这两种形式的量等同起来，必须指出那是不能允许的。在物理学里，对此二者是不加区别的，例如，物理学解释比重的差别时说，一个物体如有两倍于另一物体的比重，则在同一空间内所包含的物质分子(或原子)的数目将会二倍于另一物体。关于热和光的比重，情形同样如此，如果是用较大或较小数目的热和光的粒子（或分子）去解释不同程度的温度或亮度的话。采取这种解释的物理学家，当他们的说法被指斥为没有根据时，无疑地常自己辩解说，这种说法并不是要对那些现象后面的（著名的不可知的）"自在"〔之物〕[①]作出决定，他们之所以使用上面这些名词，纯粹是由于较为**方便**的缘故。所谓较为方便，系指较容易计算而言；但我们很难明白，为什么内涵的量既同样有其确定的数目，何以不会和外延的量一样地便于计算。如果目的纯在求方便的话，那么干脆就不要计算，也不要思考，那才是最方便不过了。此外，还有一点足以反对刚才所提及的物理学家的辩解，即照他们那种解释，无论如何已经超越知觉和经验的范围，而涉及形而上学和思辨的范围了，而思辨有时被他们宣称是无聊的甚或危险的玄想。在经验中当然可以看到，如果两个装满了钱的钱袋，其中的一个钱袋比另一个钱袋重一倍，这情形必定因为一个钱袋中装有二百元，另一个仅装有一百元。这些钱币我们可以看得见，并可以用感官感受得到。反之，原子和分子之类是在感官知觉的范围以外，只有思维才能决定它们是否可被接受，有何意义。但是（正如上面 §98 附释所提及的），抽象的理智把自为存在这一概念中所包含的复多这一环节，固定成原子的形态，并坚持作为最后的原则。同一抽象理智，在当前的问题中，与素朴的直观以及真实具体的思维有了矛盾，认外延之量是量的唯一形式，对于内涵的量不承认其特有的规定性，而根

---

① 按这里原文只有 Ansich 一词，"自在"的引号和"之物"二字都是译者加上，以表明 Ansich 在这里是指自在存在，自在之物或康德所谓"物自体"而言。——译者注

据一种本身不可靠的假设，力图用粗暴的方式，将内涵的量归结为外延的量。①

对于近代哲学所提出的许多批判中，有一个比较最常听见的责难，即认为近代哲学将任何事物均归纳为同一。因此近代哲学便得到同一哲学的绰号。但这里所提出的讨论却在于指出，唯有哲学才坚持要将概念上和经验上有差别的事物加以区别，反之，那号称经验主义的人却把抽象的同一性提升为认识的最高原则。所以只有他们那种狭义的经验主义的哲学，才最恰当地可称为同一哲学。此外，这个说法是十分正确的，即认为没有单纯的外延的量，也没有单纯的内涵的量，正如没有单纯的连续的量，也没有单纯的分离的量，并认为量的这两种规定并不是两种独立的彼此对立的量。每一内涵的量也是外延的，反之，每一外延的量也是内涵的。譬如，某种程度的温度是一内涵的量，有一个完全单纯的感觉与之相应。我们试看体温表，我们就可看见这温度的程度便有一水银柱的某种扩张与之相应。这种外延的量同时随温度或内涵的量的变化而变化。在心灵界内，也有同样的情形：一个有较大内涵的性格，其作用较之一个有较小内涵的性格也更能达到一较广阔的范围。

§ 104

在程度里，定量的**概念**便**设定**起来了。定量就是**自为**中立而

① 按从这一条附释开始到这一长段末，黑格尔批评当时持机械观点的物理学家未区别开外延的量与内涵的量的缺点，并批评了他们从单纯经验出发，而否定思维规定的观点。恩格斯从自然辩证法出发，作了简要的评论。《马克思恩格斯全集》第20卷，第547—548页。——译者注

又简单的量,但这样一来,量之所以成为定量的规定性就完全在它的外面,在别的量里了。这是一个矛盾,在这种矛盾里,那自为存在着的、中立的限度是绝对的外在性,无限的量的进展便设定起来了。——这是一个由直接性直接转变到它的反面、转变为间接性(即超出那个方才设定起来的定量)的过程,反之,这也是一个由间接性直接转变到它的反面,转变为直接性的过程。

〔**说明**〕数是思想,不过是作为一种完全自身外在存在着的思想。因为数是思想,所以它不属于直观,而是一个以直观的外在性作为其规定的思想。——因此不仅定量可以增加或减少到无限,而且定量本身由于它的概念就要向外不断地超出其自身。无限的量的进展正是同一个矛盾之无意义的重复,这种矛盾就是一般的定量,在定量的规定性发挥出来时就是程度。至于说出这种无限进展形式的矛盾乃是多余的事。关于这点,亚里士多德所引芝诺的话说得好:"对于某物,只说一次,与永远说它,都是一样的。"

附释一:如果我们依照上面(§99)所提出的数学对于量的通常界说,认量为可增可减的东西,谁也不能否认这界说所根据的看法的正确性,但问题仍在于我们如何去理解这种可增可减的东西。如果我们对于这问题的解答单是求助于经验,这却不能令人满意,因为除了在经验里我们对于量只能得到表象,而不能得到思想以外,量仅会被表明是一种可能性(可增可减的可能性),而我们对于量的变化的必然性就会缺乏真正的见解。反之,在逻辑发展的过程里,量不仅被认作自己规定着自己本身的思维过程的一个阶段,而且事实也表明,在量的概念里便包含有超出其自身的必然性,因此,我们这里所讨论的量的增减,不仅是可能的,而且是必然的了。

附释二:量的无限进展每为反思的知性所坚持,用来讨论关于无限性的问题。但对于这种形式的无限进展,我们在前面讨论质的无限进展时所说过的话,也一样可以适用。我们曾说,这样的无限进展并不表述真的无限性,而只表述坏的无限性。它绝没有超出单纯的应当,因此实际上仍然停留在有限之中。这种无限进展的量的形式,斯宾诺莎曾很正确地称之为仅是一种想象的无限性(infinitum imaginationis)。有许多诗人,如哈勒尔[①]及克鲁普斯托克[②]常常利用这一表象来形象地描写自然的无限性,甚至描写上帝本身的无限性。例如,我们发现哈勒尔在一首著名的描写上帝的无限性的诗里,说道:

我们积累起庞大的数字,
一山又一山,一万又一万,
世界之上,我堆起世界,
时间之上,我加上时间,
当我从可怕的高峰,
仰望着你,——以眩晕的眼:
所有数的乘方,
再乘以万千遍,
距你的一部分还是很远。

这里我们便首先遇着了量,特别是数,不断地超越其自身,这

① 哈勒尔(Haller,Albrecht von,1708－1777),下面的诗是摘引自他的关于咏"永恒性"的一首诗。——译者注

② 克鲁普斯托克(Klopstock,F. G. ,1724－1803)是德国启蒙运动初期歌颂了爱情、自由、祖国以及神和自然的伟大和无限性的诗人。——译者注

种超越，康德形容为“令人恐怖的”。[①] 其实真正令人恐怖之处只在于永远不断地规定界限，又永远不断地超出界限，而并未进展一步的厌倦性。上面所提到的那位诗人，在他描写坏的无限性之后，复加了一行结语：

我摆脱它们的纠缠，你就整个儿呈现在我前面。

这意思是说，真的无限性不可视为一种纯粹在有限事物彼岸的东西，我们想获得对于真的无限的意识，就必须放弃那种无限进展（progressus in infinitum）。

附释三：大家知道，毕达哥拉斯曾经对于数加以哲学的思考，他认为数是万物的根本原则。这种看法对于普通意识初看起来似乎完全是矛盾可笑（paradox）[②]，甚至是胡言乱语。于是就发生了究竟什么是数这个问题。要答复这问题，我们首先必须记着，整个哲学的任务在于由事物追溯到思想，而且追溯到明确的思想。但数无疑是一思想，并且是最接近于感官事物的思想，或较确切点说，就我们将感官事物理解为彼此相外和复多之物而言，数就是感官事物本身的思。因此我们在将宇宙解释为数的尝试里，发现了到形而上学的第一步。毕达哥拉斯在哲学史上，人人都知道，站在伊奥尼亚哲学家与爱利亚派哲学家之间。前者，有如亚里士多德所指出的，仍然停留在认事物的本质为物质（ὕλη）的学说里，而后

① 这里提到的康德原话如下：“永恒本身，像哈勒尔所描写的那样，尽管有其令人恐怖的崇高，但是远不能使人的心灵对这样的崇高获得深远的印象。”见《纯粹理性批判》A613，B641。——译者注

② 这是一个有辩证意味的词。本意是指“似非而是”、“似矛盾而实包含真理”的言论，也有译为“矛盾隽语”或“反论”的，言其是和普通议论似乎相反。在本书§81，附释一里，黑格尔举出许多谚语作为例子，可以参看。——译者注

者,特别是巴曼尼得斯,则已进展到以“存在”为“形式”的纯思阶段,所以正是毕达哥拉斯哲学的原则,在感官事物与超感官事物之间,仿佛构成一座桥梁。

由此我们可以知道何以有人会以为毕达哥拉斯认数为事物的本质之说显然走得太远。他们承认我们诚然可以计数事物,但他们争辩道,事物却还有较多于数的东西。说事物具有较多于数的东西,当然谁都可以承认事物不仅是数,但问题只在于如何理解这种较多于数的东西是什么。普通感官意识按照自己的观点,毫不犹豫地指向感官的知觉方面,去求解答这里所提出的问题,因而说道:事物不仅是可计数的,而且还是可见的、可嗅的、可触的等等。用近代的语言来说,他们对于毕达哥拉斯哲学的批评,可归结为一点,就是他的学说太偏于唯心。但根据我们刚才对于毕达哥拉斯哲学在历史上的地位所作的评述,事实上恰好相反。我们必须承认事物不仅是数,但这话应理解为单纯数的思想尚不足以充分表示事物的概念或特定的本质。所以,与其说毕达哥拉斯关于数的哲学走得太远了,毋宁反过来说他的哲学走得还不够远,直到爱利亚学派才进一步达到了纯思的哲学。

此外,即使没有事物自身存在,也会有事物的情状和一般的自然现象存在,其规定性主要也建立在特定的数和数的关系上。声音的差别与音调的谐和的配合,特别具有数的规定性。大家都知道,据说毕达哥拉斯之所以认数为事物的本质,是由于观察音调的现象所得到的启示。虽说将音调的现象追溯到其所依据的特定的数,对于科学的研究极关重要,但也绝不可因此便容许将思想的规定性全认作仅仅是数的规定性。人们诚然最初有将思想最普遍的规定与最基本的几个数字相联系的趋势，因而说一是单纯直接的思想，二是代表思想的区别和间接性，三是二者的统一。但这种联系完全是外在的，这些数的本身并没有什么性质足以表示这些特定的思想。人们愈是进一步采用这种附会的方法，特定数目与特定思想的联系就愈会任性武断。譬如人们可以认 4 为 1 与 3 之和，也为这两种数的思想的联合，但 4 同样也可说是 2 的两倍。同样 9 也不仅是 3 的平方，而又是 8 与 1、7 与 2 等等的总和。认为某种数目或某种图形有特大的重要性，如近来许多秘密团体之所为，这一方面固然无妨作为消遣的玩意儿，但另一方面也是思想薄弱的表征。人们固然可以说在这些数字及图形的后面，含有很深的意义，可以引起我们许多思想。但是在哲学里，问题不在于我们可以思维什么，而在于我们现实地思维什么。思想的真正要素不是在武断地选择的符号里，而是只须从思想本身去寻求。

§ 105

定量在其自为存在着的规定性里是外在于它自己本身，它的这种外在存在便构成它的质。定量在它的外在存在里，正是它自己本身，并自己与自己相联系。在定量里，外在性(亦即量)和自为存在(亦即质)得到了联合。定量这样地在自身内建立起来，便是量的比例，——这种规定性既是一直接的定量，比例的指数，作为中介过程，即某一定量与另一定量的联系，形成了比例的两个方面。同时，比例的这两个方面，并不是按照其直接〔数〕值计算的，而其〔数〕值只存在于这种比例的关系中。

附释：量的无穷进展最初似乎是数之不断地超出其自身。但细究起来，量却被表明在这一进展的过程里返回到它自己本身。因为从思想看来，量的无穷进展所包含的意义一般只是以数规定数的过程，而这种以数规定数的过程便得出量的比例。譬如以2∶4为例，这里我们便有两个数，我们所寻求的不是它们的直接的值，而只是这两个数彼此间相互的联系。但这两项的联系（比例的指数）本身即是一数，这数与比例中的两项的区别，在于此数（即指数）一变，则两项的比例即随之而变，反之，两项虽变，其比例却不受影响，而且只要指数不变，则两项的比例不变。因此我们可以用3∶6代替2∶4，而不改变两者的比例，因为在两个例子中，指数2仍然是一样的。

§ 106

比例的两项仍然是直接的定量，并且质的规定和量的规定彼此仍然是外在的。但就质和量的真理性来说：量的本身在它的外在性里即是和它自身相联系，或者说，自为存在的量与中立于规定性的量相联合，——这样的量就是尺度（Maß）。

附释：通过前面所考察了的量的各环节的辩证运动，就证明了量返回到质。我们看见，量的概念最初是扬弃了的质，这就是说，与“存在”不同一的质，而且是与“存在”不相干的，只是外在的规定性。对于量的这个概念，如像前面所说过的，乃是通常数学对于量的界说，即认量为可增可减的东西这一看法的基础。初看起来，这个界说似乎是说，量只是一般地可变化的东西（因为可增可减只是量的另一说法），因而也许会使量与定在（质的第二阶段，就其本质而言，也同样可认作可变化者）没有区别。所以对量的界说的内容可加以补充说，在量里我们有一个可变化之物，这物虽经过变化，却仍然是同样的东西。量的这种概念因此便包含有一内在的矛盾。而这一矛盾就构成了量的辩证法。但量的辩证法的结果却并不是单纯返回到质，好像是认质为真而认量为妄的概念似的，而是进展到质与量两者的统一和真理，进展到有质的量，或尺度。

这里我们还可以说，当我们观察客观世界时，我们是运用量的范畴。事实上我们这种观察在心目中具有的目标，总在于获得关于尺度的知识。这点即在我们日常的语言里也常常暗示到，当我们要确知事物的量的性质和关系时，我们便称之为衡量（Messen）。例如，我们衡量振动中的不同的弦的长度时，是着眼于知道由各弦的振动所引起的与弦的长度相对应的音调之质的差别。同样，在化学里我们设法去确知所用的各种物质相化合的量，借以求出制约这些化合物的尺度，这就是说，去认识那些产生特定的质的量。又如在统计学里，研究所用的数字之所以重要，只是由于受这些数字所制约的质的结果。反之，如果只是些数字的堆积，没有这里所提及的指导观点，那么就可以有理由算作无聊的玩意儿，既不能满足理论的兴趣，也不能满足实际的要求。

C. 尺度（Das Maß）

§ 107

尺度是有质的定量，尺度最初作为一个直接性的东西，就是定量，是具有特定存在或质的定量。

附释：尺度既是质与量的统一，因而也同时是完成了的存在。

当我们最初说到存在时，它显得是完全抽象而无规定性的东西；但存在本质上即在于规定其自己本身，它是在尺度中达到其完成的规定性的。尺度，正如其他各阶段的存在，也可被认作对于“绝对”的一个定义。因此有人便说，上帝是万物之尺度。这种直观也是构成许多古代希伯来颂诗的基调，这些颂诗大体上认为上帝的光荣即在于他能赋予一切事物以尺度——赋予海洋与大陆、河流与山岳，以及各式各样的植物与动物以尺度。在希腊人的宗教意识里，尺度的神圣性，特别是社会伦理方面的神圣性，便被想象为同一个司公正复仇之纳美西斯（Nemesis）女神相联系。在这个观念里包含有一个一般的信念，即举凡一切人世间的事物——财富、荣誉、权力，甚至快乐痛苦等——皆有其一定的尺度，超越这尺度就会招致沉沦和毁灭。即在客观世界里也有尺度可寻。在自然界里我们首先看见许多存在，其主要的内容都是尺度构成。例如太阳系即是如此，太阳系我们一般地可以看成是有自由尺度的世界。如果我们进一步去观察无机的自然，在这里尺度便似乎退到背后去了，因为我们时常看到无机物的质的规定性与量的规定性，彼此显得好像互不相干。例如一块崖石或一条河流，它的质与一定的量并没有联系。但即就这些无机物而论，若细加考察，也不是完全没有尺度的。因为河里的水和构成崖石的各个组成部分，若加以化学的分析，便可以看出，它们的质是受它们所包含的原素之量的比例所制约的。而在有机的自然里，尺度就更为显著，可为吾人所直接察觉到。不同类的植物和动物，就全体而论，并就其各部分而论，皆有某种尺度，不过尚须注意，即那些比较不完全的或比较接近无机物的有机产物，由于它们的尺度不大分明，与较高级的有机物也有部分的差别。譬如，在化石中我们发现有所谓帆螺壳(Ammonshörner)，其尺度之分明，只有用显微镜才可认识，而许多别的化石，其尺度之大有如一车轮。同样的尺度不分明的现象，也表现在许多处于有机物形成的低级阶段的植物中，例如凤凰草。

§ 108

就尺度只是质与量的直接的统一而言，两者间的差别也同样表现为直接形式。于是质与量的关系便有两种可能。第一种可能的关系就是：那特殊的定量只是一单纯的定量，而那特殊的定在虽是能增减的，而不致因此便取消了尺度，尺度在这里即是一种规则。第二种可能的关系则是：定量的变化也是质的变化。

附释：尺度中出现的质与量的同一，最初只是潜在的，尚未显明地实现出来。这就是说，这两个在尺度中统一起来的范畴，每一个都各要求其独立的效用。因此一方面定在的量的规定可以改变，而不致影响它的质，但同时另一方面这种不影响质的量之增减也有其限度，一超出其限度，就会引起质的改变。例如[①]：水的温度最初是不影响水的液体性的。但液体性的水的温度之增加或减少，就会达到这样的一个点，在这一点上，这水的聚合状态就会发生质的变化，这水一方面会变成蒸气，另一方面会变成冰。当量的变化发生时，最初好像是完全无足重轻似的，但后面却潜藏着别的东西，这表面上无足重轻的量的变化，好像是一种机巧，凭借这种

① 恩格斯《自然辩证法》一书中引证了这个例子，见《马克思恩格斯选集》第 3 卷，第 487 页。——译者注

机巧去抓住质〔引起质的变化〕。[①] 这里包含的尺度的两种矛盾说法(antinomie),古希腊哲学家已在不同形式下加以说明了。例如,问一粒麦是否可以形成一堆麦,又如问从马尾上拔去一根毛,是否可以形成一秃的马尾?当我们最初想到量的性质,以量为存在的外在的不相干的规定性时,我们自会倾向于对这两个问题予以否定的答复。但是我们也须承认,这种看来好像不相干的量的增减也有其限度,只要最后一达到这极点,则继续再加一粒麦就可形成一堆麦,继续再拔一根毛,就可产生一秃的马尾。这些例子和一个农民的故事颇有相同处:据说有一农夫,当他看见他的驴子拖着东西愉快地行走时,他继续一两一两地不断增加它的负担,直到后来,这驴子担负不起这重量而倒下了。如果我们只是把这些例子轻易地解释为学究式的玩笑,那就会陷于严重的错误,因为它们事实上涉及思想,而且对于思想的性质有所认识,于实际生活,特别是对伦理关系也异常重要。例如,就用钱而论,在某种范围内,多用或少用,并不关紧要。但是由于每当在特殊情况下所规定的应该用钱的尺度,一经超过,用得太多,或用得太少,就会引起质的改变,(有如上面例子中所说的由于水的不同的温度而引起的质的变化一样。)而原来可以认作节俭的行为,就会变成奢侈或吝啬了。同样的原则也可应用到政治方面。在某种限度内,一个国家的宪法可以认为既独立于又依赖于领土的大小,居民的多少,以及其他

① 黑格尔认为量变以达到质变为目的,质变通过量变为实现其自身的手段,这叫做"概念的机巧",又叫做"理性的机巧"。机巧含有策略或巧计的意思。这里他借目的论的看法以指出质变量变好像是目的与手段的关系。参看《大逻辑》第一篇第三章论限量部分,并参看本书下面§209论理性的机巧部分。——译者注

量的规定。譬如,当我们讨论一个具有一万平方英里领土及四百万人口的国家时,我们毋庸迟疑即可承认几平方英里的领土或几千人口的增减,对于这个国家的宪法决不会有重大的影响。但反之,我们必不可忘记,当国家的面积或人口不断地增加或减少,达到某一点时,除开别的情形不论,只是由于这种量的变化,就会使得宪法的质不能不改变。瑞士一小邦的宪法决不适宜于一个大帝国,同样罗马帝国的宪法如果移置于德国一小城,也不会适合。

§ 109

就质与量的第二种可能的关系而言,所谓"无尺度"(Das Maßlose),就是一个尺度〔质量统一体〕由于其量的性质而超出其质的规定性。不过这第二种量的关系,与第一种质量统一体的关系相比,虽说是无尺度,但仍然是具有质的,因此无尺度仍然同样是一种尺度〔或质量统一体〕。这两种过渡,由质过渡到定量,由定量复过渡到质,可以表象为无限进展,表象为尺度扬弃其自身为无尺度,而又恢复其自身为尺度的无限进展过程。

附释:有如我们曾经看见过的那样,量不仅是能够变化的,即能够增减的,而且一般又是一个不断地超出其自身的倾向。量的这种超出自身的倾向,甚至在尺度中,也同样保持着。但如果某一质量统一体或尺度中的量超出了某种界限,则和它相应的质也就随之被扬弃了。但这里所否定的并不是一般的质,而只是这种特定的质,这一特定的质立刻就被另一特定的质所代替。质量统一体〔尺度〕的这种变化的过程,即不断地交替着先由单纯的量变,然后由量变转化为质变的过程,我们可以用交错线(Knotenline)作为比喻来帮助了解。像这样的交错线,我们首先可以在自然里看见,它具有不同的形式。前面已经提到水由于温度的增减而表现出质的不同的聚合状态。金属的氧化程度不同,也表现出同样的情形。音调的差别也可认为是在尺度〔质量统一体〕变化过程中发生的,由最初单纯的量变到质变的转化过程的一个例证。

§ 110

事实上这里所发生的,只是仍然属于尺度本身的直接性被扬弃的过程。在尺度里,质和量本身最初只是直接的,而尺度只是它们的相对的同一性。但在"无尺度"里,尺度显得是被扬弃了;然而无尺度虽说是尺度的否定,其本身却仍然是质量的统一体,所以即在无尺度里,尺度仍然只是和它自身相结合。

§ 111

无限,作为否定之否定的肯定,除了包含"有"与"无"、某物与别物等抽象的方面而外,现在是以质与量为其两个方面。而质与量(a)首先由质过渡到量(§98),其次由量过渡到质(§105),因此两者都被表明为否定的东西。(b)但在两者的统一(亦即尺度)里,它们最初是有区别的,这一方面只是以另一方面为中介才可区别开的。(c)在这种统一体的直接性被扬弃了之后,它的潜在性就发挥出来作为简单的自身联系,而这种联系就包含着被扬弃了的一般存在及其各个形式在自身内。——存在或直接性,通过自身否定,以自身为中介和自己与自己本身相联系,因而正是经历了中介过程,在这一过程里,存在和直接性复扬弃其自身而回复到自身联系或直接性,这就是本质。

附释:尺度的进程并不仅是无穷进展的坏的无限无止境地采取由质过渡到量,由量过渡到质的形式,而是同时又在其对方里与自身结合的真的无限。质与量在尺度里最初是作为某物与别物而处于互相对立的地位。但质潜在地就是量,反之,量潜在地也即是质。所以当两者在尺度的发展过程里互相过渡到对方时,这两个规定的每一个都只是回复到它已经潜在地是那样的东西。于是我们现在便得到其规定被否定了的、一般地被扬弃了的存在,这就是本质。在尺度中潜在地已经包含本质;尺度的发展过程只在于将它所包含的潜在的东西实现出来。——普通意识认为事物是存在着的,并且依据质、量和尺度等范畴去考察事物。但这些直接的范畴证实其自身并不是固定的,而在过渡中的,本质就是它们矛盾进展(Dialektik)的结果。在本质里,各范畴已不复过渡,而只是相互联系。在存在里,联系的形式只是我们的反思;反之,在本质阶段里,联系则是本质自己特有的规定。在存在的范围里,当某物成为别物时,从而某物便消逝了。但在本质里,却不是如此。在这里,我们没有真正的别物或对方,而只有差异,一个东西与它的对方的联系。所以本质的过渡同时并不是过渡。因为在由差异的东西过渡到差异的东西里,差异的东西并未消逝,而是仍然停留在它们的联系里。譬如,当我们说有与无时,"有"是独立的,而"无"也同样是独立的。但肯定与否定的关系便完全与此不同。诚然,它们具有"有"和"无"的特性。但单就肯定自身而言,实毫无意义;它是完全和否定相对待、相联系的。否定的性质也是这样。在存在的范围里,各范畴之间的联系只是潜在的,反之,在本质里,各范畴之间的联系便明显地设定起来了。一般说来，这就是存在的形式与本质的形式的区别。在存在里，一切都是直接的，反之，在本质里，一切都是相对的。[1]

① 恩格斯在《自然辩证法》中摘录这句话并加以说明。参看《马克思恩格斯全集》第20卷，第555页。——译者注

第二篇　本质论

(Die Lehre vom Wesen)

§ 112

本质是设定起来的概念，本质中的各个规定只是相对的，还没有完全返回到概念本身；因此，在本质中概念还不是自为的。本质，作为通过对它自身的否定而自己同自己中介着的存在，是与自己本身相联系，仅因为这种联系是与对方相联系，但这个对方并不是直接的存在着的东西，而是一个间接的和设定起来的东西。在本质中，存在并没有消逝，但是首先，只有就本质作为单纯的和它自身相联系来说，它才是存在；第二，但是存在，由于它的片面的规定，是直接性的东西，就被贬抑为仅仅否定的东西，被贬抑为假象(Schein)。——因此本质是映现在自身中的存在。

〔**说明**〕绝对是本质。——这一界说与前面认"绝对是存在"那一界说是相同的，这都是因为存在同样地是单纯的自我关系。不过这一界说同时比前面的那一界说又较高些，因为本质是自己过去了的存在，这就是说，本质的简单的自身联系是被设定为否定之否定，并且是以自己为自己本身的中介的联系。但是，当绝对被界说为本质时，这界说所包含的否定性往往被了解为只是抽象意义的，没有任何特定谓词的否定性。这种否定活动，这种抽象作用，于是便不属于本质之内，而本质自身就只是一个没有前提的结论，一个抽象的死躯壳(caput mortunm)。但是这种否定性既不是外在于存在,而是存在自身的辩证法〔矛盾进展〕,因此,本质是存在的真理,是自己过去了的或内在的存在。反思作用或自身映现构成本质与直接存在的区别,是本质本身特有的规定。

附释:当我们一提到本质时,我们便将本质与存在加以区别,而认存在为直接的东西,与本质比较看来,只是一假象(Schein)。但这种假象并非空无所有,完全无物,而是一种被扬弃的存在。本质的观点一般地讲来即是反思的观点。反映或反思(Reflexion)这个词本来是用来讲光的,当光直线式地射出,碰在一个镜面上时,又从这镜面上反射回来,便叫做反映。在这个现象里有两方面,第一方面是一个直接的存在,第二方面同一存在是作为一间接性的或设定起来的东西。当我们反映或(像大家通常说的)反思一个对象时,情形亦复如此。因此这里我们所要认识的对象,不是它的直接性,而是它的间接的反映过来的现象。我们常认为哲学的任务或目的在于认识事物的本质,这意思只是说,不应当让事物停留在它的直接性里,而须指出它是以别的事物为中介或根据的。事物的直接存在,依此说来,就好像是一个表皮或一个帷幕,在这里面或后面,还蕴藏着本质。

我们又常说:凡物莫不有一本质,这无异于说,事物真正地不是它们直接所表现的那样。所以要想认识事物,仅仅从一个质反复转变到另一个质,或仅仅从质过渡到量,从量过渡到质,那是不行的;反之事物中有其永久的东西,这就是事物的本质。至于就本质一范畴的别种意义及用法而论,我们首先须指出,在德文里当我们把过去的 Sein(存在)说成 Gewesen(曾经是)时,我们就是用

Wesen(本质)一字以表示助动词 Sein("是"或"存在")的过去式。语言中这种不规则的用法似乎包含着对于存在和本质的关系的正确看法。因为我们无疑地可以认本质为过去的存在，不过这里尚须指出，凡是已经过去了的，并不是抽象地被否定了，而只是被扬弃了，因此同时也被保存了。譬如我们说，恺撒曾经到过高卢，这话所否认于恺撒的，只是这事的直接性，但并没有根本否认恺撒曾驻扎过高卢。因为驻扎过高卢才是这句话的内容，而这内容这里便表述为被扬弃了的。在平常生活里，当我们说到 Wesen 时，这个词大都是指一总合或一共体的意思。譬如我们称新闻事业为 Zeitungswesen，称邮局为 Postwesen，称关税为 Steuerwesen。所有这些用法其意义大都不外说，这些事物不可单一地从它们的直接性去看，而须复合地进一步从它们的不同的关系去看。语言的这种用法，差不多包含着我们所用的本质一词的意义了。

我们又常说到有限的本质，而称人为一有限的本质。但单就本质一词而言，即已包含有超出有限的意义，故谓人为有限的本质，实欠恰当。又有人说，有一个最高的本质，因而上帝便应称为最高的本质。对于这种说法必须指出两点：第一，"有这样一个事物"的说法，就暗示那种事物只是有限的。譬如我们说，有好多好多的星球，或说有某种性质的植物，又有别种性质的植物。在这些情形下，我们所说的有某种事物，还另有别的事物在它之外或是在它之旁。但上帝作为绝对无限却不是这样一种事物，这种事物只是存在着，在它之外或在它之旁还有别的本质。如果在上帝之外还有别的事物，则这些事物在它们与上帝分离的状态中，就不会具有本质；甚至可以说，它们在孤立状态中，只能认为是无支柱的和无本质的东西，是单纯的假象。但这里就含蕴着我要指出的第二点：即仅称上帝为最高的本质，实在是很不能令人满意的说法。这种说法所应用的量的范畴，事实上只有在有限事物的领域内才有其地位。譬如，当我们说这山是地球上最高的山时，我们这时已有了一个观念，认为除了这个最高的山之外，同样地还有别的高山。当我们说某人是这一国最富有的人或最有学问的人时，亦复如是。但上帝并不仅是一本质，甚至也不仅是一最高的本质，而是唯一的本质。但在这里也须立刻指出，这种对于上帝的看法，虽说是在宗教意识发展里构成一重要而必然的阶段，却并没有穷尽基督教中上帝一观念的深度。假如我们仅仅单纯地认上帝为本质，并且仅至此为止，则我们只知道他是普遍而不可抵抗的力量，换言之，他只是主。现在，对于主的畏惧固然是智慧的开始，但也只是智慧的开始。最初有犹太教，后来又有穆罕默德教将上帝认作是主，并且本质上是唯一的主。这些宗教的缺点，一般讲来，在于未能给有限以应有的地位，因为异教以及多神教的特点就在于孤立地坚持有限事物（不论自然事物也好，或者有限的精神事物也好）。此外还有一个常常听见的说法，说上帝既是最高的本质，因此上帝不可知。这一般是近代启蒙思想，确切点说，抽象理智的看法，这种看法只以说出：il y a un être suprême（天地间有一至高无上的存在），便算满足，而不更加深究。如果照这样说来，上帝只被认作是一至高的、远在彼岸的本质，那就会将这直接的眼前的世界，认作固定的、实证的事物，而忘记了本质正是对一切直接事物的扬弃。假如上帝是抽象的、远在彼岸的本质，一切的区别和规定性均在上帝之外，那么上帝事实上就会徒具空名，仅是抽象理智的一个单纯的 caput mortunm(死躯壳)。因此对于上帝的真知识是起始于知道任何事物在它的直接存在里都是没有真理性的。

不仅关于上帝,即就别的对象而言,人们也常常将本质一范畴予以抽象的使用,而于观察事物时,将事物的本质认作独立自存,与事物现象的特定内容毫不相干。譬如,人们常习惯于这样说,人之所以为人,只取决于他的本质,而不取决于他的行为和他的动作。这话诚然不错,如果这话的意思是说,一个人的行为,不可单就其外表的直接性去评论,而必须以他的内心为中介去观察,而且必须把他的行为看成他的内心的表现:但是不可忘记,本质和内心只有表现成为现象,才可以证实其为真正的本质和内心。而那些要想从异于表现在行为上的内容去寻求人的本质的人,其所基以出发的用意,往往不过是想抬高他们单纯的主观性,并想逃避自在自为地有效的东西。

§ 113

本质阶段中的自身联系就是同一性或自身反思的形式。同一性或自身反思在这里便相当于“存在”阶段中的直接性的地位。直接性和同一性两者都同是抽象的自身联系。

无思想性的感性把任何有限和受限制之物当作存在着的东西,因而就过渡到固执的知性,把有限之物认作一个自身同一的,不自相矛盾的东西。

§ 114

这种同一性既是从存在中出来的,最初似乎只具有存在的诸规定，这些规定与存在的关系似乎只是外在关系。这种外在的存在，如果认作与本质分离，它便可叫做非本质的东西，〔但这却是错误的〕，因为本质是在自身内的存在（In-sich-sein），而本质之所以是本质的，只是因为它具有它自己的否定物在自身内，换言之，它在自身内具有与他物的联系，具有自身的中介作用。因此本质具有非本质的东西作为它自己固有的假象。但区别即包含有假象或中介性在内，而且既然凡是被区别开之物，一方面与它所从出的同一性有区别，因为它不是直接的同一性，而是同一性的假象；一方面它自身也仍然是一种同一性，所以它仍然采取存在或自身联系的直接性的形式。因此本质的范围便成为一个直接性与间接性尚未完全结合的范围。在这种不完全的结合里，每一事物都是这样被设定为具有自身联系，但同时又超出这自身联系的直接性。本质是一个反思的存在，一个映现他物的存在，也可以说，一个映现在他物中的存在。所以，本质的范围又是发展了的矛盾的范围，这矛盾在存在范围内还是潜伏着的。

〔**说明**〕因为那唯一的概念构成一切事物的实质，所以在"本质"的发展里出现了和在"存在"的发展里相同的范畴，不过采取反思的形式罢了。所以，在存在里为有与无的形式，而现在在本质里便进而为肯定与否定的形式所替代。前者相当于无对立的存在的同一性，后者映现其自身，发展其自身成为区别。这样，变易就立即进而发展为定在的根据，而定在当返回其根据时，即是实存（Existenz）[①]。

---

① "定在"指存在于特定的地方、时间，有特定的质和量的特定存在，一般译作"定在"。"实存"指有根据的存在或实际存在，简称"实存"。——译者注

本质论是逻辑学中最困难的一部门。它主要包含有一般的形而上学和科学的范畴。这些范畴是反思的知性的产物，知性将各范畴的区别一方面认作独立自存，一方面同时又明白肯定它们的相对性，知性只是用一个又字，将两方面相互并列地或先后相续地联合起来，而不能把这些思想结合起来，把它们统一成为概念。

A. 本质作为实存的根据
（Das Wesen als Grund der Existenz）

(a)纯反思规定[①]
（Die reine Reflexionsbestimmungen）

(1)同一(Identität)

§ 115

本质映现于自身内，或者说本质是纯粹的反思；因此本质只是自身联系，不过不是直接的，而是反思的自身联系，亦即自身同一。

〔**说明**〕这种同一，就其坚持同一，脱离差别来说，只是形式的或知性的同一。换言之，抽象作用就是建立这种形式的同一性并将一个本身具体的事物转变成这种简单性形式的作用。有两种方式足以导致这种情形：或是通过所谓分析作用丢掉具体事物所具有的一部分多样性而只举出其一种；或是抹杀多样性之间的差异

① 规定(Bestimmung)有时也译作"范畴"。在这里英译本即作范畴。我们考虑仍以紧跟原文直译成"规定"较好。——译者注

性，而把多种的规定性混合为一种。

如果我们将同一与绝对联系起来，将绝对作为一个命题的主词，我们就得到："绝对是自身同一之物"这一命题。无论这命题是如何的真，但它是否意味着它所包含的真理，却是有疑问的，因此至少这命题的表达方式是不完满的。因为我们不能明确决定它所意味的是抽象的知性同一，亦即与本质的其他规定相对立的同一，还是本身具体的同一。而具体的同一，我们将会看见，最初〔在本质阶段〕是真正的根据，然后在较高的真理里〔在概念阶段〕，即是概念。——况且绝对一词除了常指抽象而言外，没有别的意义。譬如绝对空间、绝对时间，其实不过指抽象空间、抽象时间罢了。

本质的各种规定或范畴如果被认作思想的重要范畴，则它们便成为一个假定在先的主词的谓词，因为这些谓词的重要性，这主词就包含一切。这样产生的命题也就被宣称为有普遍性的思维规律。于是同一律便被表述为"一切东西和它自身同一"；或"甲是甲"。否定的说法："甲不能同时为甲与非甲"。这种命题并非真正的思维规律，而只是抽象理智的规律。这个命题的形式自身就陷于矛盾，因为一个命题总须得说出主词与谓词间的区别，然而这个命题就没有做到它的形式所要求于它的。但是这一规律又特别为下列的一些所谓思维规律所扬弃，这些思维规律把同一律的反面认作规律。——有人说，同一律虽说不能加以证明，但每一意识皆依照此律而进行，而且就经验看来，每一意识只要对同一律有了认识，均可予以接受。但这种逻辑教本上的所谓经验，却与普遍的经验是相反的。照普遍经验看来，没有意识按照同一律思维或想象，没有人按照同一律说话，没有任何种存在按照同一律存在。如果人们说话都遵照这种自命为真理的规律(星球是星球,磁力是磁力,精神是精神),简直应说是笨拙可笑。这才可算得普遍的经验。只强调这种抽象规律的经院哲学,早已与它所热心提倡的逻辑,在人类的健康常识和理性里失掉信用了。

附释:同一最初与我们前面所说的存在原是相同之物,但同一乃是通过扬弃存在的直接规定性而变成的,因此同一可以说是作为理想性的存在。对于同一的真正意义加以正确的了解,乃是异常重要之事。为达到这一目的,我们首先必须特别注意,不要把同一单纯认作抽象的同一,认作排斥一切差别的同一。这是使得一切坏的哲学有别于那唯一值得称为哲学的哲学的关键。真正的同一,作为直接存在的理想性,无论对于我们的宗教意识,还是对于一切别的一般思想和意识,是一个很高的范畴。我们可以说,对于上帝的真正知识开始于我们知道他是同一——是绝对的同一的时候。因为这即包含有认识世界上的一切力量和一切光荣在上帝面前尽皆消失,它们只不过是**他的**力量和**他的**光荣之映现罢了。再就同一作为自我意识来说,也是这样,它是区别人与自然,特别是区别人与禽兽的关键,后者即从未达到认识其自身为自我,亦即未达到认识其自身为自己与自己的纯粹统一的境界。更就同一和在思维的联系方面的意义而言,最要紧的是不要把存在及其规定作为扬弃了东西包含于自身内的真同一与那种抽象的、单纯形式的同一混淆起来。凡是从感觉和当下直观的立场所经常提出的那一切对于思维的攻击,如说思想偏执、僵硬、毫无内容等等,都是基于一个错误的前提,即认为思维的活动只在于建立抽象的同一,而形式逻辑在提出我们上面曾讨论过的那条所谓思维的最高规律时,正好确认了这一前提。如果思维活动只不过是一种抽象的同一，那么我们就不能不宣称思维是一种最无益最无聊的工作。概念以及理念，诚然和它们自身是同一的，但是，它们之所以同一，只由于它们同时包含有差别在自身内。

(2)差别(Der Unterschied)

§ 116

本质只是纯同一和在自己本身内的假象，并且是自己和自己相联系的否定性，因而是自己对自己本身的排斥。因此本质主要地包含有差别的规定。

异在(Anderssein)在此处已不复是质的东西，也不复是规定性和限度，而是在本质内，在自身联系的本质内，所以否定性同时就作为联系、差别、设定的存在、中介的存在而出现。

附释：如果有人问：同一如何会发展成为差别呢？他在这个问题里便预先假定了单纯的同一或抽象的同一是某种本身自存之物，同时也假定了差别是另一种同样地独立自存之物。然而这种假定却使得对于上面所提出的问题的解答成为不可能。因为如果把同一认作不同于差别，那么我们事实上只能有差别，因而无法证明由同一到差别的进展。因为对那个提出如何进展的问题的人，进展的出发点根本就不存在。因此，这个问题，试细加思考，将会证明为完全没有意义。而且对于提出这个问题的人将会首先引出另一问题，即是他所设想的同一究竟是什么？其结果是他所设想的同一，的确毫无内容，而同一对他只不过是个空名罢了。再则，像我们曾经看到那样，同一无疑地是一个否定的东西，不过不是抽象的空无，而是对存在及其规定的否定。而这样的同一便同时是自身联系，甚至可以说是否定的自身联系或自己与自己的区别。

§ 117

首先，差别是直接的差别或差异(die Verschiedenheit)。所谓差异〔或多样性〕即不同的事物，按照它们的原样，各自独立，与他物发生关系后互不受影响，因而这关系对于双方都是外在的。由于不同的事物之间的差别对它们没有影响，无关本质，于是差别就落在它们之外而成为一个第三者，即一个比较者。这种外在的差别，就其为相关的事物的同一而言，是相等；就其为相关的事物的不同而言，是不相等。

〔**说明**〕这些规定经知性加以区分到了如此固定的地步，以致比较相等及不相等时，虽说有同样的基础，而相等与不相等也应是在同一基础之上的不同的方面或观点；但知性总是坚持：相等本身只是同一，不相等本身只是差别。

关于同一，有"同一律"，关于差异，也同样有"相异律"的提出，说："凡物莫不相异"，或者说："天地间没有两个彼此完全相同之物"。于是任何事物皆可依相异律加上一个差异的谓词，这和依同一律可以给予任何事物以同一的谓词正相反对。因此任何事物皆可加一条与同一律相矛盾的规律。但凡物莫不相异之说，既仅是由外在的比较得来，则任何事物的本身应只是自我同一，因而人们便可以说，相异律与同一律间并无矛盾。但相异既不属于某物或任何物的本身，当然也不构成任何主体的本质规定；这样，所谓相异律是无法加以表述的。假如依照相异律说某物本身即是相异，则其相异乃基于它的固有的规定性。这样，我们所意谓的就不再是广泛的差异或相异，而是指谓一种特定的差别。——这也就是莱布尼茨的相异律的意义。

附释：当知性对于同一加以考察时，事实上它已经超出了同一，而它所看见的，只不过是在单纯差异或多样性形式下的差别。假如我们依照所谓同一律来说：海是海、风是风、月是月等等，那么，这些对象在我们看来，只是彼此毫不相干的，因此我们所看到的，不是同一，而是差别。但我们并不停留在这里，只把这些事物认作各不相同，就算完事，反之，我们还要进一步把它们彼此加以比较，于是我们便得到相等和不相等的范畴。有限科学的职务大部分就在于应用这些范畴来研究事物。我们今日所常说的科学研究，往往主要是指对于所考察的对象加以相互比较的方法而言。不容否认，这种比较的方法曾经获得许多重大的成果，在这方面特别值得提到的，是近年来在比较解剖学和比较语言学领域内所取得的重大成就。但我们不仅必须指出，有人以为这种比较方法似乎可以应用于所有各部门的知识范围，而且可以同样地取得成功，这未免失之夸大；并且尤须特别强调指出，只通过单纯的比较方法还不能最后满足科学的需要。比较方法所得的结果诚然不可缺少，但只能作为真正的概念式的知识的预备工作。

此外，比较的任务既在于从当前的差别中求出同一，则我们不能不认数学为最能圆满达到这种目的的科学。其所以如此，即由于量的差别仅是完全外在的差别。譬如，在几何里一个三角形与一个四角形虽说有质的不同，但可以忽略这种质的差别，而说它们彼此的大小相等。数学具有这种优点，我们在前面（§99附释）已经说过，无论从经验科学或是从哲学来说，都用不着羡妒，因为这种优点是从我上面所说的单纯的知性的同一而来的。

据说莱布尼茨当初在宫廷里提出他的相异律时，宫廷中的卫士和宫女们纷纷走入御园，四处去寻找两片完全没有差别的树叶，想要借以推翻这位哲学家所提出的相异律。毫无疑问，这是对付形而上学的一个方便法门，而且即在今天也还是相当受人欢迎的方便法门。但就莱布尼茨的相异律本身而论，须知，他所谓异或差别并非单纯指外在的不相干的差异，而是指本身的差别，这就是说，事物的本身即包含有差别。

§ 118

相等只是彼此**不相同的**，不同一的事物之间的同一。不相等就是不相等的事物的**关系**。因此两者并非彼此毫不相干的方面或观点，而是一方映现在另一方之中。所以差异只是反思的差别、**潜在的差别**或**特定的**差别。

附释：一方面单纯的差异的事物虽表明为彼此不相干，但另一方面，相等与不相等却是一对密切相互联系的范畴，没有这一范畴，便无法设想另一范畴。这种从单纯的差异发展到对立的过程，即在我们通常的意识里业已存在，只要我们能承认唯有在现存的差别的前提下，比较才有意义；反之，也唯有在现存的相等的前提下，差别才有意义。因此假如一个人能看出当前即显而易见的差别，譬如，能区别一支笔与一头骆驼，我们不会说这人有了不起的聪明。同样，另一方面，一个人能比较两个近似的东西，如橡树与槐树，或寺院与教堂，而知其相似，我们也不能说他有很高的比较能力。我们所要求的，是要能看出异中之同和同中之异。但在经验科学领域内对于这两个范畴，时常是注重其一便忘记其他，这样，科学的兴趣总是这一次仅仅在当前的差别中去追溯同一，另一次则又以同样的片面的方式在同一中去寻求新的差别。这种情形在自然科学里特别显著。因为自然科学家的工作首先在于不断地发现新的和越来越多的新的元素、力、种或类等等，或者从另一方面，力求证明从前一直被认为单纯的物体，乃是复合的，所以近代的物理学家和化学家可以嘲笑那些古代哲人，仅仅满足于以四个并不单纯的元素去解释事物。其次，他们心目中的同一，仍然是指单纯的同一而言。譬如，他们不仅认电和化学过程本质上是相同的，并且将消化和同化的有机过程也看成单纯的化学过程。前面已经说过（§103 附释），近代哲学常被人戏称为同一哲学，殊不知，揭穿了脱离差别的单纯知性的同一是虚妄不实的，恰好就是这种同一哲学，特别是思辨逻辑学，而这种新哲学也曾确实竭力教人不要自安于单纯的差异，而要认识一切特定存在着的事物之间的内在统一性。

§ 119

差别自在地就是本质的差别，即肯定与否定两方面的差别：肯定的一面是一种同一的自身联系，而不是否定的东西，否定的一面，是自为的差别物，而不是肯定的东西。因此每一方面之所以各有其自为的存在，只是由于它不是它的对方，同时每一方面都映现在它的对方内，只由于对方存在，它自己才存在。因此本质的差别即是“对立”。在对立中，有差别之物并不是一般的他物，而是与它正相反对的他物；这就是说，每一方只有在它与另一方的联系中才能获得它自己的〔本质〕规定，此一方只有反映另一方，才能反映自己。另一方也是如此；所以，每一方都是它自己的对方的对方。

〔**说明**〕差别的本身可用这样的命题来表达：“凡物莫不本质上不同。”换句话来说，“在两个相反的谓词中，只能使用一个谓词以规定一物，不能有第三个谓词”。这条对立律最显明地与同一律相矛盾。按照同一律，一物只是自己与自己相联系，但按照“对立律”，则一物必须与它的对立的别物相联系。这表示抽象思维之特别缺乏识见，把这样两个相反的原则并列起来作为规律，却并未细加比较。排中律是进行规定的知性所提出的原则，意在排除矛盾，殊不知这种办法反使其陷于矛盾。说甲不是正甲必是负甲；但这话事实上已经说出了一个第三者即甲，它既非正的，亦非负的，它既可设定为正的，亦可设定为负的。譬如，正西指西向六英里，负西指东向六英里，如果正负彼此相消，则六英里的路程或空间，不论有没有对立，仍然保持原来的存在。即就数的单纯的加减或抽象的方向而言，我们也可以说以零为它们的第三者，但不容否认，知性所设定的加减之间的空洞对立，于研究数目、方向等抽象概念时，也有其相当的地位。

在矛盾概念的学说里，譬如蓝的概念（因为在这样的学说里，即使感性的表象如颜色也称为概念），它的对方为非蓝的概念。所以这蓝的对方不会是一肯定的颜色，譬如说黄色，而只应被坚持为抽象的否定的东西。而这否定的东西本身同样是肯定的（参看下节），这个原理已包含在“与一个他物相对立的东西，即是它的对方”那句话里面了。所谓矛盾概念的对立的虚妄性充分表现在可说是普遍规律的堂皇公式上，这个公式说：每一事物对于一切对立的谓词只可具有其一，而不能具有其他。依此说来，则精神不是白的就是非白的，不是黄的就是非黄的，如此类推，以至无穷。

因为忘记了同一与对立本身即是对立的，于是，对立的原则在矛盾律的形式下甚至被认为是同一律，一个概念对于两个正相反对的标志，两未具有或两皆具有，在逻辑上也被解释为错误的，例如一方形的圆，虽说一个多角的圆形和一个直线的弧形也一样地违背这一规律，但几何学家决不迟疑将圆形当作许多直线的边构成的一个多角形去看待。但像圆形这类的事物（就它的单纯的规定性或表面的界说来说）还不能说是概念。在圆形的概念里，中心和边线都同等重要，而且同时具有这两种标志。但是中心和边线却是彼此对立的、矛盾的。

在物理学中所盛行的两极观念似乎包含了关于对立的比较正确的界说。但物理学关于思想的方式却仍遵循通常的逻辑。假如物理学将它的两极观念发挥出来，充分发展两极所含蕴的思想，那么，它一定会感到惊骇。

附释一：就肯定性作为较高真理的同一性而言，肯定即是自己与自己同一的关系，同时也表示肯定并不是否定。孤立的否定性不外是差别本身。同一性本身实即是无规定性的；反之，肯定是自身的同一，而被认作与另一物相反；否定是具有非同一的规定的差别。故否定乃是差别自身内的差别。

人们总以为肯定与否定具有绝对的区别，其实两者是相同的。我们甚至可以称肯定为否定；反之，也同样可以称否定为肯定。同样，譬如说，财产与债务并不是特殊的独立自存的两种财产。只不过是在负债者为否定的财产，在债权者即为肯定的财产。同样的关系，又如一条往东的路同时即是同一条往西的路。因此肯定的东西与否定的东西本质上是彼此互为条件的，并且只是存在于它们的相互联系中。北极的磁石没有南极便不存在，反之亦然。如果我们把磁石切成两块，我们并不是在一块里有北极，在另一块里有南极。同样，在电里，阴电阳电并不是两个不同的独立自存的流质。在对立里，相异者并不是与任何他物相对立，而是与它正相反的他物相对立。通常意识总是把相异的事物认作是彼此不相干。譬如，人们说，我是一个人，并且在我的周围有空气、水、动物和种种别的东西。这样，每一事物都在别的事物之外。与此相反，哲学的目的就在扫除这种各不相涉的〔外在性〕，并进而认识事物的必然性，所以他物就被看成是与自己正相对立的自己的他物。譬如无机物便不仅认作是有机物以外的某种别的东西，而须认作是有机物的必然的对立者。两者之间彼此皆有本质的关系。两者之中的任何一方，只有由于排斥对方于自身之外，才恰好借此与对方发生联系。同样，自然不能离开精神而存在，精神不能离开自然而存在。当我们在思想里停止说："此外也还有别的东西是可能的"一类的话时，我们的思想便算得前进了一重大步骤。因为当人们说那样的话时，他们便陷入了偶然性之中。反之，有如前面所说那样，一切真的思想都是必然性的思想。

在近代自然科学里，最初在磁石里所发现的两极性的对立，逐渐被承认为浸透于整个自然界的普遍自然律。这无疑必须看成是科学的一个重大进步，只消我们不要在对立观念之外随便又提出单纯的差异的观念，认作同等有效。譬如，常有人有时很正确地认为颜色在两极性的对立中是彼此相反的，叫做所谓补充颜色，但有时又把颜色认作不相干的，只有量的差别的东西，如红、黄、绿等等。

附释二：代替抽象理智所建立的排中律，我们毋宁可以说：一切都是相反的。事实上无论在天上或地上，无论在精神界或自然界，绝没有像知性所坚持的那种“非此即彼”的抽象东西。无论什么可以说得上存在的东西，必定是具体的东西，因而包含有差别和对立于自己本身内的东西。事物的有限性即在于它们的直接的特定存在不符合它们的本身或本性。譬如在无机的自然界，酸本身同时即是盐基，这就是说，酸的存在仅完全在于和它的对方相联系。因此酸也并不是静止地停留在对立里，而是在不断地努力去实现它潜伏的本性。矛盾是推动整个世界的原则，说矛盾不可设想，那是可笑的。这句话的正确之处只在于说，我们不能停留在矛盾里，矛盾会通过自己本身扬弃它自己。但这被扬弃的矛盾并不是抽象的同一，因为抽象的同一只是对立的一个方面。由对立而进展为矛盾的直接的结果就是根据，根据既包含同一又包含差别在自身内作为被扬弃了的东西，并把它们降低为单纯观念性的环节。

§ 120

肯定的东西是那样一种差异的东西，这种差异的东西是独立的，同时对于它与它的对方的关系并非不相干。否定的东西也同样是一种独立自为的否定的自身关系、自为存在，但同时作为单纯的否定，只有在它的对方里它才有它的自身关系，它的肯定性。因此肯定与否定都是设定起来的矛盾，自在地却是同一的。两者又同是自为的，由于每一方都是对对方的扬弃，并且又是对它自己本身的扬弃。于是两者便进展到根据。——或者直接地就是本质的差别，作为自在自为的差别，只是自己与自己本身有差别，因此便包含有同一。所以在整个自在自为地存在着的差别中既包含有差别本身，又包含有同一性。作为自我联系的差别，同时也可说是自我同一。所谓对立面一般就是在自身内即包含有此方与其彼方，自身与其反面之物。对本质的内在存在加以这样的规定，就是根据。

(3)根据(Grund)

§ 121

根据是同一与差别的统一，是同一与差别得出来的真理，——自身反映正同样反映对方，反过来说，反映对方也同样反映自身。根据就是被设定为全体的本质。

〔**说明**〕根据的规律[①]是这样说的：某物的存在，必有其充分的根据，这就是说，某物的真正本质，不在于说某物是自身同一或异于对方，也不仅在于说某物是肯定的或否定的，而在于表明一物的存在即在他物之内，这个他物即是与它自身同一的，即是它的本

① Das Grund 根据，一般也译作理由。这里所说的“根据的规律”一般叫做“充足理由律”。——译者注

质。这本质也同样不是抽象的自身反映，而是反映他物。根据就是内在存在着的本质，而本质实质上即是根据。根据之所以为根据，即由于它是某物或一个他物的根据。

附释：当我们说根据应该是同一与差别的统一时，必须了解这里所谓统一并不是抽象的同一，因为否则，我们就只换了一个名字，而仍然想到那业已认作不真的理智的抽象同一。为了避免这种误解，我们也可以说，根据不仅是同一与差别的统一，而且甚至是异于同一与差别的东西。这样，本来想要扬弃矛盾的根据好像又发生了一种新的矛盾。但即就根据作为一种矛盾来说，它并非静止地坚持其自身的矛盾，毋宁要力求排除矛盾于自身之外。根据之所以是根据，只是因为有根据予以证明。但由根据所证明的结果即是根据本身。这就是根据的形式主义之所在。根据和根据所证明的东西乃是同一的内容，两者的区别仅是单纯的自我关系和中介性或被设定的存在的形式区别。当我们追问事物的根据时，我们总是采取上面所提到过的(参看§112附释)反思的观点。我们总想同时看见事物的双方面，一方面要看见它的直接性，一方面又要看见它的根据，在这里根据已不复是直接的了。这也就是所谓充足理由律的简单意义，这一思维规律宣称事物本质上必须认作是中介性的。形式逻辑在阐明这条思维规律时，却对于别的科学提出一个坏的榜样。因为形式逻辑要求别的科学〔须说出根据〕，不要直接以自己的内容为可靠，但它自己却提出一个未经推演、未经说明其中介过程或根据的思维规律。如果逻辑家有权利说，我们的思维能力碰巧有这样的性质，即我们对于一切事物必须追问一个根据，那么，一个医学家答复为什么人落入水中就会淹死的问题时，也同样有权利说，人的身体碰巧是那样构成的，他不能在水中生活，或者一位法学家答复为什么一个犯法的人须受处罚时，他同样有权利说，市民社会碰巧是那样组成的，犯罪的人不可以不处罚。

但是即使逻辑可以免除为充足理由律说出理由或根据的义务，它也至少总应该答复“根据究竟应该怎样理解”这一问题。照通常的解释，“根据即是有一个后果的东西”，初看起来，这个解释较之上面所提及的逻辑的定义似乎更为明白易解。但试进一步问什么叫做后果，则所得的答复说，后果即是有一个根据的东西，这足以表明这种解释之所以明白易解，仅在于它已预先假定了我们前此思想过程所产生的结果。但逻辑的职务只在于表明单纯被表象的思想，亦即那些未经理解、未经证明的思想，仅仅是构成自己规定自己的思想的一些阶段，因此即在思想的自己规定自己的发展过程中，那些未经理解和证明的思想便可同时得到理解和证明。

在日常生活里以及在有限的科学里，我们常常应用这种反思式的思想方式，意在对于所要考察的对象与日常生活的真切关系有所了解。对于这种认识方式，只要其目的可以说是仅在于求日常浅近的知识，当然无可非议，但同时必须注意，这种认识方式，无论就理论或就实践来看，都不能予人以确定的满足。其所以这样，乃由于这里所谓根据还没有自在自为地规定了的内容；因此当我们认为一物有了根据时，我们不过仅仅得到了一个直接性和中介性的单纯形式差别罢了。譬如，我们看见电流现象，而追问这现象的根据〔或原因〕，我们所得的答复是：电就是这一现象的根据。所以这种根据只不过是把我当前直接见到的同一内容，翻译成内在性的形式罢了。

再则，根据并不仅是简单的自身同一，而且也是有差别的。对于同一的内容我们可以提出不同的根据。而这些不同的根据，又可以按照差别的概念，发展为正相对立的两种形式的根据，一种根据**赞成**那同一内容，一种根据**反对**那同一内容。譬如，试就偷窃这样的行为而论，这一事实便可区分为许多方面。这一偷窃行为曾侵犯他人的财产权；但这个穷困的偷窃者也借此获得了满足他的急需的物资，并且也可能是因为这被窃的人未能善于运用他的财产。诚然不错，在这里侵犯财产权比起别的观点来是决定性的观点，但单靠充足理由律却不能决定这个问题。诚然，照一般对于充足理由律的看法，这条规律不是空泛的理由律，而是充足的理由律，因此我们可以解释说，像刚才所举的偷窃例子，除了举出侵犯财产一点外，还可以举出别的一些观点作为根据，不过不能说是充分根据罢了。但须注意，既说充分根据，则"充分"一词不是毫无意义的废话，就是足以使我们超出根据这一范畴本身的词。"充分"二字，如果只空泛地表示提出根据的能力，那便是多余的或同语反复的字眼，因为根据之所以是根据，即因为它有提出理由的能力。如果一个士兵临阵脱逃以求保持生命，他的行为无疑地是违反军法的，但我们不能说，决定他这种行为的根据不够充分，否则他就会留守在他的岗位上。此外还有一层须说明的，即是一方面，任何根据都是充足的，另一方面，没有根据可以说是充足的。因为如上面所说的，这种形式的根据并没有自在自为地规定了的内容，因此并不是自我能动的和自我产生的。像这种自在自为地规定了的，因而自我能动的内容,就是后面即将达到的概念。当莱布尼茨说到充足理由律劝人采取这个观点考察事物时,他所指的,正是这种概念。莱布尼茨心目中所要反对的,正是现时仍甚流行的、许多人都很爱好的、单纯机械式的认识方法,他正确地宣称这种方法是不充足的。譬如,把血液循环的有机过程仅归结为心脏的收缩,或如某些刑法理论,将刑罚的目的解释为在于使人不犯法,使犯法者不伤害人,或用其他外在根据去解释,这些都可说是机械的解释。如果有人以为莱布尼茨对于如此贫乏的形式的充足理由律会表示满意,这对他未免太不公平。他认为可靠的思想方式正是这种形式主义的反面。因为这种形式主义在寻求充分具体的概念式的知识时,仅仅满足于抽象的根据。也就是从这方面着想,莱布尼茨才区别开 Causas efficientes(致动因)与 Causas finales(目的因)彼此间不同的性质,力持不要停留于致动因,须进而达到目的因。如果按照这种区别,则光、热、湿气等虽应视为植物生长的致动因,但不应视为植物生长的目的因,因为植物生长的目的因就是植物本身的概念。

还有一点这里必须提及的,即在法律和道德范围内,只寻求形式的根据,一般是诡辩派的观点和原则。一说到诡辩我们总以为这只是一种歪曲正义和真理,从一种谬妄的观点去表述事物的思想方式。但这并不是诡辩的直接的倾向。诡辩派原来的观点不是别的,只是一种"合理化论辩"(Räsonnement)的观点。诡辩派出现在希腊人不复满意于宗教上和道德上的权威和传统的时代,当时希腊人感觉到一种需要,即凡他们所承认为可靠的事物必须是经过思想证明过的。为了适应这一要求,诡辩派教人寻求足以解释事物的各种不同的观点，这些不同的观点不是别的东西，却正是根据。但前面已经说过，这种形式的根据并无本身规定了的内容，为不道德的违法的行为寻求根据，并不难于为道德的合法的行为寻求根据。要决定哪一个根据较优胜，就必须每个人主观自行抉择。要作这种抉择又须视各个人的意向和观点。于是人人所公认的本身有效的标准的客观基础便因而摧毁了。正是诡辩派这种否定的方面，理应引起上面所提及的坏名声。如世所周知，苏格拉底对于诡辩派曾到处进行斗争，但他并不只是简单地把权威和传统，与诡辩派的合理化论辩或强辩对立起来，而毋宁是辩证地指出形式的根据之站不住脚，因而将正义与善、普遍的东西或意志的概念之客观标准重新建立起来。即在现时，不仅在世间事物的论辩里，即在宗教的演讲里，采用合理化的方式以自圆其说，也是常有之事。譬如，为了引起听众的宗教信仰，牧师们不惜找出一切可能的根据，以教导世人对于上帝的恩典应有感谢之忱。对于这类论辩，苏格拉底和柏拉图当不惜称之为诡辩。因为诡辩者并不深究所要辩护的东西的内容，（这种内容很可能是真的，）他只求说出根据的形式，通过这些理由或根据，他可以替一切东西辩护，但同时也可以反对一切东西。在我们这富于抽象反思和合理化的论辩的时代，假如一个人不能对于任何事物，即使最坏或最无理的事物说出一些好的理由，那么真可说他的教养还不够高明。世界上一切腐败的事物都可以为它的腐败说出好的理由[①]。当一个人自诩为能

① 马克思在《资本论》第一卷中，曾引证上面这两句话来揭露资本家会说出“好理由”为他剥削工人的坏事作辩护；恩格斯给拉法格的信中也引证了这句话。见《马克思恩格斯全集》第 23 卷，第 292 页；第 37 卷，第 163 页。——译者注

说出理由或提出根据时，最初你或不免虚怀领受，肃然起敬。但到了你体验到所谓说出理由究竟是怎样一回事之后，你就会对它不加理睬，不为强词夺理的理由所欺骗。

§ 122

本质最初是自身映现和自身中介；作为中介过程的总体，它的自身的统一便被设定为差别的自身扬弃，因而亦即是对中介过程自身扬弃。于是我们又回复到直接性，或回复到存在，不过这种直接性或存在是经过中介过程的扬弃才达到的。这样的存在便叫做实存(Existenz)。

〔**说明**〕根据还没有自在自为地规定了的内容，也不是目的，因此并无能动性，也无创生力，而只是从根据出发产生了一个实存。因此这种特定的根据只是形式的。任何一个规定性，只要这规定性和它相联属的直接实存的关系，被认作自身联系，或被认作是一肯定的东西，都可叫做根据。只要可以说是根据的，便可说是好的根据，因为这里所谓"好的"乃是极抽象的用法，其实亦即是肯定的意思。而任何一个只要可以明白宣称为肯定的理由，都可说是好的。因此我们可以为任何事物寻出和提出根据，并且一个好的根据（譬如指导行为的一个好动机）可以产生某种实效，也可以不产生某种实效；可以有某种后果，也可以无某种后果。一个行为的推动根据〔或动机〕，要发生某种实效，譬如说，它必须被纳入于意志之内，只有这样，意志才能使它成为能动的，并成为一个原因。

(b)实存(Die Existenz)

§ 123

实存是自身反映与他物反映的直接统一。实存即是无定限的许多实际存在着的事物,反映在自身内,同时又映现于他物中,所以它们是相对的,它们形成一个根据与后果互相依存、无限联系的世界。这些根据自身就是实存,而这些实际存在着的事物同样从各方面看来,既是根据复是依赖根据的后果。

附释:实存一词(从拉丁文 existere 一字派生而来)有从某种事物而来之意。实存就是从根据发展出来的存在,经过中介的扬弃过程才恢复了的存在。本质作为被扬弃了的存在,最初已经表明为自身映现,而且这种自身映现的范畴有三:同一、差别和根据。根据既是同一和差别的统一,所以根据同时又是与它自己本身的差别。但这种出自根据的差别,绝不只是单纯的差别,正如根据自己不只是抽象的同一那样。根据便是对它自身的扬弃,根据扬弃其自身的目的、根据的否定所产生的结果,就是实存。这种由根据产生出来的实存,也包含有根据于其自身之内,换言之,根据并不退藏于实存之后,而正只是这自身扬弃的过程,并转变其自身为实存。这个道理即在我们通常意识里也可以表明,当我们寻求某一事物的根据时,我们并不把根据认作一种抽象的内在之物,而是仍然把它认作一个实际存在着的东西。譬如,走电使得一所房子失火,我们就把走电认为是燃烧的根据。又譬如,一个民族的伦理传统和生活方式常被看成一国宪法的根据。一般讲来,根据是实际存在着的世界呈现在反思里的形态,这实存着的世界是无定限的许多的实存着的事物的自身反映,同时反映他物互为对方的根据和后果。这个以实存着的事物为其总和的、表现得花样繁多的世界里,一切都显得只是相对的,既制约他物,同时又为他物所制约,没有什么地方可以寻得一个固定不移的安息之所。我们反思的知性便把去发现、去追踪所有各方面的联系作为其职务。但关于这些联系的最后目的问题却没有得到回答,因此那要理解根本要义的理性的要求,便超出这种单纯的相对性观点进而寻求逻辑理念的较高的发展。

§ 124

但是实际存在着的东西反映在他物内与反映在自身内不可分。根据就是这两方面的统一,实存就是从这种统一里产生出来的。因此实存着的东西包含有相对性,也包含有与别的实存着的东西多方面的联系于自己本身内,并且作为根据反映在自身内。这样,实存便叫做“物”或“东西”(Das Ding)。

〔**说明**〕康德哲学中著名的“物自身”(Das Ding-an-sich)一概念在这里便显示出它的起源了。所谓物自身只是抽象的自身反映,它不反映他物,也不包含任何有差别的规定。一般讲来,物自身只是坚持着这些规定的空洞基础而已。

附释:说物自身不可知,在某种意义下是可以承认的。因为如果知是指理解一对象的具体规定性而言,则物自身总的说来,只是极端抽象、毫无规定性的东西,当然是不可知。既然可说物自身,我们也同样有理由说“质自身”、“量自身”以及任何别的范畴。这意思就是单就这些范畴的抽象的直接性来说,而不过问它们的发展过程和内在规定性。假如我们只坚持着物自身〔而不问其他〕，这只能认为是我们知性的一种任性或偏见。此外自身一词又常用来指谓自然界和精神界的内容，譬如，我们常说“电自身”，“植物自身”，甚或说“人自身”或“国家自身”。这里所谓自身，是指这些对象的真正的、固有的性质而言。这一意义的“自身”与物自身的意义，并无不同，且甚接近，所以当我们停留在这些对象的单纯自身时，那么我们便没有认识对象的真理，而仅仅看见片面的单纯抽象的形式。譬如说，“人自身”就是指婴儿而言。婴儿的目的就在于超出他这抽象的未充分发展的“自在”或潜在性，而是把最初只是自在的东西，也变为自为的，做一个自由而有理性的人。同样，国家自身是尚未充分发展的家长式的国家，蕴涵在国家这一概念内的各种政治功能还没有达到符合它的概念的宪政机构。在同样意义下，种子即可认作植物自身〔或潜在的植物〕。从这些例证看来，就可以知道，当我们以为事物自身或物自身是我们的认识所不能达到的某种东西时，我们便陷于错误了。一切事物最初都是在自身〔或潜在〕的，但那并不是它们的终极，正如种子是植物自身，只不过植物是种子的自身发展。所以凡物莫不超出其单纯的自身，超出其抽象的自身反映，进而发展为他物反映。于是这物便具有特质（Eigenschaften）了。

(c)物(Das Ding)

§ 125

物或事物就是根据与实存这两个范畴由对立发展而建立起来

的统一的全体。就它反映他物这一方面而言，物具有差别在自身内，因此它是个有规定性的具体的物。(α)这些规定性是彼此不同的。它们获得它们的自身反映并不是在于它们自身，而是在于"物"上。它们是"物"的特质(Eigenschaften)，它们与物的关系就是在于为物所具有。

〔**说明**〕物与特质便由"是"(Sein)的关系进而为"有"(Haben)的关系。诚然，某物也具有许多质(Qualitäten)在内，但这种由"是"到"有"的过渡是不够严密的。因为规定性作为质，是直接与某物为一，当某物失掉其质时，亦即失掉其存在(Sein)。但"物"乃是自身反映，作为与差别、与它的诸规定也是有差别的同一体。——在许多语言里，"有"字都是用来表示"曾经"或"过去"。所以我们很可以正当地说，过去是被扬弃了的存在，精神是被扬弃了的、过去的存在的自身反映。唯有在精神中，过去还能继续持存，但精神却又能在它之内把这被扬弃了的存在同它自己区别开。

附释：在"物"里一切反映的规定都作为实存着的东西而重现。所以"物"最初作为"物自身"，乃是自身同一的东西。但我们业已表明，同一不能离开差别而孤立，而物所具有的各种不同特质则是在差异形式下实存着的差别。前面早已表明差异的东西是彼此互不相干的，它们彼此之间除了由外在的比较而得到的关系外，没有别的关系。于是在"物"里我们便有了一个纽带，把那许多差异的特质相互联系起来。但特质(Eigenschaft)与质(Qualität)却不可混淆。诚然我们也说某物有某些质。但这话却欠恰当，因为当我们说某物"有"某些特质时，这"有"字表示某物的独立性，但与它的质却是直接同一的某物，却还不具有这种独立性。某物所以为某物，只是由于其“质”，反之，“物”之所以是实存，诚然只是由于其特质，但它的实存却决不与此一特定的特质或彼一特定的特质有不可分离的关系，因此即或失掉了某一特质却并不失掉其所以是某物的存在。

§ 126

(β)但甚至在根据里，他物反映也直接地是自身反映。因此“物”的许多“特质”不仅是彼此相异，而且又是自身同一的、独立的，并可脱离与“物”的联属的。但它们既是“物”彼此相异的、作为自身反映的规定性，则它们自身还不是具体的“物”，而只是自身反映的实存作为抽象的规定性——这就是质料(Materien)。

〔**说明**〕质料，例如磁或电等质料，还没有被称为“物”。——所谓质料即是真正的质，是与它的存在为一的，作为一个反映的存在(Sein)，达到了直接性的规定性，是实存。

附释：将“物”所具有的特质独立化，使之成为物所由以构成的质料或质素，这当然是以“物”的概念为根据的，因而也是可以在经验中找到的。但是，把物的某些特质，如颜色或臭味等，解释为特殊的颜色质料或臭味质料，于是就得出结论说一切自然研究均告完成，而要发现事物的真正秘密，除了将这些特质分解成各种组成的质料以外，便无他事可做，那么，这也同样是违反我们的经验和思想的。把特质分解成独立的质料，只在无机的自然里有其一定的地位。例如，化学家将食盐或石膏分解为它们的质料，发现盐是由盐酸及碱构成的，石膏是由硫酸及钙构成的，这是很对的。又如地质学家认花岗石是由石英、肉色石、金星石合成的，也是很对的。构成“物”的这些质素本身，有一部分仍然是“物”，这些物还可再分解为更抽象的质素，例如硫酸就是硫磺及氧的化合物；但由于这些质素或质料事实上既可解释成独自存在的东西，于是我们便常看见有人把许多没有这种独立性的特质也认作特殊的质料。譬如常有人说热的质素、电的质料或磁的质料。其实这些质素或质料只可认作是吾人知性的单纯虚构。一般说来，抽象反思知性的方式，就在于任意抓住个别范畴，把所要考察的一切对象，都归结到这些范畴。其实这些范畴只有作为理念发展的某些特定阶段，才有它们的效用；这种办法据说是为了便于作出解释，然而却与毫无成见的直观和经验相矛盾。甚至有人还将这种认为物的持存是由独立的质素所构成的理论常常应用到这种理论不再有任何效用的领域去。即在自然之内，把这些范畴应用于有机生命方面，也是显得不够用的。我们当然可以说，这一动物是由骨骼、筋肉、神经等所构成。但很明显，在这里我们用构成一词，与前面所说花岗石是由某些质素构成的，其意义大不相同。因为在花岗石里，各种质素的联合完全不相干，即使不联合在一起，各个质素仍可独立存在。反之，有机体的各部分、各肢节只有在它们的联合里才能存在，彼此一经分离便失掉其为有机体的存在。

§ 127

这样看来，质料是抽象的、无规定的他物反映，或者说，同时是特定的自身反映。因此质料就是特定存在着的或定在的物性(Dingheit)，或物的持存性。这样，“物”在“质料”里有其自身反映（与§125相反）。物的持存不是在其自己本身内，而是由质料构成的，并且只是各质料的表面的联系，只是一种外在的结合。

§ 128

(γ)质料作为实存与它自身的直接统一，对于规定性也是不相干的。因此许多不同的质料都结合为一个质料，结合为在反思的同一性范畴中的实存。反之，那些不同的规定性和它们彼此隶属于“物”的外在联系就是形式(form)。——这形式是有差别的反思范畴，但这种差别是实存着的并且是一全体。

〔**说明**〕于是这一个没有特质的质料也就与物自身是一样的了。所不同的，只不过在于物自身本身就是一个极其抽象的东西，而这种质料则是本身也为他物而存在的、首先是为形式而存在的东西。

附释：构成“物”的各种不同的质料自在地彼此都是相同的。因此我们得到一个一般的质料。在这种质料里，差别被设定为它的外在的差别，即单纯的形式。认为一切事物皆以同一的质料为基础，它们的关系单纯是外在的，按照它们的形式，全是不同的，——这种看法，在抽象反思的意识里最为流行。依这个看法，质料本身是漫无规定性的，但可以接受一切规定，同时质料又是有永久性的，在一切变化和更迭中仍同样维持其不变。质料这种中立于一切特定形式的特点，在有限事物里的确可以见到。譬如一块大理石，无论给予这一种雕像或那一种雕像的形式，或给予柱石的形式，这于它是不相干的。但我们不可忽视，像大理石这样的质料，只是相对地（与雕刻家相对）与形式不相干，并不是绝对没有形式。所以矿物学家便把这相对地没有形式的大理石认定为一特定的石的结构，有别于其他特定类型的石如沙石或云斑石。因此，我们说把质料孤立起来，认作一种无形式的东西，仅是一种抽象理智的看法，反之，事实上，在质料概念里就彻底地包括有形式原则在内，因而在经验中也根本没有无形式质料出现。认质料为原始存在的、本身无形式的看法历史甚长，远在古希腊，我们就已经遇见过。首先是在神话形式的混沌说里，混沌被想象为现存世界的无形式的基础。这种观念导致的结论，在于不认上帝为世界的创造主，而只把他认作世界的范成者或塑造者。与此相反，认上帝由无中创造世界的观点，则较为深刻。因为这个观点一方面表示质料并无独立性，另一方面指出形式并不是从外面强加于质料的，而是作为全体即包括有质料原则在自身内。这种自由的无限的形式，我们下面即可接触到，就是概念。

§ 129

这样，"物"便分裂为质料与形式两方面，每一方面都是"物"的全体，都是独立自存的。但质料既是肯定的、无规定性的实存，作为实存既包含反映他物，也包含自身独立的存在。因此就质料作为这两种规定的统一来说，它本身就是形式的全体。但是形式已经作为这两种规定的全体，既包含自身反映，或者作为自身联系的形式，当然也会具有构成质料的规定。两者自在地是同一的。两者的这种统一性，一般被设定为质料与形式的联系，两者的这种联系，同样也正是它们的差别。

§ 130

“物”作为这种的全体，就是矛盾。按照它的否定的统一性来说，它就是形式，在形式中，质料得到了规定，并且被降低到特质的地位（§125）；而同时物又由许多质料所构成，这些质料在返回到物自身过程中，既同样是独立的，也同时是被否定的。于是“物”作为一种在自己本身内扬弃自己的本质的实存，——这就是现象（Erscheinung）。

〔**说明**〕在“物”里面所设定的对质料的独立性的否定，在物理学里便叫做多孔性（Porosität）。这些质料中的每一种（色素、味素以及别的质素，如有些人所相信的声素，甚至包括热素，电质料等等），也是经过否定的。在这些质料的互相否定里或在它们的细孔里，我们又可发现许多别的独立的质料，而这些质料既同样有细孔，于是又留出空隙让别的质料可以交互存在。这些细孔并不是经验的事实，而是理智的虚构[①]，理智利用细孔这概念来表示独立的质料的否定环节，用一种模糊混乱的想法以掩盖这些矛盾的进一步的发挥，按照这种想法一切皆独立，一切皆互相否定。在心理方面，如果用同样的方式把各种能力和活动皆加以实物化，它们的有机统一就会同样地变为它们彼此的互相作用的一团紊乱。

这些细孔（这里所谓细孔并不是指有机体如树木或皮肤的细

---

① 恩格斯在《自然辩证法》中曾提到这里所指出的当时物理学上“多孔性”理论是谬误的，是“理智的虚构”。见《马克思恩格斯全集》第20卷，第547页。——译者注

孔道或空隙,而是指所谓质料的细孔,如色素、热素或金属、结晶体内的细孔)是不能用观察加以证实的。同样,质料本身以及与质料分离的形式,首先是物以及用质料构成的物的持存,或就物作为本身独立自存,并具有某些特质,这一切都是抽象反思或理智的产物。这种抽象理智自诩要观察事实,且扬言要记述其客观观察所得的东西,但反而产生出一种形而上学。这种形而上学在各方面都充满了矛盾,却仍然为理智所不自知觉。

B. 现象(Die Erscheinung)

§ 131

本质必定要表现出来。本质的映现(Scheinen)于自身内是扬弃其自身而成为一种直接性的过程。此种直接性,就其为自身反映而言为持存、为质料,就其为反映他物,自己扬弃其持存而言为形式。显现或映现是本质之所以是本质而不是存在的特性。发展了的映现就是现象。因此本质不在现象之后,或现象之外,而即由于本质是实际存在的东西,实际存在就是现象。

附释:实存被设定在它的矛盾里就是现象。现象却不可与单纯的假象相混。假象是存在或直接性最切近的真理。直接性并不是指独立自倚之物而言。反之,直接性只是一种假象,既是假象,它就概括地被看成是本质单纯的自身存在。本质最初是映现在自身内的全体,但它并不停留在这种内在性里,而是作为根据进展到实存,而这个实存的根据又不在其自身内而在他物内,也只是现象。当我们说到现象时，我们总联想到一堆不确定的具有杂多性的实际存在着的事物，它们的存在纯粹是相对的，因而没有自身的基础，只能算作一些过渡的阶段。由此即可同时看出，本质并不徘徊于现象之外或现象之后，毋宁可以说，本质似乎以它无限的仁惠，让它的假象透露在直接性里，并予以享受定在的欣幸。于是这样建立起来的现象便不站在自身的脚跟上，它的存在便不在自身而在他物。作为本质的上帝，当他让其自身显现在不同阶段的实存中，也可以说具有创造世界的大仁，但同时他又是超出于这世界的大力量，并且又是正义，可以使得这个实存世界的孤立自存的内容，表现为只是单纯的现象。

现象当然是逻辑理念的一个很重要的阶段。我们可以说哲学与普通意识的区别，就在于哲学能把普通意识以为是独立自存之物，看出来仅是现象。问题在于我们必须正确地理解现象的意义，以免陷于错误。譬如，当我们说某物只是现象时，也许会被误解为，与单纯的现象比较，那直接的或存在着的东西，好像要高一级似的。事实上恰与此相反，现象较之当前的单纯存在反而要高一级。现象是存在的真理，是比存在更为丰富的范畴，因为现象包括自身反映和反映他物两方面在内，反之，存在或直接性只是片面的没有联系的，并且似乎只是单纯地依靠自身。再则，说某物**只是**现象，总暗示着那物有某种缺点，其缺点即在于现象自身有了分裂或矛盾，使得他没有内在稳定性。比单纯现象较高一级的范畴就是现实(Wirklichkeit)，现实就是本质范围内第三阶段的范畴，稍后即将予以讨论。

在近代哲学史里，康德是第一个有功绩将前面所提及的常识与哲学思想的区别使之通行有效的人。但是康德只走到半路就停住了，因为他只理解到现象的主观意义，于现象之外去坚持着一个抽象的本质、认识所不能达到的物自身。殊不知直接的对象世界之所以只能是现象，是由于它自己的本性有以使然，当我们认识了现象时，我们因而同时即认识了本质，因为本质并不存留在现象之后或现象之外，而正由于把世界降低到仅仅的现象的地位，从而表现其为本质。一般人的朴素意识，在要求达到对全体的知识时，对于这种主观唯心论的说法，认我们所知道的仅只是现象，会抱怀疑不安的态度，那也是无可责难的。不过，素朴意识亟欲拯救知识的客观性时，很易于退回到抽象的直接性，不加深究，坚持以为当前所给予的这些抽象直接的东西就是真理和现实。费希特有一本小书，名叫《昭如白日的解说——对公众谈谈关于最新哲学的真正性质，一个逼着读者去理解的尝试》，用著者与读者对话的通俗方式去讨论主观唯心论与素朴意识的对立，以证明主观唯心论的立场的正确性。在这个对话里，读者向著者诉苦说，他实在没有法子使他采取主观唯心论的立场，他一想到围绕着他的事物都不是真实事物，而只是现象，便使得他感到怅惘而无安慰。读者的这种苦恼，实在无可责怪，因为我们想要他把自己看成是被禁锢于一个无法穿透的单纯主观观念的包围中。可是另外，撇开这种纯主观的现象观不论，我们不能不说，我们有一切理由足以感到欣慰，这是因为我们所须应付的围绕着我们的那些事物，并不是些坚固不摇、独立不倚的实际存在，而只是一些现象，假如真是像那种情况，那么，我们的身体以及精神，都会立即死于饥饿。

(a)现象界(Die Welt der Erscheinung)

§ 132

凡现象界的事物,都是以这样的方式存在着的:它的持存直接即被扬弃,这种持存只是形式本身的一个环节;形式包含持存或质料于自身内作为它自己的规定之一。这样,那现象界的事物,便以这形式亦即它的本质、它的有别于其直接性的自身回复当作它的根据,但是,这样一来,它就只是以形式的另一种规定性当作它的根据罢了。它的这个根据仍然同样是一现象界的东西,于是,现象便继续前进,成了由形式来中介持存,亦即由"非持存"来中介持存的一种无限的中介过程。这种无限的中介,同时也是一种自身联系的统一,而实际存在便因此发展成为一个现象的整体和世界,为一个自身回复了的有限性的整体和世界。

(b)内容与形式(Inhalt und Form)

§ 133

现象界中相互自外的事物是一整体,是完全包含在它们的自身联系内的。现象的自身联系便这样地得到了完全的规定,具有了形式于其自身内,并因为形式在这种同一性中,它就被当作本质性的持存。所以,形式就是内容,并且按照其发展了的规定性来说,形式就是现象的规律。但就形式不返回到自身来说,则这样的形式就成为现象的否定面,亦即无独立性的和变化不定的东西。

这种形式就是〔与内容〕不相干的外在的形式。

〔**说明**〕关于形式与内容的对立，主要地必须坚持一点：即内容并不是没有形式的，反之，内容既具有形式于自身内，同时形式又是一种外在于内容的东西。于是就有了双重的形式。有时作为返回自身的东西，形式即是内容。另时作为不返回自身的东西，形式便是与内容不相干的外在存在。我们在这里看到了形式与内容的绝对关系的本来面目，亦即形式与内容的相互转化。所以，内容非他，即形式之转化为内容；形式非他，即内容之转化为形式。这种互相转化是思想最重要的规定之一。但这种转化首先是在绝对关系中，才设定起来的。

附释：形式与内容是成对的规定，为反思的理智所最常运用。理智最习于认内容为重要的独立的一面，而认形式为不重要的无独立性的一面。为了纠正此点必须指出，事实上，两者都同等重要，因为没有无形式的内容，正如没有无形式的质料一样，这两者（内容与质料或实质）间的区别，即在于质料虽说本身并非没有形式，但它的存在却表明了与形式不相干，反之，内容所以成为内容是由于它包括有成熟的形式在内。更进一步来看，我们固然有时也发现形式为一个与内容不相干、并外在于内容的实际存在，但这只是由于一般现象总还带有外在性所致。譬如，试就一本书来看，这书不论是手抄的或排印的，不论是纸装的或皮装的，这都不影响书的内容。但我们并不能因为我们不重视这书的这种外在的不相干的形式，就说这书的内容本身也是没有形式的。诚然有不少的书就内容而论，并非不可以很正当地说它没有形式。但这里对内容所说的没有形式，实即等于说没有好的形式，没有〔名实相符的〕

正当形式而言，并不是指完全没有任何形式的意思。但这正当的形式不但不是和内容漠不相干，反倒可以说这种形式即是内容本身。一件艺术品，如果缺乏正当的形式，正因为这样，它就不能算是正当的或真正的艺术品。对于一个艺术家，如果说，他的作品的内容是如何的好（甚至很优秀），但只是缺乏正当的形式，那么这句话就是一个很坏的辩解。只有内容与形式都表明为彻底统一的，才是真正的艺术品。我们可以说荷马史诗《伊利亚特》的内容就是特洛伊战争，或确切点说，就是阿基里斯的愤怒；我们或许以为这就很足够了，但其实却很空疏，因为《伊利亚特》之所以成为有名的史诗，是由于它的诗的形式，而它的内容是遵照这形式塑造或陶铸出来的。同样，又如莎士比亚《罗密欧与朱丽叶》悲剧的内容，是由于两个家族的仇恨而导致一对爱人的毁灭，但单是这个故事的内容，还不足以造成莎士比亚不朽的悲剧。

进一步就内容与形式在科学范围内的关系而论，我们首先须记着哲学与别的科学的区别。后者的有限性，即在于，在科学里，思维只是一种单纯形式的活动，其内容是作为一种给予的〔材料〕从外界取来的；而且科学内容之被认识，并不是经过作为它所根据的思想从内部自动地予以规定的，因而形式与内容并不充分地互相浸透。反之，在哲学里并没有这种分离，因此哲学可以称为无限的认识。当然，哲学思维也常被认作是单纯的形式活动，特别是逻辑，其职务显然只在于研究思想本身，所以逻辑的无内容性可算得是一件公认的既成的事实。如果我们所谓内容只是指可以捉摸的，感官可以知觉的而言，那么我们必须立即承认一般的哲学，特别是逻辑，是没有内容的，这就是说，没有感官可以知觉的那种内容。不过好在通常意识以及一般的语言惯例所了解的内容，却并不仅限于感官上的可知觉性，也不仅限于单纯的在时空中的特定存在。大家都知道，一本没有内容的书，并不是指没有印得有字的一册空白纸，而是一本其内容有等于没有的书。而且经过仔细考察和深入分析，我们就可见得，对于一个有教养的人说来，所谓内容，除了意味着富有思想外，并没有别的意义。但这就不啻承认，思想不可被认作与内容不相干的抽象的空的形式，而且，在艺术里以及在一切别的领域里，内容的真理性和扎实性，主要基于内容证明其自身与形式的同一方面。

§ 134

但直接的实存是持存自身的规定性，也同样是其形式的规定性。因此直接实存对于内容的规定性也同样是外在的，尽管内容由于它的持存环节而得到的这种外在性，对于它〔内容〕仍然是主要的。经过这样设定起来的现象就成为关系（Verhältnis），在这种关系里，同一个东西，即内容，作为发展了的形式，是既作为独立实际存在的外在性和对立性，又作为它们的同一性的联系（Beziehung），而唯有在这种同一性的联系里，这有差别的两方面才是它们本身那样。

(c)关系(Das Verhältnis)

§ 135

(α)直接的关系就是全体与部分的关系；内容就是全体，并且是由(形式的)诸部分、由它自己的对立面所构成。这些部分彼此是不同的,而且是各自独立的。但只有就它们相互间有同一联系,或就它们结合起来而构成全体来说,它们才是部分。但是结合起来就是部分的对立面和否定。

附释:本质的关系是事物表现其自身所采取的特定的完全普遍的方式。凡一切实存的事物都存在于关系中,而这种关系乃是每一实存的真实性质。因此实际存在着的东西不是抽象的孤立的,而只是在一个他物之内的。唯因其在一个他物之内与他物相联系,它才是自身联系;而关系就是自身联系与他物联系的统一。

只要全体与部分这种关系的概念〔名〕和它的实在性〔实〕彼此不相符合,这种关系便是不真的。全体的概念必定包含部分。但如果按照全体的概念所包含的部分来理解全体,将全体分裂为许多部分,则全体就会停止其为全体。确有许多事物处于上述这样的关系中,但也正是由于这种原因,这些事物只是低级的不真的存在。在这里,一般地必须记着,在哲学讨论里"不真"一词,并不是指不真的事物不存在。一个坏的政府,一个有病的身体,也许老是在那里存在着。但这些东西却是不真的,因为它们的概念〔名〕和它们的实在〔实〕彼此不相符合。

全体与部分的关系作为一种直接的关系,乃是反思的理智所非常容易理解的,而因此之故每当事实上我们在寻求较深邃的关系时,反思理智也常会以这种直接关系为满足。譬如,一个活的有机体的官能和肢体并不能仅视作那个有机体的各部分,因为这些肢体器官只有在它们的统一体里,它们才是肢体和器官,它们对于那有机的统一体是有联系的,决非毫不相干的。只有在解剖学者手里，这些官能和肢体才是些单纯的机械的部分。但在那种情况下，解剖学者所要处理的也不再是活的身体，而是尸体了。[1] 这倒并不是说科学家这种分解工作不应该有，这只是说，如果我们要真正认识有机体的生命，单凭全体与部分之间的外在的机械的关系是很不够的。——如果应用这种外在的机械的关系去研究精神和精神世界的各种较高形态，当必更远为不够了。在心理学里虽还没有人明白提到灵魂的部分或精神的部分，但单纯用理智的抽象方法去研究这门学问的人，总不免同样以这种有限的关系的观念为基础。至少当他们列举并描述精神活动的各种形式，并孤立地分解成某些所谓特殊力量和性能时，他们所采取的就是这种外在的机械的关系的观点。

§ 136

(β)因此上述那种全体与部分的关系中的唯一和同一的东西，即出现在那种关系中的自身联系，乃是一种直接的否定的自身联系，而且也可说是一种自身中介的过程，在这过程里，那唯一和同一的东西(即自身联系)本是与差别不相干的。可是这自身联系既是否定的自身联系，它就对自己本身作为自身反映而形成的差别持排斥态度。并且把自己设定为反映他物而实存着的东西，而且反过来，又把这种反映他物引回到自身关系和无差别。这就发展到力和力的表现。

① 这段话恩格斯在《自然辩证法》中有简要的概括，见《马克思恩格斯全集》第20卷，第555页。——译者注

〔**说明**〕全体与部分的关系是直接的，因而是无意义的〔机械的〕关系，并且是一种将自身同一性转化为差异性的过程。在这转化过程里，全体过渡为部分，部分过渡为全体，而且在这一方面，便忘记了它与那一个方面的对立，因为每一方面，无论全体一面，或个别一面都各自被认为是独立存在。换言之，如认部分持存于全体内，并以全体为部分所构成，则我们一时便会认全体为持存的，另一时又会认部分为持存的，同时每一方都认它的对方为不重要。机械关系的肤浅性一般即在于各部分既彼此独立，而部分又离全体而独立。

这种无聊的两方面循环往复的抽象关系也可以采取递推至无穷的方式。物质可分性无穷进展的关系就是如此。一个东西在某时被认作全体，于是我们便进而作部分规定，而这个规定旋即被忘记，反而认这部分为全体，于是又重新发生规定部分的工作，如此递推以至无穷。但如果将这种无穷递推的过程认作是否定的东西——它本是否定的东西——那么它就是这两方关系中的否定的自身联系，它就是力，一个作为自在存在的自身同一的全体。同时它又自己扬弃其内在存在并且表现其自身于外，这就是力的表现。反过来，这力的表现又消逝了而回复到力。

力虽说具有这种递推的无限性，但也是有限的。因为〔力的〕内容，或力及其表现的唯一和同一的东西，首先只潜在地是这种同一性；因为关系的两个方面的每一方面本身都还不是关系的具体同一性，都还不是全体。所以它们是彼此相异的，而它们的关系也是一种有限的关系。因此，力需要外在的诱导，它是盲目地起作用，而且由于这样地缺乏形式，所以内容也是受限制的、偶然的。

它的内容与形式还没有真正的同一性，还不是自在自为地规定了的概念和目的。——这种区别有高度的重要性，却不易了解。要到以后讨论目的概念本身时，才作较细密的规定。若忽视这个区别，就会引起混乱，误认上帝为力，赫尔德的上帝观就特别犯了这种毛病。

常有人说，力本身的性质还不知道，知道了的只是它的表现。须知，一方面，力的整个内容规定与力的表现的内容规定正是同一个东西；因此用一种力以解释一个现象，只是一空洞的同语反复。所以一般人以为无法知道的东西，实仅不过自身反映的空洞形式，唯有通过这种空洞的形式，力和它的表现才有区别，而这种空洞的形式同样是某种熟知之物。这种形式对于那只能从现象中得到认识的内容和规律，却毫无增益。到处也都有人肯定地说，使用这种形式并不会对力的性质提出什么说明；因而我们真无法看出当初为什么会把力的形式引进到科学里面来。但另一方面，力的性质当然是一个还没有被知道的东西，因为，无论就力的内容在它自己本身内如何必然地联结一起，无论力的内容自身如何受到限制，因而它的规定性必须以外在于它的他物为中介，才会联结在一起，——对这些我们都是仍然缺乏理解的。

附释一：力与力的发挥的关系，和全体与部分的直接关系相比较，可认作是无限的关系。因为在力与力的发挥的关系里，两方面的同一是明白建立起来的，而在全体与部分的关系里，双方的同一则只是潜在的。全体虽为部分所构成，但全体一经分割成部分，便失其为全体。但力之为力则全靠其发挥，唯有经过发挥，力才返回其自身，而力的发挥亦即力的本身。但细究之，这种关系仍然是有限的,其所以有限,即在于它的中介存在。正如全体与部分的关系之所以有限,即在于它的直接性。力及力之发挥的中介关系的有限性,最明显的证明即在于每一种力都是受制约的,都需要其自身以外的别种东西以维持其存在。例如,磁力,如众所熟知,需要有铁才能发挥出来。至于铁的别种特质,如颜色、比重,或与酸的关系,却和铁与磁力的关系不相干。同样,别的力也始终必须经过自身以外的别的事物的制约和中介。另外,力的有限性也表明力需要外在的诱导才能发挥出来。而这诱导力的东西自身也仍是力的发挥,而这一力的发挥又同样需要诱导。这样我们所得到的,或者是复演那无穷的递推,或者是诱导的力与被诱导的力之相互为用。在任何一种情形下,我们都得不到运动的绝对开始,即因力不像目的因,尚没有内容自己规定自己本身的力量。力的内容是一种特定的被给予的东西,所以当力发挥出来时,正如一般人所常说的那样,它的效力是盲目的。从这里就可以理解到抽象的力的发挥和有目的行动之间的区别。

附释二:那常被人重复提出的说法,即力的本身不可知,只有力的发挥方可知的说法,必须被斥为没有根据。因为力之所以为力,只在于它向外发挥,而我们从力的全部发挥里所得到的规律,同时就是对于力的本身的认识。但从认力之本身为不可知的说法里,却已正确地预示着力与力的发挥的关系仅是有限的关系了。就力之各种各样的发挥看来,最初好像只是一些杂多的没有规定性的东西,而且单就力的每一个别的发挥看来,也好像只是偶然的发动。直至我们把这种杂多归结为它的内在的统一,而予以"力"的名称,并在那好像是偶然的发挥中认识其支配着的规律时,我们便可意识到它的必然性了。但各种不同的力自身仍是杂多的东西，而且表现为彼此单纯地纷然杂陈，也好像是偶然的。因此在经验的物理学里，我们说引力、磁力、电力等等，同样在经验的心理学里，我们说记忆力、想象力、意志力以及其他的心理力量。于是又重新引起把这些不同的力量归结为统一的全体的需要，而这种需要，即使我们能将这多种不同的力归结为一个共同的原始的力，仍不能得到满足。因为这种原始的力其实只是一个空洞的抽象东西，正如抽象的物自体一样，没有内容。并且力及力的发挥的相互关系，本质上仍然是一种中介性的〔互相依赖的〕关系。如果认力为原始的、独立不倚的，这未免与力的概念或定义相矛盾了。

根据这番对于力的性质的讨论，我们虽勉强可以承认称这实存着的世界为神圣的力的表现，但我们反对认上帝为一单纯的力，因为力仅是一个从属的有限的范畴。在文艺复兴时期，许多自然哲学家曾把自然界的各种现象追溯到一植基于各现象后面的力。这种说法被当时的教会斥责为无神论，实不为无因。大概教会以为，如果认为天体运行是由于引力，植物生长是由于生力等等，那就没有什么化育须由天意主宰，而上帝只好被贬抑成为各种自然力运行的一个悠闲的静观者。诚然，许多自然科学家，特别是牛顿，当他们用抽象的力的范畴来解释自然现象时，皆曾明白保证，他们的学说绝不会损害作为世界的创造者和主宰者的上帝的尊荣。但这种用力的观念来解释自然的办法，其逻辑的结果就是这样的：抽象的理智据以推论，就会执著每一个别的力本身，并且将这有限性的力坚持当作究竟至极者，和这种有限化了的独立的力和质素构成的世界相反，便只好用抽象的无限性去规定上帝，说他是不可知的、最高的、远居彼岸的存在了。这就是唯物论和近代启蒙思想的立场，它们对于上帝的看法，只限于表面上承认上帝的存在，而忽视了上帝之所以存在。所以在这场论辩里，教会和宗教思想在某意义下却站在较正确一边。因为那有限的理智的思想方式，对于认识自然界，以及精神世界的诸形态的真理，皆不能予人以充分满足。但另一方面我们却不能忽视经验有理由争取对于现存世界以及它各方面的内容的规定性予以思维的理解，并且进一步去寻求比只是抽象地相信上帝是世界的创造者和主宰者更深彻的智慧。当受到教会权威支持的宗教意识告诉我们说上帝以其全能的意志创造世界，上帝指导星球在轨道上运行，并赋予万有以存在及幸福时，尚剩下一个"为什么？"的问题没有答复。解答这个为什么的问题，一般就构成科学、经验科学以及哲学科学的共同任务了。当宗教意识拒绝承认科学哲学有权负起解答这问题的任务，并拒绝科学哲学提出这为什么的问题，而借口神圣之谜不可思议的说法以资搪塞时，则它的立场仍然与上面所提及的单纯的抽象的启蒙思想的立场初无二致。而且这种借口与基督教企求在精神和真理去认识上帝的明白的命令相违背，恐怕只是一种任意的独断，这种独断并不是基于基督徒的卑谦，而是出于高傲的狂热和顽固。

§ 137

力是一个自身即具有否定性的联系于其自身内的全体，因为是这样的全体，所以它自己不断地排斥它自己，表现它自己。但这种"他物反映"，亦即同样是"自身反映"，（相当于前两节所说的全体与部分之间的区别）因此力的这种表现亦即力借以回复其为力的中介过程。力的表现本身即是出现在这种关系里两个方面的差异性的扬弃，和自在地构成力的内容的同一性的建立。因此，力及力的表现的真理性只是被区别为内与外两方面的关系。

§ 138

（γ）内即是根据，而根据乃是现象和关系的一个方面的单纯形式。换言之，内即是“自身反映”的空洞形式。与“内”相对的为外，外是这样一种存在，这种存在同样是关系的形式，不过它是关系的具有“反映他物”的空洞规定的另一个方面的形式。内与外的同一性，就是充实了的同一性，就是内容，就是在力的运动中建立起来的自身反映与反映他物的统一。内与外都是那同一个全体性，而这统一体便以全体性为内容。

§ 139

由此足见，第一，外与内首先是同一个内容。凡物内面如何，外面的表现也如何。反之，凡物外面如何，内面也是如何。凡现象所表现的，没有不在本质内的。凡在本质内没有的，也就不会表现于外。

§ 140

第二，但就内与外作为两个形式规定来说，两者仍是正相反的，甚至是彻底相反的。内表示抽象的自身同一性，外表示单纯的多样性或实在性。但就内与外作为一个形式的两个环节来说，它们本质上是同一的,所以凡最初仅仅在一个抽象中被设定起来的东西,便立刻也仅仅是在另一个抽象中设定了的。因此,凡只是在内者,也只是外在的东西,凡只是在外者,也只是内在的东西。

〔**说明**〕反思的通常错误,即在于把本质当成单纯内在的东西。如果对本质单纯采取这样的看法,我们也可以说,这种看法本身就纯粹是一种外在的看法,而被这样看待的本质,也仅是空洞的、外在的抽象。

有一个诗人说:

没有创造的精神,
浸透进自然的内心;
谁只要了解它的外表,
他真是异常幸运。①

我们甚至必须说,如果有人把自然的本质规定为内在的东西,那么,他也只是知道自然的外壳。——因为一般在存在里或甚至在单纯的感官知觉里,概念才是单纯在内的东西,因此概念在这阶段里只是一种外在于存在的东西,一种主观的没有真实性的存在或思维。——无论在自然界或在精神界,只要概念、目的或规律仅只是些内在的潜伏性或纯粹的可能性,那么它们才仅只是一种外在的无机的自然,一位第三者的知识,异已的力量等等。——唯有

① 原注:试比较歌德《自然科学的愤激的呼吁》一诗,第一卷,第三分册:
六十年来,——可诅咒的年代呀!
但已经悄悄地逝去了!——
我不断听到重复地说:
自然没有核心,也没有外壳,
一切都是内外不可分的整体。

当一个人有了外在的表现，这就是说，表现在他的行为里（当然这并不只是他的肉体的外面），他才算得有了内心。假如他仅只有内心的倾向，譬如说只在动机方面在意向方面他是良善的、有道德的，而他外表的行为并不和它相符合，则他的外面与他的内面都同样地空虚不实。

附释：内与外的关系作为前面两种关系的统一，同时就是对单纯的相对性和一般现象的扬弃，但只要理智坚持内与外的分离，则它们便成为一对空虚的形式，彼此皆同样地陷于空无。无论在自然界以及精神界的研究里，对于内与外的关系的正确认识，有很大的重要性，特别须避免认内为本质的为根本所系，而认外为非本质的为不相干的错误。当我们习于以内与外的抽象区别来解释精神与自然的区别时，我们常遇见这种错误。就自然来说，无疑地大体上是外在的，不仅是对精神来说是外在的，甚至就它本身来说，也是外在的。但这里所谓大体上却并不是指抽象的外在性而言，因为天地间并没有抽象的外在性；宁可说，作为自然和精神的共同内容的理念在自然界里只得到外在的表现，但也就是由于这个原因，理念体现在自然界里仅仅是内在的〔或潜在的〕。习于“非此即彼”方式的抽象理智，姑无论如何竭力反对这样的自然观，但在别的意识里，特别在宗教意识里，却仍可显然见到。按照宗教的观点，自然也同样是上帝的启示，并不亚于精神世界。两者彼此的区别，在于自然尚未能明白自觉其神圣本质，而精神（特别有限精神）的任务即在于使其神圣本质得到自觉。那些认自然的本质为单纯的内在性，因而非我们所能达到的人，适与认神灵为有嫉妒情绪的古希腊观点相同，而这种观点早已由柏拉图和亚里士多德明白驳斥了。

上帝是什么，他必显示出来、启示出来，并且首先通过自然，在自然内显示并启示出来。

再则，一个对象的缺点或不完善之处，即在于它只是内在的，因而同时也只是外在的。或者同样可以说，即在于它只是外在的，因而同时也只是内在的。譬如一个小孩，一般就他是一个人来说，他当然是一个有理性的存在，但真正讲来，小孩的理性最初只是内在的，只表现为禀赋或志愿等。而他这种单纯的内在的理性，也有其单纯的外表形式，即表现在这小孩的父母的意志里、老师的学识里，以及围绕着这孩子的理性世界里。一个小孩的教育和培养即在于将他最初只是自在的或潜在的，因而亦即是为他的（为成年人的），也将成为自为的。那最初对小孩来说只是内在可能性的理性，通过教育得以实现于外。反过来说，同样那小孩最初看成是外在的权威，如礼俗、宗教、科学等等，经过教育之后，他将会意识到为他自己固有的内在的东西。在小孩是这样，在成人也是这样，只要他违反了他的使命，他的理智和意志老是被束缚于自然状态之下，也会是这样。例如一个罪犯所受的处罚，诚然是外在暴力所加的，但真正讲来，这处罚只是他自己的犯罪意志的表现。

根据上面这番讨论，假如一个人做事有过失或错误，他根据内外的区别，诉说他的动机和意向是如何良好，那么，我们就会知道如何去评衡他了。生活里的确常有个别情形，由于恶劣的外在环境使得良好的动机成为泡影，使得有良好目的的计划在实行的时候受了阻碍。但一般讲来，即在这里内与外本质上的统一性仍然是有效准的。因此我们必须说：人的行为〔外〕形成他的人格〔内〕。对于那些自恃内在的优越性而虚骄自欺的人，可举出福音中一句名言去驳斥他："汝须从行为的果实里去认识人。[①]"这一伟大的名言，最初本来应用在道德和宗教生活方面，但进而仍可应用在科学和艺术的工作方面而有成效。一个有锐敏眼光的教师察出学生中有特殊禀赋的人，他可以表示他的意见，说某生是将来的拉斐尔或莫扎特，这也只有考验将来的结果，才可以证实他的话有无根据。但一个低能的画家或一个拙劣的诗人夸大他们内心充满了高尚的理想而自慰，那么这种安慰便是虚妄无谓的。如果他们坚决要求，须以他们主观的意向和理想作为评判他们实际作品的标准，那么我们有正当理由可以拒绝这种虚妄无理的要求。有时又常有另一种相反的情形发生。对于有良好而伟大成就的人，人们又常根据一种错误的内外的区别去加以不同情的判断。人们说，凡别人所完成的事业都仅只是外在的表现，而他们内心中却另为不良的动机所推动，如满足虚荣或私欲等。这可以说是嫉妒之心的表现。有嫉妒心的人自己不能完成伟大事业，便尽量去低估他人的伟大，贬抑他人的伟大性使之与他本人相齐。说到这里，让我们记起歌德的嘉言："对于他人的伟大优点除了敬爱以外，没有别的适宜办法。"人们想用怀疑别人动机、诬蔑别人伪善的办法去剥夺别人可敬佩的成就，但必须注意，人诚然在个别事情上可以伪装，对许多东西可以隐藏，但却无法遮掩他全部的内心活动。在整个生活进程(decursus vitae)里任何人的内心也不可避免地必然要流露出来。所以即在这里，我们仍然必须说，人不外是他的一系列行为所构成的。

---

① 《新约·马太福音》，第7章，第16节。——译者注

近代特别有所谓“实用主义的”写历史的办法，即由于错误地把内心和外表分离开，于论述伟大历史人物时常常陷于罪过，即由于抹杀了并歪曲了对于他们的真实认识。不满意于朴实地叙述世界史英雄所完成的伟大勋绩，并承认这些英雄人物的内心的内容也足以与其勋业相符合，这种实用主义的历史家幻想着他有理由并且有责任去追寻潜蕴在这些人物公开的显耀勋业后面的秘密动机。这种历史家便以为这样一来，他愈能揭穿那些前此被称颂尊敬的人物的假面具，把他们的本源和真正的意义贬抑成与凡庸的人同一水平，则他所写的历史便愈为深刻。为了达到这种实用主义的历史写法的目的，人们就常常鼓励对于心理学的研究，因为大家相信，心理学研究的结果，可以使我们看见支配人类行为的真实动机。但这里所说的心理学不过是对于人情的一些枝节知识，它不求对于人性有普遍的和本质的理解，而主要地仅以特殊的、偶然的和个别化的本能、情欲等等为观察的对象。但这种实用主义的心理学方法，至少应让那寻求伟大行为背后的动机的历史家有一个选择：即一方面在实质性的兴趣如爱国心、正义感、宗教真理等，另一方面在主观的形式的兴趣，如虚荣心、权力欲、贪婪等之间有所选择。但实用主义的心理学家必会认后一类动机为真正的推动力量，因为不如此他们便无法坚持内（行为的动机）与外（行为的内容）之间的对立的假定了。但真正讲来，内与外具有同一的内容，所以，为了反对这种学究式的小聪明，我们必须明白肯定地说，如果历史上的英雄仅单凭一些主观的形式的兴趣支配行为，那么他们将不会完成他们所完成的伟大事业。如果我们重视内外统一的根本原则，那我们就不得不承认伟大人物曾志其所行，亦曾行其所志。

§ 141

使一个同一的内容还停留在〔对立的〕关系中的那些空虚的抽象〔观念〕,都在直接的过渡里扬弃其自身:一方过渡到对方。这内容的本身不是别的,即是对立两方的同一(§138)。这抽象的对立双方就是本质的假象设定起来作为假象的。通过力的表现,内便设定为"实存"。但这种设定乃是通过种种空虚的抽象而起的中介作用;这种中介过程在自己本身中消逝成为一种直接性,在这种直接性里,内与外是自在自为地同一的,内外的区别仅被规定为一种设定起来的东西。这种内外的同一就是现实(Wirklichkeit)。

C. 现实(Die Wirklichkeit)

§ 142

现实是本质与实存或内与外所直接形成的统一。现实事物的表现就是现实事物本身。所以现实事物在它的表现里仍同样还是本质性的东西。也可以说,只有当它有了直接的外部的实存时,现实事物才是本质性的东西。

〔**说明**〕前面,存在和实存曾出现为直接事物的两个形式。存在一般讲来,是没有经过反思的直接性,并且是转向对方的过渡。实存是存在和反思的直接统一,因此实存即是现象,它出于根据,并回到根据。现实事物是上述那种直接统一的设定存在,是达到了自身同一的关系;因此,它得免于过渡,并且它的表现或外在性即是它的内蕴力；在它的外在性里，它已返回到自己；它的定在只是它自己本身的表现，而非他物的表现。

附释：现实与思想（或确切点说理念）常常很可笑地被认作彼此对立。我们时常听见人说，对于某种思想的真理性和正确性诚然无可反对，但在现实里却找不着，或者再也无法在现实里得到实现。说这样的话的人，只表明他们既不了解思想的性质，也没有适当地了解现实的性质。因为这种说法，一方面认为思想与主观观念、计划、意向等类似的东西同义，另一方面又认为现实与外在的感性存在同义。在日常生活里，我们对于范畴及范畴所表示的意义，并不那么准确认真看待，也许勉强可以这样说，也许常有这样的情形发生，譬如说，某项计划或某种征税方法的观念本身虽然很好、也很适用，但这类东西在所谓现实里却找不到，而且在某些特定条件下，也难以实现。但抽象理智一抓住这些范畴，就夸大现实与思想的差别，认为两者之间有了固定不移的对立，因而说：在这现实世界里，我们必须从我们的头脑里排除掉观念。对于这种看法，我们必须用科学和健康理性的名义断然地予以驳斥。因为一方面观念或理念并不是仅藏匿在我们的头脑里，理念一般也并不是那样薄弱无力以致其自身的实现与否，都须依赖人的意愿。反之，理念乃是完全能起作用的，并且是完全现实的。另一方面现实也并不是那样地污浊、不合理，有如那些盲目的、头脑简单的、厌恨思想的实行家所想象的那样。现实就其有别于仅仅的现象，并首先作为内外的统一而言，它并不居于与理性对立的地位，毋宁说是彻头彻尾地合理的。任何不合理的事物，即因其不合理，便不得认作现实。在一般有教养的语言习惯里，我们也可察出与此种看法相符合的说法，譬如对于那没有作出真正显示才智的贡献和扎实的业绩的诗人或政治家，人们大都拒绝承认他是真实的诗人或真实的政治家。

从刚才所提及的误认那直接看得见摸得着的为现实的通常看法里，我们也可以进一步找出关于柏拉图哲学与亚里士多德哲学的关系问题上很流行的成见的来源了。依这种成见，柏拉图与亚里士多德的区别，在于前者承认理念并且只承认理念为真理，反之，后者否认理念，而与现实保持接触，因此被认作经验主义的奠基人和领袖。但须知，现实无疑是亚里士多德哲学的基本原则，不过他所谓现实不是通常所说的当前直接呈现的材料，而是以理念为现实。亚里士多德批评柏拉图之点，确切点说，仅在于他认为柏拉图的理念只是一种潜能（δύναμις），但亚里士多德与柏拉图都共同承认唯有理念才是真理，他所不同于柏拉图之处，即在于认为理念本质上是一种动力（ἐνέργεια），换言之，是完全发扬于“外”的“内”，因而是内外的统一或现实，也就是这里所说的加重意义的，名副其实的现实。

§ 143

现实，作为具体的范畴，包含有前面那些范畴及它们的差别在内，也因此就是它们的发展。所以那些范畴在现实里只被规定为一种假象（Schein），一种设定起来的东西（§ 141）。

（α）作为一般的同一性，现实，首先只是可能性，——是一种自身反映，它被设定为与现实事物的具体统一性相反的、抽象的非本质的本质性。可能性对于现实性说来诚属本质的东西，但这不过表明，现实性同时也只是可能性。

〔**说明**〕也许即由于可能性一范畴的重要性促使康德将它连同必然性和现实性一起当作属于样式的三个范畴。“因为这些范畴并不能使作为客体的概念丝毫有所增加，而只不过表示了概念与知识能力之间的关系。”事实上，可能性就是自身反映的空虚抽象，也就是以前所说的“内”，只不过现在它被规定为扬弃了的、仅仅设定起来的、外在的“内”。像这样的可能性无疑地又可以被设定为一种单纯的样式、一个无内容的抽象，或者更具体说来，被设定为只是属于主观思维的东西。与此相反，现实性和必然性，真正讲来，绝不是指仅仅为他物而存在的形态或样式，事实上恰与此相反，必然性和现实性也是设定起来的，但它们不是抽象地设定起来的，而是自身完成的具体的东西。

因为可能性首先与具体的现实相反，只是一种自身同一的单纯形式，所以关于可能性这一范畴的规则就只应是：“一切不自相矛盾的东西都是可能的”；而照这样讲来，便可说，一切都是可能的；因为抽象思想可以给予这种同一性的形式以任何内容。但是，也可以说，一切事物都同样是不可能的。因为在每一内容里（内容必是具体的）其规定性皆可认为是特定的对立，因而也可认为是矛盾。——因此再也没有比关于这种可能和不可能的说法更空无意义的了。特别在哲学里，必不可说：“这是可能的”或“这里还有另一种可能”，或如大家常说的，“这是可以设想的”一类的话。对于这些业经指明为本身不真的范畴，我尤其愿意劝告历史家不要滥用。但在大多数情况下空疏锐敏的理智，总喜欢去凭空揣想可能性，而且揣想相当多的可能性。

附释:最初在想象里,我们总以为可能性是较丰富较广阔的范畴,而现实性则是较贫乏较狭窄的范畴。因此人们说:一切都是可能的,但不能说,凡是可能的因而也是现实的。但事实上,也就是说,根据思想来考察,现实性倒是较广阔的范畴,因为作为具体思想的现实性是包含可能性在自身内作为一个抽象环节的。这点即在通常意识里也可以看到,因为当我们谈到可能的事物与现实的事物须区别开,我们说:"这仅仅是可能的东西"之时,我们已感到现实性较高于可能性了。一般人总常常认为可能的即是可以设想的。但这里所说的可设想性,只是指用抽象同一的形式去设想任何内容而言。既然任何内容都可用抽象的形式去设想,现在只消把一个内容从它所有的许多联系里分离出来,即可设想一可能的东西了。因此任何内容,即使最荒谬、最无意识的东西,均可看作是可能的。月亮今晚会落到地球上来,这也是可能的。因为月亮是与地球分离的物体,很可能落到地球上来,正如一块抛在空中的石头会落在地上一样。又如土耳其的皇帝成为教皇也是可能的。因他既是一个人,就可能转而皈依基督教,可能成为天主教的僧侣等等。像这类的关于可能性的说法,主要是用抽象形式的方式去玩弄充足理由律。依此,可以说:任何事物都是可能的,只要你为它寻得出一个理由。一个人愈是缺乏教育,对于客观事物的特定联系愈是缺乏认识,则他在观察事物时,便愈会驰骛于各式各样的空洞可能性中。譬如,在政治范围里,政客揣想出来的无奇不有的"马路新闻",就是这种可能性的例子。再则,在实际生活中,恶意和懒惰即常常潜匿在可能性这一范畴后面,借以逃避确定的义务。对于这种不负责任的行为,刚才所说的那种充足理由律也可同样应用到。明智的和有实践经验的人，决不受那种可能性的骗（正因为那只是可能的），而坚持要掌握现实，不过所谓现实并不是指当前的此时此地的特定存在而言。在日常生活里，很有不少的谚语，足以表示轻视抽象的可能性的意思。譬如说："一个麻雀在手中比十个麻雀在屋顶上要好些。"

再则，凡认为是可能的，也有同样的理由可以认为是不可能的。因为每一内容（内容总是具体的）不仅包含不同的规定，而且也包含相反的规定。譬如，我们可以说，没有比"我在"更不可能的事了。因为"我"既是单纯的自身关系，同时又是与他物相联系。对于自然界、精神界中任何一个事物，也都可同样如此说。可以说，物质是不可能的，因为物质是引力与斥力的统一。同样也可以说，生命、法律、自由，尤其是真正的三位一体的上帝是不可能的。因为依启蒙时期的抽象理智的原则，三位一体的上帝的概念在思想上是矛盾的，应予否认的。大体讲来，这都是由于抽象空疏的理智在玩弄抽象空疏的形式。而哲学对于这些问题的任务，只在于指明这些说法的空虚无内容。[①] 一个事物是可能的还是不可能的，取决于内容，这就是说，取决于现实性的各个环节的全部总和，而现实性在它的开展中表明它自己是必然性。

§ 144

（β）但现实事物就其有别于那作为自身反映的可能性来说，本身只是**外在**的具体的东西、**非本质**的直接的东西。换言之，现实事

① 列宁引证了下面这句话，见《列宁全集》第 38 卷第 166 页。——译者注

物作为这样的直接的东西,就其最初(§142)是内与外的简单的直接统一来说,它就是一种非本质的外在物,因之同时(§140)它又是单纯的内在物或抽象的自身反映;而现实事物自己也因此仅可认作是一种单纯的可能性。现实事物如果与单纯的可能性处于同等地位,则它便成为一偶然的东西。反过来说,可能性也就是单纯的偶然性本身。

§ 145

可能性与偶然性是现实性的两个环节,——即内与外,作为被设定起来的两个单纯的形式,这些形式构成现实事物的外在性。它们在自身规定了的现实事物里或内容里,以它们的自身反映作为它们本质性的规定的根据。因此足见,偶然的事物和可能的事物的有限性,即基于把形式规定与内容分离开了。所以某物是否偶然的和可能的全取决于内容。

附释:可能性既只是现实性的单纯的内在性,正因为这样,它又只是外在的现实性或偶然性。偶然性一般讲来,是指一个事物存在的根据不在自己本身而在他物而言。现实性呈现于人们意识前面,最初大都是采取偶然性的形式,而这种偶然性常常被人们同现实性本身混淆起来了。但偶然事物仅是现实事物的片面的形式——反映他物的那一面或现实事物被认为单纯的可能事物那一面。因此我们认为偶然的事物系指这一事物能存在或不能存在,能这样存在或能那样存在,并指这一事物存在或不存在,这样存在或那样存在,均不取决于自己,而以他物为根据。概括讲来,一方面认识的任务同样在于克服这种偶然性。另一方面在实践范围内,行为的目的也在于超出意志的偶然性或克服任性(Willkür)。同样特别在近代常有人将偶然性过分地予以提高,且既在自然界又在精神界都曾给予偶然性以事实上不配有的一种价值。首先就自然而论,人们赞美自然,每每主要地仅因其品汇的繁多和丰富。这种丰富性,除了其中所包含的理念的展现之外,并不能提供给我们以较高的理性的兴趣,而且这些庞大繁多的有机和无机的品汇也仅供给我们以一种消失在纷纭模糊中的偶然性的观感而已。无论如何,那些受外在环境支配的五花八门的动物植物的个别类别,以及风、云状态的变幻多端,比起心灵里一时触发的奇想,和偏执的任性来,并不值得我们予以较高的估量。对于这种变化无常的现象加以赞美,乃是一种很抽象的心理态度,必须超出这种态度,[①]进一步对自然的内在和谐性和规律性有更确切的识见。

特别重要的,是对于意志方面的偶然性必须予以适当的估价。当我们说到意志的自由时,大都是指仅仅的任性或任意,或指偶然性的形式意志而言。诚然,就任性作为决定这样或那样的能力而言,无疑地是自由意志的一个重要环节(按照意志的概念来说它本身就是自由的);不过,任性却不是自由的本身,而首先只是一种形式的自由。那真正的自由意志,把扬弃了的任性包括在自身内,它充分意识到它的内容是自在自为地坚定的,同时也知道它的内容是完全属于它的。那停留在任性阶段的意志,即使它的决定,就内容看来,是符合真理和正义的,但它总不免有一种虚幻的感觉,以为如果它高兴的话,它当时仍然可以作出别种决定。若加以细究,

① 《列宁全集》第38卷第166页,引证了下面这句话。——译者注

便可看出，任性只要包含有矛盾，则它的内容与形式就是彼此对立的。任性的内容是外界给予的，并不是基于意志本身，而是被意识到以外在环境为根据的。就这种给予的内容来说，自由只在于选择的形式，这种表面上的选择，也只是一种形式上的自由，因此也可看成只是一种主观假想的自由。试加以最后的分析，便可看到，那同样的外在环境，即那引起意志作任性的决定的环境，也必须认作是使意志所以恰好作出这样决定而不作那样决定的原因。

从上面的讨论看来，虽说偶然性仅是现实性的一个片面环节，因此不可与现实性相混，但作为理念的形式之一，偶然性在对象性的世界里仍有其相当的地位。首先，在自然里，偶然性有其特殊作用。在自然的表面，可以说，偶然性有了自由的施展，而且我们也须予以承认，用不着像有时错误地赋予哲学那样的使命：即自命想要寻求出只能是这样，不会是那样的原因。同样，偶然性在精神世界也有其相当地位，如前面所说，意志在任性的形式下即包含有偶然性，但同时把它作为扬弃了的一个环节。但关于精神和精神的活动，也如关于自然一样，我们必须预先提防，不要被寻求理性知识的善意的努力所错引，想要对于具有显著的偶然性的现象界，去指出其必然性，或如一般人所常说的，要想对于现象界予以先验的构造。同样，譬如在语言里（虽说语言好像是思想的躯体），偶然性仍然无疑地占很重要的地位，偶然性与艺术及法律制度的关系亦复相同。科学、特别是哲学的任务，诚然可以正确地说，在于从偶然性的假象里去认识潜蕴着的必然性。但这意思并不是说，偶然的事物仅属于我们主观的表象，因而，为了求得真理起见，只须完全予以排斥就行了。任何科学的研究，如果太片面地采取排斥偶然性、单求必然性的趋向，将不免受到空疏的“把戏”和“固执的学究气”的正当的讥评。

§ 146

细究起来，上面所说的现实事物的外在性，其含义是这样的：就偶然性作为直接的现实性、作为自身同一性而言，它本质上只是一种设定的存在，但这种设定的存在，亦即是被扬弃了的东西，所以是一种存在在那里的外在性。这样，这外在的、特定存在着的偶然性便是一种预先设定了的东西，它的直接定在同时即是一种可能性，而且就其规定来说，也是被扬弃了的，于是偶然性就是另一事物的可能性，也可以说是另一事物可能的条件。

附释：偶然性，作为直接的现实性而言，同时即是另一事物的可能性，但并不是像我们最初所讲的那种单纯的抽象的可能性，而是存在着的可能性，而这种作为存在的可能性即是一种条件。我们所说的，一个事物的条件，含有两种意义，第一是指一种定在，一种实存，简言之，指一种直接的东西。第二是指此种直接性的东西的本身将被扬弃，并促成另一事物得以实现的命运。——一般讲来，直接的现实性本身，并不是像它所应是的那样，而是一个支离破碎的、有限的现实性，而它的命运就在于被消毁掉。但现实性还有另一方面，那就是，它的本质性。这本质性首先即是它的内在的方面，但内在方面作为单纯的可能性，也注定了要被扬弃。这种被扬弃了的可能性即是一种新的现实性的兴起，而这种新兴的现实性便以那最初直接的现实性为前提、条件。从这里我们便可看出，条件一概念所包含的交替性了，一物的条件最初看来好像完全是单纯无偏似的。但事实上那种直接的现实性却包含转化成他物的萌芽在自身内。这种他物最初也仅是一可能的东西,然后它却扬弃其可能性形式而转变为现实性。这样新兴起来的现实性就是它所消耗了的那个直接的现实性所固有内在本质。这样,完全另外一个形态的事物就产生了,但它又并不是一个另外的事物,因为后者即是前面的直接现实性的本质的发展。在后一新兴的现实里,那些被牺牲了、被推翻了、被消耗了的条件,达到和自己本身的结合。——现实性矛盾发展的过程大致如此。现实并不仅是一直接存在着的东西,而且,作为本质性的存在,是其自身的直接性的扬弃,因而达到与其自己本身的中介。

§ 147

(γ)当现实性的这种外在性这样发展成为可能性与直接现实性两个范畴,(彼此互为中介)的圆圈时,一般说来,便是真实的可能性。再则,作为这样一个圆圈,它就是一全体,因而就是内容,就是自在自为地规定了的实质[①]。同样,按照这两个范畴在这统一体中的差别看来,就是形式本身具体的全体,亦即由内在到外在,由外在到内在的直接自身转化。形式的这种自身运动即是能动性(Tätigkeit),亦即实质证实其自身为一真实的根据,这根据复扬弃其自身而进为现实性,并且将偶然的现实性,或那些在前的条件予以证实,亦即将偶然的现实性或条件的自身反映或自身扬弃证实

---

① 实质原文作(Sache),一般译作"事情"。这里译作实质,实质即指内容,表示Sache含有内容实质的意思。——译者注

为另一现实性，为实质的现实性。如果一切条件均齐备时，这实质必会实现，而且这实质本身也是条件之一，因为实质最初作为内在的东西，也仅是一种设定的前提。① 发展了的现实性，作为内与外合而为一的更替，作为内与外的两个相反的运动联合成为一个运动的更替，就是必然性。

〔**说明**〕必然性诚然可以正确地界说为可能性与现实性的统一。但单是这样空洞的说法，便会使必然性这一规定〔或范畴〕显得肤浅，因而不易了解。必然性是一个很困难的概念，其所以困难是因为必然性即是概念本身，但必然性概念所包含的各环节仍然被认为是些现实事物，而这些现实事物同时又只能被认为是些自身破裂的、过渡着的形式。因此，在下面的两节里，对于构成必然性的各个环节，将予以更加详尽的发挥。

附释：当我们说某物是必然的时，我们首先总要问为什么？我们总以为必然的事物必是被设定起来的，是一个有前提的经过中介的事物。但假如我们停留在单纯的中介过程里，那么我们就还没有理解必然性的真正意义。那仅仅是通过中介派生出来的事物，其存在取决于他物，而非取决于自己，因而它仍然仅是偶然的东西。与此相反，我们所要达到的必然性，即一物之所以是一物乃是通过它自己本身，这虽然可以说是中介性的，但它却同时能扬弃其中介过程，并把它包含在自身之内。因此对于有必然性的事物我们说："它是"，于是我们便把它当成单纯的自身联系，在这种自身联系里，它受他物制约的依他性也因而摆脱掉了。

---

① 列宁摘录了下面这句话，参看《列宁全集》第38卷，第166页。——译者注

常有人说必然性是盲目的。这话可说是对的，如果意思只是说，在必然性的过程里目的或目的因还没有自觉地出现。必然的过程开始于彼此不相干、不相联的孤立散漫的情况的实际存在。这些情况乃是一个自身崩溃的直接现实性，由于这种否定就发生了一种新的现实性，这里我们便得到一种具有双重形式的内容：一方面作为已经实现的实质的内答，一方面作为孤立散漫的情况的内容，这些情况好像是一肯定的内容，而且最初令人觉得它们好像确是那样的肯定的内容。后一种内容本身实系空无的，因而转变为它自身的否定面，这样就成为已经实现了的实质的内容。这些直接的情况自身瓦解为形成他物的条件，但同时又被保持其为较高实质的内容。于是我们便说，从那样的情况和条件里，某种别样的事物产生了，因此我们又称这样的过程的必然性是盲目的。反之，我们试考察一下目的性的活动，在这里我们便早已认识到有一个目的作为内容，于是这种活动就不是盲目的，而是有识见的了。当我们说世界是受天意的支配时，这意思就包含有目的或天意在世界中一般是有效力的，是预先独立自主地决定了的，所以由此而产生出来的事物，是与前此自己预先知道了的、和意愿了的目的相符合的。

无论如何，我们须认识那认世界为必然性所决定的看法与关于天意或神意的信仰并不是彼此排斥的。按照思想或理论看来，神圣天意的基础，我们此后即将指出，即是概念。概念是必然性的真理，它包含有扬弃了的必然性在自身内。反过来，同样可以说，必然性是潜在的概念。必然性只有在它尚未被理解时才是盲目的[1]。因此假如把以认识人类事变的必然性为历史哲学的课题的学说，斥责为宿命论，那实在是再谬误不过了。由此足见，真正的历史哲学实具有证明天道不爽或表明世事符合天意的意义。有许多人想借排斥天意的必然性以示尊敬上帝，事实上是通过这些抽象想法把天意降低为一盲目的、无理性的妄作威福的偏心。朴素的宗教意识常说到上帝的永恒不变的命令，这里即包含着明白承认必然性是属于上帝的本质。由于人在脱离了上帝的情况下，有他自己的特殊意见和愿望，大都感情用事，任性妄为，*于是他就会碰到这样的事情，他的行为所产生的结果总是与他的本意和愿望完全不同[2]。正与人相反，上帝知道他的意志是什么，在他的永恒的意志里，他决不为外来的或内发的任何偶然事变所左右，因此凡是天意所向的，也必然会坚定不爽地得到完成。

一般讲来，必然性的观点对于我们的意向和行为都有很大的重要性。当我们把人世的事变认作有必然性时，初看起来，我们好像是处于完全不自由的地位。如所周知，古代人认必然性为命运(Schicksal)。与此相反，近代人的观点则认必然性为一种安慰(Trost)。安慰的意思是说，如果我们放弃我们的目的和利益，接受必然性的支配，我们之所以这样去做，是因为我们盼望着对于我们的行为能得到某种补偿。反之，命运是不能给人以安慰的。但如果我们细察古代人对于命运的信念，则这种命运观不但不会予人以不自由的直观，反而足以示人以自由的洞见。因为前面说过，

---

① 《列宁全集》第38卷第167页引证了这句话。——译者注

② 同上书，第167页引证了从*起的这一句话。——译者注

不自由是基于不能克服一种坚固的对立，亦即由于认为是如此的事和实际发生的事与应如此的事和应该发生的事，处于矛盾之中。反之，古代人的态度却是这样的：因为某事是如此，所以某事是如此，既然某事是如此，所以某事应如此。在这里他们并没有发现对立，因而也就不感到不自由、痛苦或悲哀。对于命运的这种态度，如前面所说，无疑地是没有安慰的，但这种意态也不感到需要安慰，因为在这里主观性还没有达到无限的意义。这一观点，于比较古代的与近代的基督教的态度时，有决定的重要性，必须特别注意。

如果所了解的主观性是指那单纯的有限的直接的主观性，和那具有私人利益和特殊嗜好的偶然任性的内容，一般说来，即人们所叫做"人"(Person)，以别于"事"(Sache)(在"事"这个词的强调意义下，有如我们通常正确地使用这字，说这是关于"事"的问题，不是关于"人"的问题)的主观性而言，那么，我们不能不称赞古代人这种沉静的委诸命运的态度，并承认这种态度较之近代人的态度尤为高尚而有价值。因为近代人偏执地追逐其主观的目的，当他们被迫而放弃达到目的的愿望时，只以可能有获得另一种形式的补偿的展望聊自安慰。再则，主观性一词并不仅限于指那与客观实质或事情(Sache)对立的坏的有限的主观性而言。反之，真正讲来，主观性是内在于客观事情的，因此这种意义的无限的主观性，就是客观事情本身的真理。照这样看来，则近代人安慰的观点就有了较新较高的意义了。并且在这种意义下，基督教也可看成是求安慰的宗教，甚且可说是求绝对安慰的宗教。如人们所熟知，基督教包含有上帝愿人人都得到解救的教义。这就明白宣称，主观性有一种无限的价值。至于基督教之所以富于安慰的力量，是因为在基督教里，上帝被认识到为绝对的主观性。但主观性既包含有特殊性这一环节在内，则我们的特殊性也不得单纯地当作须予以完全否定的抽象东西，而须同时承认为一种应予保持的东西。古希腊人的神灵虽说同样地被认为是有人格的，但宙斯及阿波罗等诸神的人格并不是真实的人格，而只是一种想象的人格，换言之，这些神灵只是些人格化的产物，这样的产物自身并不自知，只是被知道而已。这种古代神灵的缺陷所在和薄弱无力，可以在当时希腊人的宗教信仰中寻出证据。按照他们的信仰不仅人，甚至神也认作是同样受命运（被注定的 πεπρωμε'νον 或被分配的 εἱμαρμένη命运）的支配。这种命运，人们必须认为是一种未揭发的必然性，因此也必须表象为完全非人格的、无自我的、盲目的。反之，基督教的上帝不仅是被知者，而且完全是自知者。他不仅是人心中的观念，而且是绝对真实的人格。

对于这里所提到的几点的详细发挥，只好归诸宗教哲学，不过现在尚须顺便提请注意的，就是一个人对于他的一切遭遇，如果能本古谚所谓“每个人都是他自己的命运的主宰者”的精神去承当，确属异常重要。这意思就是说，凡人莫不自作自受。与此相反的看法，就是把自己所遭遇的一切，去抱怨别人，归咎环境的不利，或向别的方面推卸责任。这也就是不自由的观点，同时就是不满足的源泉。反之，假如一个人承认他所遭遇的横逆，只是由他自身演变出来的结果，只由他自己担负他自己的罪责，那么他便挺身做一自由的人，他并会相信，他所遭遇的一切并没有冤枉。一个在生活中得不到平安，并且不满意于他的命运的人，遭遇着许多乖舛不幸的事，其唯一原因即由于他心怀错误的观念，总以为别人害了他，或对不起他。诚然，我们日常所遭遇的有许多事情，无疑地是偶然的。但偶然的遭遇也基于人的自然性。只要一个人能意识到他的自由性，则他所遭遇的不幸将不会扰乱他灵魂的谐和与心情的平安。所以必然性的观点就是决定人的满足和不满足，亦即决定人的命运的观点。

§ 148

必然性的三个环节为：条件、实质和活动。

(a)条件是(1)设定在先的东西。作为仅仅是设定起来的东西，条件只是与实质联系着的，但它既是在先的，它便是独立自为的，便是一种偶然的、外在的情况，虽与实质无有联系，而实际存在着；但带有这种偶然性既然同时与这作为全体性的实质有联系，则这设定在先的东西便是一个由诸条件构成的完全的圆圈。(2)这些条件是被动的，被利用来作为实质的材料，因而便进入实质的内容；正因为这样，这些条件便同样与这内容符合一致，并已经包含有这内容的整个规定在自身内。

(b)实质也同样地是(1)一种设定在先的东西。就它是被设定的而言，它才只是一内在的可能的东西，就它是在先的而言，它乃是一独立自为的内容。(2)由于利用各种条件，实质取得了它的外在的实存，它也取得了它的各种内容规定的实现，这些内容规定与那些条件恰好相互符应，所以它（实质）依据这些条件而证实其自己为实质，而且同样也可说，实质是由这些条件产生出来的。

(c)活动也同样是(1)独立自为地实存着的（如一个人，一个性格)，同时活动之所以可能，仅由于有了种种条件并有了实质。(2)活动是一种将条件转变成实质、将实质转变成条件，亦即转变到实存一边去的运动。或者也可以说，活动仅是从各种条件里建立起实质(实质本来是潜在于这些条件里)的运动，并且是通过扬弃诸条件所具有的实存，而给予实质以实存的一种运动。

就这三个环节彼此各有独立实存的形态而言，这种过程就是一外在的必然性。——这种外在的必然性是以一种有限制的内容为它的实质。因为，实质是一种具有简单规定性的整体；但这整体既然就它的形式说来是外在的，那么它因此就其自己本身来说，以及就其内容来说也是外在的。并且实质的这种外在性，即是实质的内容的限制。

§ 149

因此必然性自在地即是那唯一的、自身同一的、而内容丰富的本质，这本质在其自身内的映现是这样的：它的各个差别环节都具有独立的现实的形式，同时这种自身同一的东西作为绝对的形式，即是扬弃其自身的直接同一性使成中介性，并扬弃其中介性使成直接性的活动。——凡必然的事物，都是通过一个他物而存在的，这个他物，则分裂而成为起中介作用的根据(实质和活动)，并分裂而成为一个直接的现实性，或一个同时又是条件的偶然事物。必然的事物，既是通过一个他物而存在的东西，故不是自在自为的而是一种单纯设定起来的东西。但这种中介〔过程〕正是对其自身的直接的扬弃；根据和偶然的条件被转变成直接性，经过这样的转变，那设定起来的东西便被扬弃而成为现实性，而实质也就同它本身结合起来了。在这种自身返回里,必然的事物就绝对地存在着,作为无条件的现实性。——必然的事物之所以是这样,是因为通过一连串的情况作为中介而成的,换言之,它是这样,因为一连串的情况是这样;而在一种情况下,它是这样:未经过中介,那就是说,它是这样,因为它是这样。

(a)实体关系(Das Substantialitäts-Verhältnis)

§ 150

必然的事物本身是绝对的关系。这就是说,它是(如上面各节所说)发展的过程,在这种过程中,关系也同样扬弃其自身而过渡到绝对的同一性。

必然的事物,在其直接形式下,就是实体性与偶然性的关系。这种关系的绝对自身同一性,就是实体本身,而实体,作为必然性,乃是对这种内在性形式的否定,它因而设定其自身为现实性,但它又是对这种外在事物的否定。在这否定的过程里,现实的事物作为直接性的,只是一种偶然性的东西,而偶然性的东西使通过它的这种单纯的可能性过渡到一个别的现实性。这个过渡就是作为形式活动〔或矛盾进展〕(§148及§149)的实体同一性。

§ 151

因此,实体就是各个偶性的全体,它启示,在各个偶性中,作为它们的绝对否定性,(这就是说,作为绝对的力量),并同时作为全部内容的丰富性。但这内容不是别的,即是这种表现的本身,因为那返回到自身成为内容的规定性本身，只是形式的一个环节，这个环节在实体的力量支配下，将过渡〔到另一环节〕。[①] 实体性乃是绝对的形式活动〔或矛盾进展〕，和必然性的力量，而一切内容仅是唯一隶属于这个过程的环节，——这个过程，乃是形式与内容相互间的绝对转化。

附释：在哲学史里我们遇见实体为斯宾诺莎哲学的原则。对他的哲学有人极端称赞，也有人肆意诋毁，其价值和意义如何，从他在世的时候起，即有了很大的误解，也引起了很多的争辩。斯宾诺莎体系中，常被人们提出来攻击的主要之点，为他的无神论，甚至进而攻击他的泛神论。其所以被攻击的原因，真正讲来，是由于他认为上帝是实体，而且仅仅是实体。我们对于这些攻击的看法，首先要依据实体在逻辑理念的体系里所占的地位。虽说实体是理念发展过程中的一个重要阶段[②]，但还不是理念本身，不是绝对理念，而是尚在被限制的必然性的形式里的理念。上帝诚然是必然性，或者我们也可以说，上帝是绝对的实质，但他同时又是绝对的人格。认上帝为绝对的人格一点，就是斯宾诺莎所未达到的。因此我们不能不承认，他的哲学未能见到构成基督教意识内容的上帝的真性质。斯宾诺莎就血统讲来，是一个犹太人。大体看来，东方人的观点多认一切有限的事物仅是奄忽即逝，不能长存，这种东方人的世界观在斯宾诺莎的哲学里得到一种思想性的表述。这种东方的实体统一性的观点无疑地可以形成一切真正哲学进一步发

① 依拉松本第150页小注，增“到另一环节”五字，以补足语气。——译者注

② 《列宁全集》第38卷第167页引证了这一句话，并作了辩证唯物论的改造。——译者注

展的基础，但不可停留在那里，不予以较高的推进。斯宾诺莎的哲学所缺少的，就是西方世界里的个体性的原则。这原则与斯宾诺莎主义同时代，在莱布尼茨的单子论里以哲学的形式首先出现。

从这里出发我们再回头来看那认斯宾诺莎哲学为无神论的批评，便可明白看出这种指斥是没有根据的。因为他的哲学不但不否认上帝，并且承认上帝为唯一的真实**存在**。我们也不能说，斯宾诺莎虽认上帝为唯一的真实存在，但他的上帝却非真正的上帝，因此有了这样一个上帝，也和没有上帝差不多。如果这种批评正确的话，则一切别的哲学家，在他们的哲学理论里把上帝降到低于理念的地位，不仅那些只知道将上帝认作"主"的犹太教徒和回教徒，甚至连那些将上帝仅认作至高无上的、彼岸的、不可知的存在的许多基督教徒，都可和斯宾诺莎一样被指责为无神论者了。细察一下，攻击斯宾诺莎哲学为无神论，归结起来，实系指斥他未能将差别或有限性的原则给予正当的地位。按照斯宾诺莎的学说，真正讲来，既然没有世界，——意思是说没有积极的存在着的事物，那么，他的体系就不应称为无神论，而毋宁应反过来称为**无世界论**(Akosmismus)。由此又可得到对于他的**泛神论**的攻击应持的态度。如果照通常的看法，泛神论是认有限事物的本身或有限事物的复合为上帝的学说，那么我们也不能不说斯宾诺莎的哲学逃脱了泛神论的攻击。因为照斯宾诺莎看来，有限的事物或世界一般是完全没有真理的。反之，正因为他持无世界论，所以他的哲学才确实是泛神论。

刚才这样由**内容**着眼而寻出的缺点，同时也足以表明就是**形式**方面的缺点。虽然斯宾诺莎将实体放在他的系统的顶点，将实体定义为思想与广延的统一，但他却未阐明他如何发现两者的差别，并如何追溯出两者复归于实体的统一。他对于内容的进一步处理，是根据所谓数学方法进行的。即先提出界说和公理，接着就列出一系列的命题，并根据那些未经证明的前提，依据知性形式的推理，以证明这些命题。所以甚至有许多反对斯宾诺莎体系的内容和结论的人，都常常对于他的方法的严密次序予以高度赞扬。但真正讲来，这种无条件地承认他的形式或方法和无条件地反对他的内容，都是同样没有根据的。他的体系的内容的缺点在于并未认识到形式内在于内容里，而只是以主观的外在的形式去规定内容。他的实体只是直观的洞见，未先行经过辩证的中介过程。所以他的实体只是直接地被认作一普遍的否定力量，就好像只是一黑暗的无边的深渊，将一切有规定性的内容皆彻底加以吞噬，使之成为空无，而从它自身产生出来的，没有一个是有积极自身持存性的事物。

§ 152

按照上述这一环节来说，实体作为绝对力量是自己与自己联系着的力量，（这种力量只是一内在可能性）并因而是决定着其自身成为偶性的力量，同时由偶性而设定起来的外在性又与这种力量有所区别，则这种力量，（正如它在必然性的第一种形式中，乃是实体那样）。现在就是真正的关系，——这就是因果关系。

(b)因果关系(Das Kausalitäts-Verhältnis)

§ 153

实体在如下情形下，即是原因：即当实体在过渡到偶性时，反而返回到自身，并且，因而是原始的实质，但同时又扬弃它的自身返回或扬弃它的单纯可能性，以设定其自身为它自身的否定者，从而产生出一种效果，产生出一种现实性。这种现实性虽然只是设定起来的东西，却通过产生效果的过程而同时又是必然的东西。

〔**说明**〕原因，作为原始的实质，具有绝对独立性和一种与效果相对而自身保持其持存性的规定或特性，但原因只有在其同一性构成原始性本身的必然性中才过渡到效果。假如我们重新想要谈论一种特定的内容，可以说，我们找不到一种只存在于效果里而不存在于原因里的内容；——上述那种同一性就是绝对内容本身；但它也同样是形式规定。原因的原始性在效果里被扬弃了。它在效果里使自己成为一设定的存在了。但原因并不因此而消逝，现实的东西并不因此好像只是效果。因为这被设定的存在也同样直接地受到扬弃，甚或可说被设定就是原因的自身返回，就是它的原始性。只有在效果里，原因才是现实的，不是原因。因此原因，真正讲来，即是自因(causa sui)，耶柯比由于对中介坚持片面的看法，曾在他讨论斯宾诺莎的书信里(第二版，第416页)，把自因(自果 Effectus sui 也是同样的)这一有关原因的绝对真理仅仅当成一种形式主义。他复指出，上帝不可定义为根据，本质上须定义为原因。因此，只消对于原因的性质予以透彻的考察，就可以看出，他这种办法没有达到他的意图。即使在有限的原因和有限的原因的观念里，也可看出因果内容具有这种同一性。雨、原因，和湿、效果，两者都是同一实际存在着的水。就形式讲来，原因(雨)是消失在效果(湿)里面了，但这样一来，效果也随之消失了，因为没有原因，也就没有效果，便只剩下非因非果的湿了。

在通常意义的因果关系里,只要原因的内容是有限的(正如实体是有限的那样),只要原因与效果被认作两个不同的独立的存在,(但如果我们把两者的因果关系抽掉,它们就只是两个独立存在了)原因便是有限的。因为在有限的抽象思想里,我们总是固执着两个范畴在联系中的区别,所以我们也可以颠倒过来,将原因界说为一种被设定的东西或效果。这个作为效果的原因又有另一原因;依此递进,由果到因,以至无穷。同样,也可有一递退的过程,因为效果既与原因同一,故自身也可认作一原因,同时,也可认作另一足以产生别的效果的原因,如此递退,由因到果,以至无穷。

附释:知性愈是习于反对实体这一概念,则它便愈是常常运用因果的关系。当它要把一个内容当作必然的事实来研究时,这抽象的理智便特别喜欢去追溯因果关系。诚然,因果关系无疑地是属于必然性的,但这种关系只是必然过程的一个侧面。这个必然过程同样必须扬弃那包含在因果关系里的中介性,并须表明其自身为简单的自身关系。如果我们固执着因果关系的本身,则我们便得不到这种关系的真理性,而只看见有限的因果性,而因果关系的有限性即在于坚持因与果的区别。但这两者并不仅是有区别,而且又是同一的。即在通常意识里,我们也可以看出这种同一性。我们说一物为因,仅因其有果,说一物为果,仅因其有因。由此足见,因果两者具有同一的内容,而因与果的区别主要只是设定与被设定的区别。而这种形式的区别也同样又扬弃其自身,因为原因不仅是一个他物的原因,而且又是它自己本身的原因;同时,效果也不仅是一个他物的效果,而且又是它自己本身的效果。依此看来,事物的有限性即在这里:因与果按概念说,虽是同一的,但这两种形式却表现出在如下方式上是分离开的，即因虽又是果，果虽又是因，但因却不在同样联系内是因，而果也不在同样联系内是果，这样，于是又发生无穷递进的情形：——无穷系列的因同时又表现为一无穷系列的果。

§ 154

果是与因有区别的：果之为果在于设定它的原因，但这种设定性也同样是自身反映和直接性。只要我们执著于因果间的区别，则原因的作用，或原因所设定的后果，同时也就是原因的前提。于是另有一实体出现，在它上面发生效果。这实体既是直接的，便不是自己与自己联系着的否定性，不是主动的而是被动的。但作为实体，它同样也是主动的，它扬弃那设定在先的直接性和那设定给它的效果；它作出反应，换言之，它扬弃那第一个实体的活动。但这第一个实体的活动也同样是对它自己的直接性或对设定给它的效果的扬弃，从而它便扬弃了另一实体的活动，并作出反应。于是因果关系便过渡为〔主动与反作用的关系或〕相互作用(Wechselwirkung)。

在相互作用里，因果关系虽说尚未达到它的真实规定，但那种由因到果和由果到因向外伸展直线式的无穷进程，已得到真正的扬弃，而绕回转变为圆圈式的过程，因而返回到自身来了。直线式的无穷进程的圆圈化而绕圆为一自成起结的关系[①]也如一般随处

① 自成起结的关系(in sich beschlossenen verhältnis)是由克服了形而上学的直线式的无穷递进，经过曲折发展过程而达到的关系。也就是指终点绕回到与起点相结合，首尾相应的圆圈或全体。英译 self-contained relationship. 中译本初版译成"自身包容"，均颇费解。译成"自身封闭"，也欠恰当，有失此词的辩证法意义。——译者注

皆有的简单返回一样，即上面所说的那种无思想性的重复之中，只是一和同一的东西，也就是此一因与另一因以及两者彼此的联系。但此种联系的发展，相互作用，本身即是区别的变换，不过不是原因与原因的互换，而是因果关系中两环节的互换，就每一环节各个独立自为，又按照两者的同一性来说，原因之所以为原因，由于是效果的原因，反之，效果之所以为效果，由于是原因的效果，——而由于两者的这种不可分离性，所以设定其一环节，同时也就设定其另一环节。

(c)相互作用(Die Wechselwirkung)

§ 155

在相互作用(die wechselwirkung)里，被坚持为有区别的因果范畴，(α)自在地都是同样的；其一方面是原因，是原始的、主动的、被动的等等，其另一方面也同样如此。同样，以对方为前提与以对方为所起作用的后果，直接的原始性与由相互作用而设定的依赖性，也是一样的东西。那以为是最初的第一的原因，由于它的直接性的缘故，也是一被动的，设定的存在，也是一效果。因此，所谓两个原因的区别乃是空虚的。而且原因自在地只有一个，这一个原因既在它的效果里扬弃自己的实体性，同样又在这效果里，它才使自己成为独立的原因。

§ 156

(β)但上述这种因果统一性，也是独立自为的。因为这整个相互作用就是原因自己本身的设定,而且只有原因的这种设定,才是原因的存在。区别的虚无性并不只是潜在的或者只是我们的反思(见前一节)。而且相互关系本身就在于:将每一被设定起来的规定又再加以扬弃,使之转化为相反的规定,因而把诸环节的潜在的空虚性都设定起来了。在原始性里被设定有效果,这就是说,原始性被扬弃了;原因的作用变成反作用了,等等。

附释:相互作用被设定为因果关系的充分的发展,同时也表明那抽象反思常利用来作护符的因果关系,也有其不满足之处,因为反思习于从因果律的观点来观察事物,因而陷于上面所说的无穷递进。譬如,在历史研究里,首先便可发生这样的问题:究竟一个民族的性格和礼俗是它的宪章和法律的原因呢,或者反过来说,一个民族的宪章和法律是它的性格和礼俗的原因呢?于是我们可以进一步说,两者,一方面民族性或礼俗,一方面宪章和法律,均可依据相互的联系的原则去了解。这样一来,原因即因其在这一联系里是原因,所以同时是效果,效果即因其在这一联系里是效果,所以同时是原因。同样的观点,可以适用于自然研究,特别适用于有生命的有机体的研究。有机体的每一个别官能和功能皆可表明为同样地处于彼此有相互影响的关系中。① 相互作用无疑地是由因果关系直接发展出来的真理,也可说是它正站在概念的门口。但也正因为如此,为了要获得概念式的认识,我们却不应满足于相互关系的应用。假如我们对于某一内容,只依据相互关系的观点去

① 从这里起至本段末止,列宁曾加以引证并作了重要评语。见《列宁全集》第38卷,第172—173页。——译者注

考察，那么事实上这是采取了一个完全没有概念的态度。我们所得到的仅是一堆枯燥的事实，而对于为了应用因果关系去处理事实所首先要求的中介性知识，仍然得不到满足。如果我们仔细观察应用相互作用一范畴所以不能令人满足的缘故就可见到，相互关系不但不等于概念，而且它本身首先必须得到概念的理解。这就是说，相互关系中的两个方面不可让它们作为直接给予的东西，而必须如前面两节所指出那样，确认它们为一较高的第三者的两个环节，而这较高的第三者即是概念。例如，认斯巴达民族的风俗为斯巴达制度的结果，或者反过来，认斯巴达的制度为他们的风俗的结果，这种看法当然是不错的。不过这种看法不能予人以最后的满足，因为事实上，这种看法对于斯巴达民族的风俗和制度并没有概念式的理解。而这样的理解只在于指出这两个方面以及一切其他足以表现斯巴达民族的生活和历史的特殊方面，都是以斯巴达民族的概念为基础。

§ 157

(γ)①这种自己与自己本身的纯粹交替，因此就是显露出来的或设定起来的必然性。必然性本身的纽带就是同一性，不过还只是内在的和隐蔽的同一性罢了。因为必然性是被认为现实事物的同一性，而这些现实事物的独立性却正应是必然性。因此实体通过因果关系和相互作用的发展途程，只是这样一个设定：即独立性

---

①　相互关系下共分三点讨论，§ 155 讨论(α)，§ 156 讨论(β)，§ 157 应讨论(γ)，格诺克纳本及瓦拉士英译本，均脱漏(γ)，兹依拉松本补行标出。——译者注

是一种无限的否定的自身联系，——一般说来，所谓否定的联系，是说在这种联系里，区别和中介成为一种与各个独立的现实事物彼此相独立的原始性，——其所以说是无限的自身联系，是因为各现实事物的独立性也只是它们的同一性。

§ 158

因此必然性的真理就是自由，而实体的真理就是概念——这是一种独立性概念，其独立性，在于自己排斥自己使成为有区别的独立物，而自己作为这种自身排斥却与自身相同一，并且，这种始终在自己本身之内进行的交替运动，只是与自己本身相关联。

附释：必然性常被称作坚硬的，单就必然性的本身，或就必然性的直接形态而言，这话诚然不错。这里我们有一种情况，或一般讲来，一种内容，具有一种独立自存性。必然性首先包含着这样的意思：即一个对象或内容骤然遭遇着某种别的东西的阻碍，使得它受到限制，而失掉其独立自存性。这就是直接的或抽象的必然性所包含的坚硬的和悲惨的东西。在必然性里表现为互相束缚，丧失独立性的两方面，虽有同一性，但最初也只是内在的，还没有出现在那受必然性支配的事物里。所以从这种观点看来，自由最初也只是抽象的，而这种抽象的自由也只有通过放弃自己当前的存在情况和所保有的东西，才可得到拯救。此外我们前此已见到，必然性发展的过程是采取克服它最初出现的僵硬外在性，而逐渐显示它的内在本质的方式。由此便可表明那彼此互相束缚的两方，事实上并非彼此陌生的，而只是一个全体中不同的环节。而每一环节与对方发生联系，正所以回复到它自己本身和自己与自己相结合。这就是由必然性转化到自由的过程，而这种自由并不单纯是抽象的否定性的自由，而反倒是一种具体的积极的自由。由此也可看出，认自由与必然为彼此互相排斥的看法，是如何地错误了。无疑地，必然作为必然还不是自由；但是自由以必然为前提，包含必然性在自身内，作为被扬弃了的东西。一个有德行的人自己意识着他的行为内容的必然性和自在自为的义务性。由于这样，他不但不感到他的自由受到了妨害，甚且可以说，正由于有了这种必然性与义务性的意识，他才首先达到真正的内容充实的自由，有别于从刚愎任性而来的空无内容的和单纯可能性的自由。一个罪犯受到处罚，他可以认为他所受的惩罚限制了他的自由。但事实上，那加给他的惩罚并不是一种外在的异己的暴力，而只是他自己的行为自身的一种表现。只要他能够认识这点，他就会把自己当作一个自由人去对待这事。一般讲来，当一个人自己知道他是完全为绝对理念所决定时，他便达到了人的最高的独立性。斯宾诺莎所谓对神的理智的爱（amor intellectualis Dei）也就是指这种心境和行为而言。

§ 159

这样一来，概念就是存在与本质的真理，因为返回到自己本身的映现（Scheinen），同时即是独立的直接性，而不同的现实性的这种存在，直接地就只是一种在自己本身内的映现。

〔**说明**〕概念曾经证明其为存在和本质的真理，而存在和本质两者在概念里就像返回到它们的根据那样，反过来说，则概念曾从存在中发展出来，也就像从它自己的根据中发展出来那样。前一方面的进展可以看成是存在深入于它自己本身，通过这一进展过程而揭示它的内在本性。后一方面的进展可以看成是比较完满的东西从不甚完满的东西展现出来。由于只是从后一方面来看这样的发展过程，所以就会引起人们对于哲学的责难。这里关于不甚完满与比较完满的肤浅思想，其较确切的内容即在于指出作为与其自身直接统一的存在与作为与其自身自由中介的概念之间的区别。由于存在既经表明自己是概念的一个环节，则概念也因此证明了自己是存在的真理。概念，作为它的自身返回和中介性的扬弃，便是直接的东西的前提，——这一前提与返回到自身是同一的，而这种同一性便构成自由和概念。因此，如果概念的环节可叫做不完满的，则概念本身便可说是完满的，当然也可以说，概念是从不完满的东西发展出来的，因为概念本质上即在于扬弃它的前提。但是也唯有概念设定它自身，同时也设定它的前提，正如在讨论因果关系时一般地指出，而在讨论相互关系时确切地所明白指出那样。

这样，就概念与存在和本质的联系来说，可以对概念作出这样的规定，即：概念是返回到作为简单直接的存在那种的本质，因此这种本质的映现便有了现实性，而这本质的现实性同时即是一种在自己本身内的自由映现。在这种方式下，概念便把存在作为它对它自己的简单的联系，或者作为它在自己本身内统一的直接性。存在是如此贫乏的一个范畴，以至可以说，它是最不能揭示概念中所包含的内容。

由必然到自由或由现实到概念的过渡是最艰苦的过程，因为独立的现实应当被理解为在过渡到别的独立现实的过程中并且在它与别的独立现实的同一性中，才具有它的一切实体性。这样一来，概念也就是最坚硬的东西了，因为概念本身正是这种同一性。但是那现实的实体本身，那在它的自为存在中不容许任何事物渗入的"原因"，即已经受了必然性或命运的支配，并且必定要过渡到被设定的存在。而这种受必然性或命运的支配，才应说是最坚硬的事实。反之，对必然性加以思维，也就是对上述最坚硬的必然性的消解。因为思维就是在他物中自己与自己结合在一起。思维就是一种解放，而这种解放并不是逃避到抽象中去，而是指一个现实事物通过必然性的力量与别的现实事物联结在一起，但又不把这别的现实事物当成异己的他物，而是把它当成自己固有的存在和自己设定起来的东西。这种解放，就其是自为存在着的主体而言，便叫做我；就其发展成一全体而言，便叫做自由精神；就其为纯洁的情感而言，便叫做爱；就其为高尚的享受而言，便叫做幸福——斯宾诺莎关于实体的伟大直观只是对于有限的自为存在的自在的解放；但是只有概念本身才自为地是必然性的力量和现实的自由。

附释：如这里所说，我们把概念认作存在和本质的真理，也许不免有人要问，为什么不把概念作为逻辑的开端呢？对这问题可以这样解答：逻辑的目的既在于求思想性的或概念式的知识，正因为这样，就不能自真理开始，因为真理，如果一开始就直说出来，也不过只是提出些单纯的论断而已。而建立在思想上的真理，则由思维予以证明和检验。如果我们将概念放在逻辑学的顶点上，并且就内容看来，完全是正确的，像把概念界说为存在与本质的统一那样，那么，就会引起如下的问题：我们须如何去思维存在和本质的内容呢？这两者又如何能够在概念的统一里综贯起来的呢？但如果我们一开始就解答了这些问题，而还说这不是自概念开始的，那就会只是按名词来说，而不是按照实质来说。真正的开始将会从存在出发，正像本书所采取的步骤也是自存在开始那样。但是有这么一点区别，即按某种做法，存在以及本质的种种规定或范畴，就仿佛都可以从表象那里直接地接受过来似的，与此相反，我们在本书里却考察了存在与本质自己辩证发展的过程，并且认识了它们如何扬弃其自身而达到概念的统一。

第三篇 概念论
(Die Lehre vom Begriff)

§ 160

概念是自由的原则,是独立存在着的实体性的力量。概念又是一个全体,这全体中的每一环节都是构成概念的一个整体,而且被设定和概念有不可分离的统一性。所以概念在它的自身同一里是自在自为地规定了的东西。

附释:概念的观点一般讲来就是绝对唯心论的观点。哲学是概念性的认识,因为哲学把别的意识当作存在着的并直接地独立自存的事物,却只认为是构成概念的一个理想性的环节。在"知性逻辑"(Verstandeslogik)里,概念常被认作思维的一个单纯的形式,甚或认作一种普通的表象。为情感和心情辩护的立场出发所常常重复说的:"概念是死的、空的、抽象的东西"这一类的话,大概都是指这种低视概念的看法而言。其实正与此相反,概念才是一切生命的原则,因而同时也是完全具体的东西。概念的这种性质是从前此的整个逻辑运动发展而来的,因而这里用不着先予以证明。至于刚才提到的以各概念只是形式的那种想法,是由于固执内容与形式的对立,而这种对立已经和反思所坚持的一些别的对立范畴,全都得到辩证地克服了,亦即通过它们自身矛盾发展的过程得到克服了。换言之,正是概念把前此一切思维范畴都曾加以扬弃并包含在自身之内了。概念无疑地是形式,但必须认为是无限的有创造性的形式,它包含一切充实的内容在自身内,并同时又不为内容所限制或束缚。同样,如果人们所了解的具体是指感觉中的具体事物或一般直接的可感知的东西来说,那么,概念也可以说是抽象的。概念作为概念是不能用手去捉摸的,当我们在进行概念思维时,听觉和视觉必定已经成为过去了。可是如前面所说,概念同时仍然是真正的具体东西。这是因为概念是"存在"与"本质"的统一,而且包含这两个范围中全部丰富的内容在自身之内。

假如我们像早已提过的那样,把逻辑理念的各阶段认作一系列的对于绝对的界说,那么现在所得的界说应该是:绝对就是概念。这样我们当然就必须把概念理解为另一较高的意义,异于知性逻辑所理解那样,把概念仅只看成我们主观思维中的、本身没有内容的一种形式。至此,也许有人还会问,如果"思辨逻辑"给予概念一词以特殊意义,远不同于通常对这一术语所了解的,那么为什么还要把这一完全不同的术语也叫做概念,以致引起误会和混淆呢?对这问题可以这样回答:形式逻辑的概念与思辨的概念的距离虽然很大,但细加考察,即可看出概念较为深刻的意义,并不像初看起来那样太与普通语言的用法相疏远。我们常说,从概念去推演出内容,例如从财产的概念去推演出有关财产法的条文,或者相反,从这些内容去追溯到概念。由此就可看出,概念并不仅是本身没有内容的形式。因为假如概念是一空无内容的形式的话,则一方面从这种空形式里是推不出任何内容来的,另一方面,如果把某种内容归结为概念的空形式,则这内容的规定性将会被剥夺掉,而无法理解了。

§ 161

概念的进展既不复仅是过渡到他物，也不复仅是映现于他物内，而是一种发展。因为在概念里那些区别开的东西，直接地同时被设定为彼此同一、并与全体同一的东西。而每一区别开的东西的规定性又被设定为整个概念的一个自由的存在。

附释：过渡到他物是“存在”范围内的辩证过程，映现在他物内是“本质”范围内的辩证过程。反之，概念的运动就是发展，通过发展，只有潜伏在它本身中的东西才得到发挥和实现。在自然界中，只有有机的生命才相当于概念的阶段。譬如一个植物便是从它的种子发展出来的。种子已包含整个植物在内，不过只是在理想的潜在的方式下。但我们却不可因此便把植物的发展理解为：似乎植物不同的部分，如根干枝叶等好像业已具体而微地、真实地存在于种子中了。这就是所谓“原形先蕴”的假设，其错误在于将最初只是在理想方式内的东西认作业已真实存在。反之，这个假设的正确之处在于这一点即概念在它的发展过程中仍保持其自身，而且就内容来说，通过这一过程，并未增加任何新的东西，但只是产生了一种形式的改变而已。概念的这种在过程中表示其自身为自我发展的本性，也就是一般人心目中所说的先天观念，或者即是柏拉图所提出的，一切学习都是回忆的说法了。但这种说法的意思并不是指经过教育而形成的一切特定意识内容，前此就早已一一具体而微地预先存在于意识内。

概念的运动好像是只可以认作一种游戏：概念的运动所建立的对方，其实并非对方，〔而是在它自己本身内〕。这个道理在基督教教义中是这样表述的：上帝不仅创造了一个世界，作为一种与他相对立的他物，而且又永恒地曾经产生了一个儿子，而上帝，作为精神，在他的儿子里即是在他自己本身里。

§ 162

关于概念的学说可分为三部分：（一）论主观的或形式的概念。（二）论被认作直接性的概念或客观性。（三）论理念，主体和客体、概念和客观性的统一，绝对真理。

〔**说明**〕普通逻辑仅包括有这里所提出的全系统的第三部分的一部分材料，此外还包括有上面所讨论过的思维的定律。在应用的逻辑学里复有一些关于认识论的材料。这里面还掺杂有许多心理学的，形而上学的以及各种经验的材料。其所以要掺杂这许多经验材料进去，是因为感到那些思维的形式自身最后并不充分足用。但这样一来，逻辑学便失掉它的坚定的方向了。而那些至少是属于真正逻辑范围内的形式，却仅当作被意识着的思维的范畴，而且仅当作知性思维的范畴而非理性思维的范畴。

前面所讨论过的逻辑范畴，即"存在"和"本质"的范畴，诚然不仅是思想的范畴，它们在它们的过渡、辩证环节和返回自身和全体的过程里，却能证明其自身为概念。但它们只是特定的概念（参看§84和§112），自在的概念，或换句话说，是对我们来说的概念。由于每一范畴所过渡的，所映现于其中的对方，只是相对的东西，既未被规定为特殊的东西，而作为两者之合的第三者，也未被规定为个体或主体，也未明白设定每一范畴在它的对方里得到同一，得到它的自由，因为它不是普遍性。——通常一般人所了解的概念只是一些理智规定或只是一些一般的表象，因此，总的说来只是思维的一些有限的规定(参看§62)。

概念的逻辑通常被认作仅是形式的科学，并被理解为研究概念、判断、推论的形式本身的科学，而完全不涉及内容方面是否有某种真的东西；殊不知关于某物是否真的问题完全取决于内容。如果概念的逻辑形式实际上是死的、无作用的和无差别的表象和思想的容器的话，那么关于这些形式的知识就会是与真理无涉的、无聊的古董。但是事实上，与此相反，它们(逻辑形式)作为概念的形式乃是现实事物的活生生的精神。[①] 现实的事物之所以真，只是凭借这些形式，通过这些形式，而且在这些形式之内才是真的。但这些形式本身的真理性，以及它们之间的必然联系，直至现在还没有受到考察和研究。

A. 主观概念(Der Subjektive Begriff)

(a)概念本身(Der Begriff als Solcher)

§　163

概念本身包含下面三个环节：一、普遍性，这是指它在它的规定性里和它自身有自由的等同性。二、特殊性、亦即规定性，在特殊性中，普遍性纯粹不变地继续和它自身相等同。三、个体性，这是指普遍与特殊两种规定性返回到自身内。这种自身否定的统一

① 列宁摘录了这句话，见《列宁全集》第38卷第186页。——译者注

性是自在自为的特定东西,并且同时是自身同一体或普遍的东西。

〔**说明**〕个体事物与现实事物是一样的,只不过前者是从概念里产生出来的,因而便被设定为普遍的东西,或自身否定的同一性。现实的事物,因为它最初只是存在和本质之潜在的或直接的统一,故能够发生作用。但概念的个体性是纯全起作用的东西,而且并不复像原因那样带有对另一事物产生作用的假象,而却是对它自己起作用。——但个体性不可以了解为只是直接的个体性,如我们所说个体事物或个人那样。这种意义的个体性要在判断里才出现。概念的每一环节本身即是整个概念(§160),但个体或主体,是被设定为全体的概念。

附释一:一说到概念人们心目中总以为只是一抽象的普遍性,于是概念便常被界说为一个普遍的观念。因此人们说颜色的概念,植物动物的概念等等。而概念的形成则被认为是由于排除足以区别各种颜色、植物、动物等等的特殊部分,而坚持其共同之点。这就是知性怎样去了解的概念的方式。人们在情感上觉得这种概念是空疏的,把它们只认为抽象的格式和阴影,可以说是很对的。但概念的普遍性并非单纯是一个与独立自存的特殊事物相对立的共同的东西,而毋宁是不断地在自己特殊化自己,在它的对方里仍明晰不混地保持它自己本身的东西。无论是为了认识或为了实际行为起见,不要把真正的普遍性或共相与仅仅的共同之点混为一谈,实极其重要。从情感的观点出发的人常常对于一般思维,特别对于哲学思维所加的抨击,以及他们所一再断言的思维太遥远、太空疏的危险性,都是由于这种混淆而引起的。

普遍性就其真正的广泛的意义来说就是思想,我们必须说,费了许多千年的时间，思想才进入人的意识。直到基督教时期，思想才获得充分的承认。在别的文化部门方面有了高度造诣的希腊人，对于神和对于人的真正普遍性皆没有充分意识到。希腊人的神灵只是特殊的精神力量，而有普遍性的上帝，一切民族所共仰的上帝，对于雅典人说来，还是一个隐蔽的上帝。同样对于希腊人来说，他们与野蛮人之间也有一个绝对的鸿沟。对于人的本身也还未被他们承认有无限的价值和无限的权利。常有人提出问题，为什么奴隶制度在近代欧洲会消灭？于是他们时而援引某种特殊情况，时而又援引另一种特殊情况来解释这一现象。但基督教的欧洲之所以不复有奴隶的真正根据，不在别的地方，而应从基督教原则本身去寻求。基督教是绝对自由的宗教，只有对于基督徒，人才被当作人，有其无限性和普遍性。奴隶所缺乏的，就是对他的人格的承认，而人格的原则就是普遍性。主子不把奴隶当作人，而只当作一种没有自我的物品。而奴隶也不把他自己看成是"我"，他的"我"就是他的主子。

上面所提到过的单纯的共同点与真正的普遍之间的区别，在卢梭著名的《民约论》中却有恰当的表述。他说，国家的法律必须由公意或普遍的意志(Volonté générale)产生，但公意却无须是全体人民的意志(Volonté de tous)。卢梭对于政治学说将会有更深邃的贡献，如果他心目中能够老是保持着这种区别。公意、普遍意志即是意志的概念，法律就是基于这种普遍意志的概念而产生的特殊规定。

附释二：关于知性逻辑所常讨论的概念的来源和形成问题，尚需略说几句，就是我们并不形成概念，并且一般说来，概念决不可认作有什么来源的东西。无疑地，概念并不仅是单纯的存在或直接性。概念也包含有中介性。但这种中介性即在它自身之内，换言之，概念就是它自己通过自己并且自己和自己的中介。我们以为构成我们表象内容的那些对象首先存在，然后我们主观的活动方随之而起，通过前面所提及的抽象手续，并概括各种对象的共同之点而形成概念，——这种想法是颠倒了的。反之，宁可说概念才是真正的在先的。事物之所以是事物，全凭内在于事物并显示它自身于事物内的概念活动。这个思想出现在宗教意识里，我们是这样表达的：上帝从无之中创造了世界。或换句话说，世界和有限的事物是从神圣思想和神圣命令的圆满性里产生出来的。由此必须承认：思想，准确点说，概念，乃是无限的形式，或者说，自由的、创造的活动，它无需通过外在的现存的质料来实现其自身。

§ 164

概念是完全具体的东西。因为概念同它自身的否定的统一，作为自在自为的特定存在，这就是个体性，构成它〔概念〕的自身联系和普遍性。在这种情形下，概念的各环节是不可分离的。那些反思的范畴总会被认为各个独立有效，可以离开其对方而孤立地理解的；但由于在概念里它们的同一性就确立起来了，因而概念的每一环节只有直接地自它的对方而来并和它的对方一起，才可以得到理解。

〔**说明**〕普遍性、特殊性、个体性，抽象地看来，也就相同于同、异和根据。但普遍性乃是自身同一的东西，不过须明白了解为，在普遍性里同时复包含有特殊的和个体的东西在内。再则，特殊的东西即是相异的东西或规定性，不过须了解为，它是自身普遍的并且是作为个体的东西。同样，个体事物也须了解为主体或基础，它包含有种和类于其自身，并且本身就是实体性的存在。这就表明了概念的各环节有其异中之同，有其差别中的确立的不可分离性（§160）。——这也可叫做概念的明晰性，在概念中每一差别，不但不引起脱节或模糊，而且是同样透明的。

我们最常听见的说法，无过于说，概念是某种抽象的东西。这话在一定范围内是对的，一方面是因为概念指一般的思想，而不以经验中具体的感官材料为要素，一方面是因为概念还不是理念。在这种意义下，主观的概念还是形式的。但这也并不是说，概念好像应该接受或具有它自身以外的内容。就概念作为绝对形式而言，它是一切规定性，但概念却是这些规定性的真理。因此，概念虽说是抽象的，但它却是具体的，甚至是完全具体的东西，是主体本身。绝对具体的东西就是精神（参看§159末段）。——就概念作为概念而实存着来说，它自己区别其自身于客观性，客观性虽异于概念，但仍保持其为概念的客观性。一切别的具体事物，无论如何丰富，都没有概念那样内在的自身同一，因而其本身也不如概念那样具体。至于我们通常所了解的具体事物，乃是一堆外在地拼凑在一起的杂多性，更是与概念的具体性不相同，——至于一般人所说的概念，诚然是特定的概念，例如人、房子、动物等等，只是单纯的规定和抽象的观念。这是一些抽象的东西，它们从概念中只采取普遍性一成分，而将特殊性，个体性丢掉，因而并不是从特殊性、个体性发展而来，而是从概念里抽象出来的。

§ 165

个体性这一环节首先建立起概念中各环节的区别。由于个体性是概念的否定的自身反映，所以个体性最初是概念的自由区分〔或自我分化〕，它就是对概念的第一否定。这样一来，概念的规定性便建立起来了，但这是作为特殊性而建立起来的。这就是说，第一，这些区别开的东西只表示概念各环节彼此间的规定性；第二，各环节间的同一性（即这个就是那个），也同样建立起来了。这种建立起来的概念的特殊性就是判断。

〔**说明**〕通常将概念分为清楚的、明晰的、和正确的三种的办法，不属于概念的范围，而属于心理学的范围。在心理学里清楚和明晰的概念皆指普通观念或表象而言。一个清楚的概念是指一个抽象的简单的特定的表象。一个明晰的观念除具有简单性外，但尚具有一种标志，或某种规定性可以特别举出来作为主观认识的记号。真正讲来，没有什么东西比标志这一为人们喜爱的范畴，更足以作为表示逻辑的衰败和外在性的标志了。正确的观念比较接近概念，甚至接近理念，但是它仍然不外仅表示一个概念甚或一个表象与其对象（一个外在的事物）之间的形式上的符合。——至于所谓从属的概念与对等的概念的分别，实基于一种对普遍与特殊的无意义的区别，并且也是基于以外在的反思方式去看两者的相互关系。又如列举相反的与矛盾的观念，肯定的与否定的观念等，也不过是对于思想的规定性偶有所见，而对于这些形式本身应属于存在和本质的范围，则是前此业已讨论过的，而且它们与概念的规定性本身实毫不相干。——把概念真正地区别为普遍的、特殊的、个体的三个环节，也可以说，是构成概念的三个样式，但也只有当外在的抽象思想将它们彼此分开后，才可以那样说。对概念加以内在的区别和规定，就是判断。因为下判断，就是规定概念。

(b)判断(Das Urteil)

§166

判断是概念在它的特殊性中。判断是对概念的各环节予以区别，由区别而予以联系。在判断里，概念的各环节被设定为独立的环节，它们同时和自身同一而不和别的环节同一。

〔**说明**〕通常我们一提到判断，就首先想到判断中的两极端，主词与谓词的独立性，以为主词是一实物，或独立的规定，同样以为谓词是一普遍的规定，在那主词之外，好像是在我们脑子里面似的。于是我们便把主词与谓词连接起来而下一判断。由于那联系字“是”字，却说出了谓词属于那主词，因而那外在的主观的联属便又被扬弃了，而判断便被认作对象的自身规定了。——在德文里判断(Urteil)有较深的字源学意义。判断表示概念的统一性是原始的，而概念的区别或特殊性则是对原始的东西予以分割。这的确足以表示判断的真义。

抽象的判断可用这样的命题表示：“个体的即是普遍的”。个体与普遍就代表主词与谓词最初彼此对立的两个规定，由于概念的各环节被认作直接的规定性或初次的抽象。（又如“个体的即是特殊的”和“特殊的即是普遍的”等命题，则属于对判断更进一步的规定。）最值得惊异的缺乏观察力之处，即在许多逻辑书本里并未指出这样一件事实:即在每一判断中都说出了这样的命题:如"个体是普遍",或者更确切点说:"主词是谓词"(例如,上帝是绝对精神)。无疑地,个体性与普遍性,主词与谓词等规定之间也有区别,但并不因此而影响一件极为普遍的事实:即每一判断都把它们表述成同一的。

那联系字"是"字是从概念的本性里产生出来的,因为概念具有在它的外在化里与它自己同一的本性。个体性和普遍性作为概念的环节,是不可能彼此孤立的两种规定性。前面所讨论到的反思的规定性,在它们的相互关系中也彼此有互相联系,但它们的关系只是"有"的关系,不是"是"的关系,这就是说,不是一种明白建立起来的同一性或普遍性。所以,判断才是概念的真正的特殊性,因为判断是概念的区别或规定性的表述,但这种区别仍然能保持其普遍性。

附释:判断常被认为概念的联结,甚或认为是不同种类的概念的联结。就其认概念为构成判断的前提和在判断中以差别的形式出现而言,这种判断论当然是对的。不过如果说概念有种类的不同,那就错了,因为概念,虽说是具体的,但就其为概念而言,本质上仍然是一个概念,而概念所包涵的各个环节也不可认作种类的不同。如果说成是把判断的两边加以联结,也同样是错的。因为一说到联结,就令人误以为那被联结的双方会独立存在于联结之外。这种对于判断的性质的外在的看法,当人们说判断的产生是由于把一个谓词加给主词时,就更明确了。照这种看法,主词便是外在的独立自存之物,而谓词就被认为只是从我们脑子内找出来的东西。但是主词与谓词关系的这种看法,却与联系词"是"字相矛盾。当我们说,"这朵玫瑰花是红的"或者说"这幅画是美的"时,我们这里所表达的，并不是说我们从外面去把红加给这朵玫瑰花，把美加给这幅画，而只是说红美等是这些对象自身特有的诸规定。形式逻辑对于判断的通常看法还有一个缺点，按照这种逻辑，判断一般好像仅只是一个偶然的东西，而从概念到判断的进展过程也没有得到证明。但须知，概念本身并不像知性所假想的那样自身固执不动，没有发展过程，它毋宁是无限的形式，绝对健动，好像是一切生命的源泉(Punctum saliens)，因而自己分化其自身。这种由于概念的自身活动而引起的分化作用，把自己区别为它的各环节，这就是判断。因此判断的意义，就必须理解为概念的特殊化。无疑地，概念已经是潜在的特殊性。但是在概念本身内，特殊性还没有显著地发挥出来，而是仍然与普遍性有着明显的统一。例如前面所说(§161附释)，植物的种子诚然业已包含有根、枝、叶等等特殊部分，但这些特殊的成分最初只是潜在的，直至种子展开其自身时，才得到实现。这种自身的开展也可以看成是植物的判断。这个例子还可用来表明，何以无论概念也好，判断也好，均不单纯是在我们脑子里找出来的，也不单纯是由我们造成的。概念乃是内蕴于事物本身之中的东西；事物之所以是事物，即由于其中包含概念，因此把握一个对象，即是意识着这对象的概念。当我们进行判断或评判一个对象时，那并不是根据我们的主观活动去加给对象以这个谓词或那个谓词。而是我们在观察由对象的概念自身所发挥出来的规定性。

§ 167

判断通常被认为是一种主观意义的意识活动和形式，这种活动和形式仅单纯出现于自我意识的思维之内。但在逻辑原理里，却并没有作出过这种区别。因为按照逻辑原则，判断是被认为极其普遍的："一切事物都是一个判断"，这就是说，一切事物都是个体的，而个体事物又是具有普遍性或内在本性于其自身的；或者说是，个体化的普遍性。在这种个体化的普遍性中，普遍性与个体性是区别开了的，但同时又是同一的。

〔**说明**〕按照对于判断的单纯的主观解释，好像是由我附加一个谓词给一个主词，但这却正好与判断的客观表述相矛盾：在"玫瑰是红的"，"黄金是金属"等判断里，并不是我首先从外面附加给它们某种东西。——判断与命题是有区别的；命题对主词有所规定，而这个规定与主词并无普遍关系，只不过表述一个特殊状态，一种个别行动等等类似的东西。譬如，恺撒某年生于罗马，在高卢地区进行了十年战争，渡过了鲁比康河等等只能算是命题，而非判断。又如说，"我昨晚睡得很好"，或说，"举枪！"等话，均可转变成判断的形式，也未免空无意义。只有这样一个命题如"一辆马车走过去了"，也许可以算作一判断，但至多也只是一个主观的判断，如果我们怀疑那走过去的东西是否马车，或者我们怀疑究竟是对象在动呢，还是观察者在动。总之，只有当我们的目的是在对一个尚没有适当规定的表象加以规定时，才可说是在下判断。

§ 168

判断所表示的观点是有限的观点。从判断的观点看来，事物都是有限的，因为事物是一个判断，因为它们的特定存在和它们的普遍本性（它们的肉体和它们的灵魂）虽是联合在一起的，（否则事物将为无物），但它们的这些环节仍然是不同的，而且一般说来又是可以分离的。

§ 169

在"个体是共体"这一抽象的判断里，主词是否定地自身联系的东西，是直接具体的东西，反之，谓词则是抽象的、无规定性的、普遍的东西。但这两个成分却被一个"是"字联在一起，所以那具有普遍性的谓词也必然包含有主词的规定性，因而是特殊性。而特殊性就是主词与谓词确立了的同一性。特殊性就其中立于主词、谓词形式上的差别而言，就是内容。

〔**说明**〕主词必先通过谓词的规定才具有其明确的规定性和内容，因而孤立的主词本身只是单纯的表象或空洞的名词。在类似"上帝是最真实者"或"绝对是自身同一者"等判断里，上帝和绝对只是单纯的名词；主词的内容只有借谓词表述出来。主词作为一具体的事物在别的方面的内容如何，这一判断毫未涉及（参看§ 31）。

附释：如果我们说：主词就是对它有所说的某物，谓词就是说出来的东西，那么这个说法未免失之琐屑。因为这种说法对于两者的差别毫未切实道及。按照它的思想来说，主词是个体，谓词是共体。在判断的更进一步的发展过程中，主词便不单纯是直接的个体，而谓词也不单纯是抽象的共体。于是主词便获得特殊性和普遍性的意义。谓词也获得特殊性和个体性的意义。所以判断的两方面虽有了主词与谓词两个名称，但在发展的过程中，它们的意义却有了变换。

§ 170

现在更进一步讨论主词与谓词的特性。主词,作为否定的自我关系(参看§163及§166的说明),是谓词的稳固基础。谓词持存于主词里,并理想地包含在主词里。也可以说,谓词内蕴在主词里。再则由于主词一般直接地是具体的,故谓词的某种特殊内容仅表示主词的许多规定性之一,于是主词便较谓词更为丰富,更为广大。

反之,谓词作为共体,它是独立自存的,而且与主词的存在与否不相干。谓词超出主词,使主词从属在它的下面,因此,就它的这一方面来说,谓词又较主词更为广大。只有谓词的特定内容(§169)才构成两者的同一。

§ 171

主词、谓词和特定内容或主客的同一之间的关系所形成的判断里,最初仍然是被设定为相异的,或彼此相外的。但就本质上说,亦即按照概念的观点来看,它们是同一的。由于主词是一具体的全体,这就是说,主词不是任何某种不确定的杂多性,而只是个体性,即特殊性与普遍性在同一性中。——同样,谓词也是这样的统一性(§170)。再则设定主词与谓词的同一性的联系字,最初也只是用一个抽象的"是"字去表述。依这种同一性看来,主词也须设定具有谓词的特性,从而谓词也获得了主词的特性,而联系字"是"也就充分发挥其效能了。这就是判断通过内容充实的联系字而进展到推论的过程。判断的进展最初只是对那抽象的感性的普遍性加以全、类、种等等规定，更进而发展到概念式的普遍性。

〔**说明**〕有了对判断进一步加以规定的知识，我们便可于通常所列举的判断的种类里，发现一种意义和联系。我们更可看出，通常对于判断的种类的列举不但十分偶然，显得肤浅，而且所提出的一些区别也有些杂乱无章。譬如，肯定判断，直言判断，和确然判断的区别，可以说是一方面出于捕风捉影，一方面仍然没有确定的区别。真正讲来，不同的判断须看成是一个跟随一个必然进展而来，并看成是对概念自身的一种连续规定。因为判断不是别的，即是特定的或规定了的概念。

从前面的存在和本质两个范围看来，特定的概念作为判断，也可以说是这两个范围的重演，不过是就概念的简单关系加以发挥罢了。

附释：不同种类的判断并不单纯是经验的杂多体，而必须把它们理解为通过思维所规定的全体。康德的一个伟大功绩就在于首先指出了这种要求的必然性。虽说康德根据他的范畴表的架格，提出了一种对于判断的分类，把判断分为质的判断，量的判断，关系的判断和样式的判断，但这个分类不能令人满意，一方面由于他仅是形式地运用这些范畴架格，一方面也是由于这些范畴的内容〔是空疏的〕。但他这种划分确系基于真实的直观，确实认识到我们借以规定各种不同的判断的原则，即逻辑理念的普遍形式本身。依这种看法，我们便可获得，三种主要的判断恰好相当于“存在”，“本质”和“概念”三个阶段。其中第二种主要判断恰好相当于本质的性格，亦即相当于差别的阶段，使得这一阶段自身又得到了重新表述。这种判断的分类系统的内在根据要在下面的原则去寻求：

即概念既然是“存在”与“本质”的理想的统一，则概念在判断中的发展，也必须首先在符合概念变化发展的方式下重现这两个阶段的范畴。同时概念本身随之就会表明为规定着真正判断的原则。

各种不同的判断不能看作罗列在同一水平，具有同等价值，毋宁须把它们认作是构成一种阶段性的次序，而各种判断的区别则是建筑在谓词的逻辑意义上的。至于判断具有价值的区别，甚至在通常意识里也一直可以找到。譬如，对于一个常常喜欢提出“这墙是绿色的”，“这火炉是热的”一类判断的人，我们决不迟疑地说他的判断力异常薄弱。反之，一个人所下的判断多涉及某一艺术品是否美，某一行为是否善等等问题，则我们就会说他真正地知道如何去下判断。对于刚才所提到的第一种判断，其内容只形成一种抽象的质，要决定它是否有这质，只须有直接的知觉即可足用。反之，要说出一件艺术品是否美，一个行为是否善，就须把所说的对象和它们应该是什么样的情况相比较，换言之，即须和它们的概念相比较。

(1)质的判断(Qualitatives Urteil)

§ 172

直接判断是关于**定在**[①]的**判断**。直接判断的主词被设定在一种普遍性里，把普遍性作为它的谓词，这个谓词是一种直接的质，

① 定在(Dasein)是“特定存在”的意思，定在即指存在于特定时间，特定地点，有特定的质或量的，有限的当前实际事物而言，“定在的判断”是关于感性方面的特定存在的判断。——译者注

因而亦即感性的质。质的判断可以是(一)肯定的判断:个体是特殊。但个体并不是特殊,或确切点说,这种个别的质并不符合主词的具体的本性。这样的判断就是(二)否定的判断。

〔**说明**〕认为这玫瑰花是红的,或不是红的,这类质的判断包含有真理,乃是一个最主要的逻辑偏见。至多可以说:这类判断是不错(richtig)的。这就是说,在知觉、在有限的表象和思维的限定的范围内,这些话是不错的。其错或不错,须取决于其内容,而这内容也同样是有限的,单就其自身来说,也是不真的。但真理完全取决于它的形式,亦即取决于它所确立的概念和与概念相符合的实在。但这样的真理在质的判断里是找不到的。

附释:在日常生活里,"真理"与"不错"常常当作同义的名词。因此当我们的意思本想说某句话不错时,我们便常说那句话是真理。一般讲来,"不错"仅是指我们的表象与它的内容有了形式上的符合,而不问这内容的其他情形。反之,真理基于对象与它自己本身相符合,亦即与它的概念相符合。譬如说,某人病了,或某人偷窃东西,这些话尽可以说是不错的,但这样的内容却不是真的。因为一个有病的身体与身体的概念是不一致的。同样,偷窃行为与人的行为的概念也是不相符的。从这些例子可以看出,一个直接的判断,关于某一个别事物的某种抽象的质有所表述,无论这质的判断如何不错,却不能包含真理,因为这种判断里的主词与谓词彼此的关系,不是实在与概念的关系。

我们还可以说,直接判断之所以不真,即由于它的形式与内容彼此不相符合。当我们说,"这玫瑰花是红的"时,由于有联系字"是"作为媒介,就包含主词与谓词彼此符合一致。但玫瑰花是一个具体的东西，它不单纯是红的，而又有香气，还有特定的形状和其他别的特性，都没有包含在谓词"红"之内。另外，谓词作为一个抽象的共体，也不仅单独适合于这一主词。再则还有许多别的花和一般别的东西，也同样是红的。所以在直接判断里，主词与谓词似乎彼此间只在一点上接触，它们彼此并不相吻合。概念的判断情形便与此不同。当我们说这个行为是善的时，我们便作出一个概念的判断。我们立即可以看出，在这里主词与谓词间的关系便不是松懈外在，像直接判断那样。因为在直接判断里，谓词乃是一种抽象的质，这质可以隶属于主词，亦可以不隶属于主词。反之，在概念的判断里，谓词好像是主词的灵魂，主词，作为这灵魂的肉体，是彻头彻尾地为灵魂（谓词）所决定的。

§ 173

在这种质的否定，即作为初次的否定中，主词与谓词的联系是仍然保持着的。谓词因此便是一种相对的普遍性，只是它的某一特质被否定了。（说玫瑰花不是红的，即包含它还是有颜色的，不过是具有另一种颜色罢了。但这只表明它又是一种肯定的判断。）但个别的事物也不是一种普遍性的东西。因此（三）判断自身便分裂为两个形式：（α）为一种空洞的同一关系，说：个体就是个体，——这就是同一的判断；或（β）为一种主词与谓词完全不相干的判断，这就是所谓无限的判断。

〔**说明**〕无限判断的例子，有如"精神不是象"，"狮子不是桌子"等等。类似这种命题是不错的，但正和同一性的命题一样毫无意义，如说："一个狮子是一个狮子"，"精神是精神"。这些命题虽然是直接的或所谓质的判断的真理性，但一般讲来，它们并不是判断，仅会出现在坚持任何一个不真的抽象观念的主观思维里。——客观地看来，这些判断表达了存在着的东西或感性事物的性质，如刚才所说它们陷于分裂，一方面成为空的同一性，另一方面成为充满一切的关系，但这种关系是相关的双方之质的异在，彼此完全不相干。

附释：主词与谓词毫无任何联系的这种否定的无限判断，在普通形式逻辑里常被引用单纯当作毫无意义的玩意儿。但事实上，这种无限的判断却不仅是主观思维的一个偶然形式，而且它还引出前面的直接判断（肯定的和简单否定的直接判断）之最近的辩证发展的结果，在其中直接判断的有限性和不真性就明白地显露出来了。犯罪一事可以认作否定的无限判断的一个客观的例子。一个人犯了罪，如偷窃，他不仅如像在民事权利争执里那样，否定了别人对于特定财物的特殊权利，而且还否认了那人的一般权利。因此他不仅被勒令退还那人原有的财物，而且还须受到惩罚。这是因为他侵犯了法律本身的尊严，侵犯了一般的法律。反之，民事诉讼里对于法权的争执，只是简单的否定判断的一个例子。因为那犯法的一方只是否定了某一特殊法律条文，但他仍然承认一般的法律。简单否定判断的意义与这种情形颇为相似：这花不是红的，——这里所否定于花的只是它的这一种特殊的颜色，而不是否定花的一般的颜色。因为这花尚可能是蓝的、黄的或别种颜色的。同样，死亡也是一种否定的无限判断，它是与作为单纯的否定判断看待的疾病有所区别的。在疾病里，只是人的生命中此种或彼种功能受妨碍了或被否定了。反之，在死亡里，如我们所常说那样，肉体和灵魂分离了，这就是说，主词与谓词完全隔绝了。

(2)反思的判断(Das Reflexions-Urteil)

§ 174

个体在判断中被设定作为(返回到自己)的个体，就有一个谓词，而与这谓词相对的主词，作为自己与自己相联系的东西，同时仍然是谓词的对方。——在实存里，这主词不复是一个直接的质的东西，而是与一个他物〔对方〕或外部世界有着相互关系和联系。这样一来，谓词的普遍性便获得这种相对性的意义。(例如，有用的或危险的；重量或酸性；又如本能等等，均可当作相对性谓词的例子。)

附释：反思判断不同于质的判断之处，一般在于反思判断的谓词不复是一种直接的抽象的质，而是这样的，即主词通过谓词而表明其自身与别一事物相联系。譬如，我们说，这玫瑰花是红的，我们是仅就主词直接的个体性来看，而没有注意到它与别的东西的联系。反之，如果我们下这样的判断："这一植物是可疗疾的"，则通过谓词，可疗疾的性能，便与别一事物(利用此植物去治疗疾病)联系起来了。同样，像"这一物体是有伸缩性的"，"这工具是有用的"，"这种刑罚有恐吓人的作用"等判断，也都是反思的判断。因为这些判断里的谓词，一般都是些反思的规定。通过这样的反思规定，谓词诚然超出了主词的直接的个体性，但对于主词的概念却仍然还没有提示出来。通常抽象理智式的思维最喜欢运用这种方式的判断。所考察的对象愈是具体，则这种对象就愈可以提供更多的观点给反思思维。但是通过反思的思维决不能穷尽对象的固有本性或概念。

§ 175

第一，主词，作为个体的个体（在单一判断里），是一个共体。第二，在这种关系里，主词便超出了它的单一性。主词的这种扩大乃是一种外在的主观反思，最初只是一不确定的特殊性。（在直接的判断即否定又肯定的特殊判断里；个体自身区分为二，一方面它自己与自己相联系，一方面它与他物相联系。）第三，有一些东西是普遍性，于是特殊性便扩大为普遍性；或者普遍性被主词的个体性所规定而成为全体性（共同性，通常的反思的普遍性）。

附释：当主词在单一判断里被认作有普遍性时，从而主词便超出其仅为一单纯的个体性的地位。当我们说，"这植物是可疗疾的"时，意思并不只是指仅仅这一单独的植物是可疗疾的，而且指一些或几个这样的植物都有这种效能。于是我们便进而得到特殊判断（有一些植物是可疗疾的，有一些人是有发明能力的等等）。那直接的个体性通过特殊性便失掉其独立性，进而与别的事物联系在一起。人作为这一个人来说，便不复仅是这一个别的人，而是与别的人站在一起，因而成为众人中的一分子。正由于这样，他便又属于他的普遍性，因而他就提高了。——特殊判断既是肯定的，又是否定的。如果只是一些物体是有伸缩性的，那么很明显，别的许多物体便是没有伸缩性的。

这样，于是又进展到第三种形式的反思判断，这就是全称判断（凡人皆有死；凡金属皆传电）。全体性是反思式的思想首先习于想到的一种普遍性。以个体事物作为反思的基础,我们主观的思维活动,便把那些事物综括起来,而称之为“全体”。在这里普遍性只表现为一种外在的联结,这种联结作用把独立自存的和互不相干的个体事物总括起来。然而真正讲来,普遍性才是个体事物的根据和基础,根本和实体。譬如,我们试就卡尤斯、提图斯、森普罗尼乌斯以及一个城市或地区里别的居民来看,那么他们全体都是人,并不仅是因为他们有某些共同的东西,而且是因为他们同属一类(Gattung)或具有共性。要是这些个体的人没有类或共性,则他们就会全都失掉其存在了。反之,那种只是表面的所谓普遍性,便与这里所讲的类或共性大不相同;事实上这种表面的普遍性只是所有的个体事物被归属在一起和它们的共同之点。有人曾说过,人之所以异于禽兽,由于人共同具有耳垂。然而如果这人或那人没有耳垂,很明显这决不会影响他别方面的存在,他的性格和才能等等。反之,如果假定卡尤斯根本不是人,却说他有勇气、有学问等等,那便是荒谬之至了。个体的人之所以特别是一个人,是因为先于一切事物,他本身是一个人,一个具有人的普遍性的人。这种普遍性并不只是某种在人的别的抽象的质之外或之旁的东西,也不只是单纯的反思特性,而毋宁是贯穿于一切特殊性之内,并包括一切特殊性于其中的东西。

§ 176

由于主词也同样被规定为普遍的东西,因此主词与谓词的同一性便建立起来了,从而判断形式的划分也就显得无关重要了。主词与谓词间的这种内容的统一(内容即是与主词的否定的自身回复相同一的普遍性），使得判断的联系成为一种必然的联系。

附释：从反思的全称判断进展到必然判断，也曾在我们的通常意识里可以看见：譬如，当我们说，凡属于全体的即属于类，因而即是必然的。当我们说：所有的植物，所有的人等等与说人，植物等等，完全是一样的。

（3）必然的判断（Urteil der Notwendigkeit）

§ 177

必然的判断，作为在内容的差别中有同一性的判断，有三种形式：（一）在谓词里一方面包含有主词的实质或本性，具体共相（共体）或类（die Gattung）；一方面由于共体里也包含有否定的规定性在自身内，因而这谓词便表示排他性的本质的规定性，即种（die Art）。这就是直言判断。

（二）按照主词和谓词的实质性，它们双方都取得独立现实性的形态，而它们的同一性则只是内在的。因此一方的现实性同时并不是它自身的现实性，而是它的对方的存在。这就是假言判断。

（三）在概念的这种外在化的过程里，它的内在的同一性同时也建立起来了。所以共性就是“类”，“类”在它排斥他物的个体性里，是自身同一的。这种判断，它的主词和谓词双方都是共性，这共性有时确是共性，有时又是它排斥自身的特殊化过程的圆圈。在这个圆圈里，“不是这样就是那样”，以及“既是这样又是那样”，它都代表类，这样的判断就是选言判断。普遍性最初是作为类，继而又作为它的两个种在绕圈子。这样的普遍性便被规定并设定为全体性。

附释：直言判断（如“黄金是金属”，“玫瑰花是一植物”）是直接的必然判断，约相当于本质范围内的实体和偶性的关系。一切事物都是一直言判断，亦即一切事物皆有构成其坚定不变的基础或实体本性。只有当我们从类的观点去观察事物，并认事物必然地为类所决定时所下的判断，才算是真正的判断。如果有人把类似“黄金是昂贵的”，“黄金是金属”这两种判断，认为是平列于同一阶段，那就表明他缺乏逻辑训练。“黄金是昂贵的”，只涉及黄金与我们的嗜好和需要的外在关系，并涉及要获得黄金的费用以及其他情形。黄金仍能保持其为黄金，即使那种的关系改变了或取消了。反之，金属性却构成黄金的实体本性，没有了金属性，则黄金以及一切属于黄金的特质，或一切可以描写黄金的词句，将无法自存。同样，当我们说，“卡尤斯是一个人”时，情形也是如此。我们所要表述的意思即在于：不管他一切别的情形怎样，只要它们符合他作为一个人的实体本性，它们才有意义和价值。

但直言判断甚至在一定限度内还是有缺点的，在直言判断里特殊性那一方面便没有得到应有的地位。譬如，黄金固然是金属，但银、铜、铁等等也同样是金属。而金属性作为金属的类，对于它所包含的种方面的特殊的东西是漫无差别的。为了克服这种缺点，这就使得直言判断进展到假言判断。假言判断可以用这样的公式表达：如果有甲，则有乙。这种由直言判断进展到假言判断的过程与前面本质范围内所讨论的由实体与偶性的关系进展到因果关系的过程，其矛盾进展的情形是相同的。在假言判断里，内容的规定性表现为中介了的，依赖于对方的。这恰好就是因与果的关系。一般讲来,假言判断的意义,即在于通过假言判断,普遍性在它的特殊化过程中就确立起来了。这样便过渡到必然判断的第三种形式,即选言判断。甲不是乙必是丙或丁;诗的作品不是史诗必是抒情诗或剧诗;颜色不是黄的必是蓝的或红的等等。选言判断的两方面是同一的。类是种的全体,种的全体就是类。这种普遍与特殊的统一就是概念。所以概念现在就构成了判断的内容。

(4)概念的判断(Das Urteil des Begriffs)

§ 178

概念的判断以概念、以在简单形式下的全体,作为它的内容,亦即以普遍事物和它的全部规定性作为内容。概念判断里的主词,(一)最初是一个体事物,而以特殊定在返回到它的普遍性为谓词。换言之,即以普遍性与特殊性是否一致为谓词,如善、真、正当等等。这就是确然判断。

〔**说明**〕像这样的判断,说一个事物或行为是好或坏、真、美等等,甚至在普通生活里我们也称为判断。我们决不会说一个人有判断力,如果他只知道作肯定的或否定的判断如:这玫瑰花是红的,这幅画是红的、绿的、陈旧的等等。

确然判断,虽说一般社会不承认它自称为有何独立的可靠性,但是由于近来主张直接知识和直接信仰的原则的流行。甚至在哲学里也被发挥成为独特的重要形式的学说了。我们可以在主张这种原则的许多所谓哲学著作里,读到千百次关于理性、知识、思想等等的论断或确信,因为外在的权威此时反正已没有多大效力了,于是这些论断便想通过对于同一原则之无穷地一再申述，以求赢得对它们的信仰。

§ 179

确然判断在它最初的直接主词里，还没有包含谓词所须表达的特殊与普遍的联系。因此确然判断只是一主观的特殊性，因而为一个具有同样理由，或者毋宁说同样没有理由的另一相反的论断所反对。因此它就立即只是(二)一种或然判断。但是当客观的特殊性被确立在主词之内，主词的特殊性成为它的定在本身的性质时，这样(三)主词便表达了客观的特殊性与它的本身性质、亦即与它的"类"之间的联系，因而亦即表达出构成谓词的内容的概念了(参看§178)。如：这一所(直接的个体性)房子(类或普遍性)，具有一些什么样的性质(特殊性)，是好的或坏的。这就是必然判断。——一切事物皆是一类(亦即皆有其意义与目的)，皆是在一个具有特殊性质的个别现实性中的类。至于它们之所以是有限的，是因为它们的特殊性可以符合共性，或者也可以不符合共性。

§ 180

这样，主词与谓词自身每一个都是整个判断。主词的直接性质最初表明其自身为现实事物的个别性与其普遍性之间的中介的根据，亦即判断的根据。事实上这里所建立起来的，乃是主词与谓词的统一，亦即概念本身。概念即是空虚的联系字"是"字的充实化。当概念同时被区分为主词与谓词两个方面，则它就被建立为二者的统一，并使二者的联系得到中介，——这就是推论。

(c)推论(Der Schluss)

§　181

推论是概念和判断的统一。推论是判断的形式差别已经返回到简单同一性的概念。推论是判断,因为同时它在实在性中,亦即在它的诸规定的差别中,被设定起来了。推论是合理的,而且一切事物都是合理的。

〔**说明**〕人们通常习于把推论〔即三段论式〕认作理性思维的形式,但是只认作一种主观的形式,在推论形式与别的理性的内容,例如理性的原则,理性的行为、理念等等之间,不能指出任何一种联系。我们一般时常和多次听见人说起理性,并诉诸理性,却少有人说明理性是什么,理性的规定性是什么,尤其少有人想到理性和推论的联系。事实上,形式的推论是用那样不合理的方式去表述理性,竟使得推论与理性的内容毫不相干。但是既然这样的理性内容只有通过思维所赖以成为理性的那个规定性,才能够成为理性的,所以这种内容之所以能够成为理性的,只有通过那种推论〔或三段论式〕的形式才行。但推论不是别的,而是(如上节所述那样)概念的实现或明白发挥(最初仅在形式上)。因此推论乃是一切真理之本质的根据。在现阶段对于绝对的界说应是:绝对即是推论,或者用命题的方式来表述这原则说:一切事物都是一推论。一切事物都是一概念。概念的特定存在,即是它的各环节的分化,所以概念的普遍本性,通过特殊性而给予自身以外在实在性,并且因此,概念,作为否定的自身回复,使自身成为个体。——或反过来说，现实事物乃是个体事物，个体事物通过特殊性提高其自身为普遍性，并且使自身与自身同一。——现实事物是一，但同时又是它的概念的各环节之多，而推论便表示它的各环节的中介过程的圆圈式行程，通过这一过程，现实事物的概念得以实现其统一。

附释：推论正如概念和判断一样，也常常单纯被认作我们主观思维的一个形式。因此推论常被称为证明判断的过程。无疑地，判断诚然会向着推论进展。但由判断进展到推论的步骤，并不单纯通过我们的主观活动而出现，而是由于那判断自身要确立其自身为推论，并且要在推论里返回到概念的统一。细究之，必然判断构成由判断到推论的过渡。在必然判断里，我们有一个体事物，通过它的特殊性，使它与它的普遍性即概念联系起来。在这里，特殊性表现为个体性与普遍性之间起中介作用的中项。这就是推论的基本形式。这种推论的进一步发展，就形式看来，即在于个体性和普遍性也可以取得这种中介的地位，这样一来，便形成了由主观性到客观性的过渡。

§ 182

在直接推论里，概念的各规定作为抽象的东西彼此仅处于外在关系之中。于是那两个极端，个体性和普遍性，和作为包含这两者的中项的概念，均同样只是抽象的特殊性。这样一来，这两个极端彼此之间，以及其对它们的中项的概念之间的关系都同样被设定为漠不相干地独立自存着。这种推论即是形式的理智推论，这种推论虽可说是理性的，但没有概念。在这种推论里，主词与一个别的规定性相联系，或者说，普遍性通过这个中介过程包括一个外在于它的主词。反之，在理性的推论里，主词通过中介过程，使自己与自己相结合。这样，它才成为〔真正的〕主体，或者说，主体本身才成为理性推论。

〔**说明**〕在下面的考察里，对于理智的推论，按照通常的意义，予以主观方式的表述。即按照我们作抽象的理智的推论时所采取的那种主观方式去表述。事实上，这只是一种主观的推论。但这种推论也有其客观的意义：它仅足以表达事物的有限性，不过是根据思维形式在这里所达到的特定方式去表达出来罢了。在有限事物里，它们的主观性，作为单纯的事物性（Dingheit），与它们的特质、它们的特殊性是可以分离的，同样，它们的主观性与它们的普遍性也是可以分离的，只要当这种普遍性既是事物单纯的质，和此一事物与别的事物的外在联合，而且又是事物的类和概念时，也是可以分离的。

附释：依据上面所提及的认推论为理性的形式的看法，于是有人便将理性本身界说为进行推论的能力，同时又将知性界说为形成概念的能力。除了这种说法是基于一种肤浅的精神观念，即把精神仅仅当作是许多彼此并立的力量或能力的总和以外，对于这种将知性与概念排列在一起，将理性与推论排列在一起的办法，我们还必须注意到：正如概念决不可仅只看作知性的规定，同样推论也决不可毫无保留地认为是理性的。因为，一方面形式逻辑在推论的学说里所常讨论的，事实上除了单纯是一种理智的推论外，并不是别的东西。这种推论实在够不上享受"理性形式的美名"，更够不上享受"代表一切理性"的尊荣；另一方面真正的概念亦不单纯是知性的形式。甚且还可以说，概念之所以被贬抑为知性的形式，乃是抽象的理智在起作用。因此又有人常习于将单纯的知性概念与理性概念区别开，但这却不可了解为有两种不同的概念，而毋宁必须认识到这只是表示* 我们的〔认识〕活动或者仅停留在概念的否定的和抽象的形式里，或者按照概念的真实本性把概念理解为同时既是肯定的又是具体的东西。例如，如果我们把自由看成必然性的抽象的对立面，那么，这就是单纯的自由的概念。反之，真正的理性的自由概念便包含着被扬弃了的必然性在自身内①。同样，所谓自然神论提出的对于上帝的界说，也仅仅是上帝的知性概念，反之，那认上帝为三位一体的基督教便包含了上帝的理性概念。

(1)质的推论(Qualitativer Schluss)

§ 183

第一种推论，如前节所指出，就是定在的推论或质的推论。其形式(一)为 E－B－A〔E 代表个体性(Einzelnheit)，B 代表特殊性(Besonderheit)，A 代表普遍性(Allgemeinheit)〕。这就是说，作为一个个体的主词通过一种质〔特殊〕与一种普遍的规定性相结合。

〔**说明**〕不用说，主词(小项)除个体性外尚有别的特性，同样，另一极端(结论里的谓词或大项)除了单纯的普遍性外，也还有别的特性，这里都不加考察，只着重论述它们所借以作出推论的那些

① 列宁引证了从 * 号起的这段区别开理智和理性，抽象概念和具体概念，并论述包含并扬弃了必然性在内的具体自由概念的话，见《列宁全集》第 38 卷第 192 页。——译者注

形式。

附释：定在的推论是单纯的理智推论，至少就在定在推论中，个体性、特殊性及普遍性各自处于抽象对立的情况来说，它确是一种抽象的理智推论。所以这种推论可以说是概念的高度的外在化。这里我们有一个直接的个体事物作为主词；于是从这主词里挑出任何一特殊方面，一种特质，并且通过这种个别特质就来证明这一个体事物是一个普遍的东西。譬如，当我们说：这玫瑰花是红的；红是一种颜色，故这玫瑰花是有颜色的。通常逻辑著作所讨论的大都是这类形式的推论。从前大家认这种推论为一切知识的绝对规则，并认为一切科学的论断，只有经过这种推论加以证明，才算是可靠的。相反地，现今三段论法的各种形式，除了在逻辑教科书外已不易遇见，而且对于这种推论形式的知识已被认作空疏的学院智慧，对于实践的生活以及科学的研究都没有更多用处。对此，我们首先要指出，如果我们每一认识场合，都要炫耀这一全套形式的推论，实属多余，且有学究气。但推论的各种形式却又同时在我们的认识活动中不断地在起作用。譬如，当一个人于冬天清晨听见街上有马车碾轧声，因而使他推想到昨夜的冰冻可能很厉害。这里他也可算是完成了一种推论的活动。这种活动我们在日常多方面的复杂生活中不知要重复多少次。一个作为有思想的人，在他的日常行为里，力求明白意识到这类推论形式当属不无兴趣，犹如我们研究我们有机生活中的各种机能，如消化、营养、呼吸等机能，甚或研究那围绕着我们的自然界的事变和结构，也公认为极有兴趣一样。但我们无疑地也须承认，我们无需先研究解剖学和生理学，然后才能适当地消化和呼吸；同样，我们也并无须先研究逻辑，然后才可作出正确的推论。

亚里士多德是观察并描述三段论法的各种形式（所谓推论的诸式）的主观意义的第一人。他做得那样严密和正确，以致从来没有人在本质上对他的研究成果有任何进一步的增加。我们对亚里士多德的这项成就虽然给予很高评价，但是不要忘记了他在他自己的哲学研究里所应用的思维方式，却并不是理智推论的诸形式，也不是一般有限思维的形式（参看§189说明[①]）。

§ 184

第一，这种推论中的各项是完全偶然的。因为那作为抽象特殊性的中项只是主词的任何一种特性。但这直接性的主词，亦即具有经验的具体性的主词，尚有许多别的特性。因此它同样可以与许多别的普遍性相联系。同样，个别的特殊性也可具有许多不同的特性，所以主词可以透过这同一中项以与别的一些不同的普遍性相联系。

〔**说明**〕形式的推论之所以失其效用，由于流行的风气使然者多，由于洞见其错误者少，而且还由于人们无意于用论证方式去辨明形式的推论所以无用的缘故。此节及下节即在于指明这类的推论对于求真理是空疏无用的。

依上文所说，即可看出，利用这类的推论可以“证明”（像一般人所叫做的“证明”）许多极不相同的结论。只须随便拾取一个中项，

① 按§189没有“说明”，这里似应指参考§190的说明。在§190的说明中，也曾提到可以改进§184所论述的理智推论的缺点，可供参考。——译者注

即可根据它过渡到〔或推论出〕所欲达到的结论。但假如从另一中项出发，也可根据它来“证明”另一个东西，甚至与前此相反的某种东西。一个对象愈是具体，它所具有的方面就愈多，亦即属于它的、足以用来作为中项的东西就愈多。要在这些方面之中去决定哪一方面较另一方面更为主要，又须建立在这样一种推论上：而这种推论坚持着某一个别的特性，而且同样也很容易为这同一个特性寻出某一方面或某一理由，据此去证明它确可以算是必然的和重要的。

附释：虽说我们很少在日常的生活交往里时常想到理智的推论，但它仍不断地在实际生活中发生作用。譬如，在民事诉讼里，辩护律师的职务就在于强调那对当事人有利的法律条文使之有效。从逻辑观点看来，这种法律条文不过是一个中项罢了。在外交交涉中情形亦复相同，譬如，当各个强国都要求占有同一块土地时，在这种争执中，继承权，土地的地理位置，居民的祖籍和语言，或任何别种理由，均可提出加以强调，作为中项。

§ 185

第二，不仅如前节所说这种推论中的各项是偶然的，而且由于它在各项的联系中的形式，这种形式推论也同样是偶然的。按照推论的概念看来，真理在于通过中项来联系两个不同的事物，这中项就是两者的统一。但用中项来联系两极端（所谓大前提和小前提），在推论里毋宁是一种直接的联系。换言之，它们中间并没有可以作为联系的真正的中项。

〔**说明**〕推论的这种矛盾又通过一种〔新的〕无限进展表现为这样一种要求：即两个前提中的每一前提，都同样地要求一新的推论加以证明，然而，由于后一推论又同样具有两个直接的前提，于是又重新需要两个推论予以证明。所以，这直接的前提又重复其自身，而且永远有要求双重推论的需要，直至无穷。

§ 186

这里为了表明经验的重要性所指出的(一般人以为绝对不错的形式)推论的缺点，在对推论的进一步规定中必定会自己扬弃其自身。因为我们现在已进入概念的范围，正如在判断里那样，相反的特性不单纯是潜在的，而且是明白建立起来时，所以要分析出推论逐渐进展的过程，我们只须接受或承认推论在它的每一阶段里通过自身建立其本身的过程。

通过直接推论，(一)E—B—A，个体性，(通过特殊性)与普遍性相结合，并且建立一个有普遍性的结论。所以那个个体的主词，本身就是一普遍性，因而便成为两极端的统一或中介者。这样便过渡到第二式的推论，(二)A—E—B。这第二式的推论便表达出第一式的真理：即中介过程只是在个体性里面发生，因此便是偶然的。

§ 187

第二式将普遍性和特殊性结合起来。这普遍性是在前一式的结论里，通过个体性的规定，而过渡到第二式，于是就取得直接主词的地位。因此这普遍性便通过这一结论而被建立为特殊性，因而成为两极端的中介，而这两极端的地位现在则为别的两项(特殊性与个体性)所占据。这就是推论的第三式：(三)特殊——普遍——个体(B—A—E)。

〔**说明**〕所谓推论的诸式(亚里士多德很正确地只举出三式;第四式是多余的,甚至可说是近代人的无聊的附加),在通常的研究方式里只是依次列举出来,极少有人想到指出它们的必然性,更少人想到指出它们的意义与价值。因此无怪乎这些式后来仅被当作空疏的形式主义来处理。但是它们却具有一个很重要的意义,这意义建立在这样的必然性上面:即每一环节作为概念规定本身都有成为全体并且成为起中介作用的根据的必然性。① ——至于欲寻出命题的哪一种形态(如究竟是普遍命题或否定命题等等),才可以使得我们在各式的推论里推绎出正确的结论,这乃是一种机械的研究,由于这种研究的无概念* 的机械性和无有内在的意义,理应被人们忘掉。那些以这类研究和对理智推论的研究为异常重要的人,恐怕很难引起亚里士多德的垂青,虽然他曾经描述过这些推论形式以及别的无数的精神和自然的形式,并曾经考察过表述过这种种形式的特性。但是在他的形而上学的概念* 以及他关于精神及自然的概念②里,他离开以理智的推论的各式作为基础或标准的办法实异常之远,我们可以说,如果他接受理智的抽象

① 《列宁全集》第 38 卷第 193 页摘录了上面这句话。——译者注

② 按在这一长段中 * 号处出现了两个加了重点号的"概念",和一个未加重点号的"概念",而且还出现"'无概念的'机械性"的话。显然"概念"一词在这里的用法和一般用法不同,含有较特殊、较广泛的意义。黑格尔所谓概念除了指有内容的具体的普遍性之外,这里还有指理论、思想、学说、辩证等意思,譬如"无概念的机械性"即含有不辩证的、形而上学的甚或缺乏思想性的机械性的意思。而下面三次出现的"概念"一词,瓦拉士英译本全都意译为"理论"。中译者在本书的前两版里,为了避免费解,曾分别意译成"理论"、"思想"和"学说",现在都一律紧跟原文,改成"概念"。除了纠正过去注重意译的偏向外,希望读者注意黑格尔"概念"一词所包含的特殊用法和具体意义。——译者注

法则的束缚的话，则他的这些概念将没有一个会产生出来，或者会被留存下来。至于亚里士多德对于分类描述和抽象分析，虽说有不少的特有贡献，但他的哲学的主导原理仍永远是思辨的概念，至于他最初曾有过那样确定地表述的理智推论，他决不让它闯进这种思辨概念的领域里。

附释：推论的三式的客观意义一般地在于表明一切理性的东西都是三重的推论。而且，推论中的每一环节都既可取得一极端的地位，同样也可取得一个起中介作用的中项的地位。这正如哲学中的三部门那样：即逻辑理念，自然和精神。在这里首先，自然是中项，联结着别的两个环节。自然，直接〔呈现在我们前面〕的全体，展开其自身于逻辑理念与精神这两极端之间。但是，精神之所以是精神，只是由于它以自然为中介。所以，第二，精神，亦即我们所知道的那有个体性、主动性的精神，也同样成为中项，而自然与逻辑理念则成为两极端。正是精神能在自然中认识到逻辑的理念，从而就提高自然使回到它的本质。第三，同样，逻辑理念本身也可成为中项。它是精神和自然的绝对实体，是普遍的、贯穿一切的东西。这三者就是绝对推论中的诸环节。[1]

§ 188

既然每一环节都可以依次取得中项和两极端的地位，因此它们彼此间的特定的差别便被扬弃了。这种各个环节之间的无差别

---

① 列宁摘录了上述整个“附释”（中有删节）。见《列宁全集》第38卷第193页。——译者注

形式的推论，首先就以外在的理智的同一性或等同性作为它的联系。这就是量的或数学的推论。如两物与第三者相等，则这两物相等。

附释：这里所提及的量的推论，人人皆熟知，在数学上叫做公理，与别的公理一样，据说它们的内容是不能证明的，但是由于它既是直接自明之理，也就无需乎证明。其实这些数学的公理不是别的，而是一些逻辑的命题，这些命题只要能表达特殊而确定的思想，就可以从普遍的和自身规定着的思维中推演出来。推演这些命题的过程，也可以看成是对它们的证明。数学上所提出的作为公理的量的推论，情形便是如此。量的推论实际上是质的推论或直接推论的最切近的结果。——总之，量的推论是完全没有形式的推论，因为在量的推论里，概念所规定的各环节之间的差别已被扬弃了。究竟哪些命题应作为量的推论里的前提，这取决于外在环境。因此当我们应用这种推论时，我们就以那已经在别的地方被确立了并证明了的东西作为前提。

§ 189

这样一来，首先在形式方面就产生两个结果：第一，每一环节既已一般取得中项的特性和地位，因而即取得全体的特性和地位，因此便自在地失掉其抽象的片面性了（§182 和 §184）。第二，中介过程已经完成了（§185），同样也只是自在地完成的，换言之，也只是圆圈式的彼此互相以对方为前提的中介过程。在第一式的推论个体——特殊——普遍里，“个体是特殊”和“特殊是普遍”两个前提，还没有得到中介。前一前提要在第三式里，后一前提要在第二式里才可得到中介。但这两式中的每一式,为了使它的前提得到中介,同样须先假定其他两式。

依此看来,概念的中介着的统一不复被设定为抽象的特殊性,而是被设定为个体性与普遍性的发展了的统一,甚至首先可以说是被设为这两个规定的反思的统一,即个体性同时可以被规定为普遍性。这种的中项便发展出反思的推论。

(2)反思的推论(Reflexions-Schluss)

§ 190

如果中项首先不仅是主词的一个抽象的特殊的规定性,而且是同时作为一切个别的具体的主词,这些主词也是与别的主词一样,都同具有那种规定性,那么我们就得到(一)全称的推论。但这种推论的大前提,以特殊性,中项,即全体性为主词,却已先假定了结论,其实结论本应先假定大前提才对。因此(二)全称的推论便建立在归纳上面。在这种归纳式的推论里,中项就是所有个体的完全的列举,甲乙丙丁……但由于直接的经验的个体性与普遍性总有差距,因此对于所有个体的完全列举决不能满足。于是归纳的推论又建筑在(三)类推上面。类推的中项是一个个体,但这个个体却被了解为它的本质的普遍性、它的类或本质的规定性。——为了得到中介,第一种全称推论就引向第二种归纳推论,而归纳推论又引向第三种推论,即类推。但是当个体性与普遍性两个外在关系的形式,都经历过了反思推论中的各式之后,类推仍同样需要一个自身规定的普遍性,或者作为类的个体性。

〔**说明**〕有了全称的推论，上面 § 184 所指出的理智推论的基本形式所具有的缺点，便可以得到改进了，不过这又引起一新的缺点。这缺点即在于大前提先假定了结论所应有的内容，甚至因而先假定了结论作为一个直接的命题。凡人皆有死，故卡尤斯有死，凡金属皆传电，故例如铜也传电。为了能够说明这些大前提（这些大前提里所说的“凡”是指直接的个体，而且本质上应当是经验的命题）起见，首先必须确认关于卡尤斯个人和关于个别事物铜的命题是正确的。——无怪乎每个人对于“凡人皆有死，卡尤斯是人，故卡尤斯有死”一类的推论，不仅令人感到学究气，甚至令人感到一种毫无意义的形式主义。

附释：全称的推论会指引到归纳的推论，在归纳推论里，个体构成联结的中项。当我们说：“凡金属皆传电”，这乃是一经验的命题，是对所有各种个别的金属进行实验后所得到的结论。于是我们便得到下列形式的归纳推论：

特殊 B

个体 EEE……

普遍 A

金是金属，银是金属，同样铜、铅等等皆是金属。这是大前提。于是小前提随着产生：所有这些物体皆传电。由此得到一条结论：所有金属皆传电。所以在这里有联结功用的是作为全体性的个体性。但这种推论又立即指引到另一种推论。这种推论以全部个体作为它的中项。这先假定，在某种范围内观察和经验是完备无遗的。但这里所处理的对象是个体事物，于是我们又陷于无穷的进展（E，E，E……）。因为在归纳过程里我们是无法穷尽所有的个体事物的。当我们说：所有金属，所有植物时，我们只是意谓着：直至现在为止，我们所知道的所有金属，所有植物而已。因此每一种归纳总是不完备的。我们尽管对于这个和那个作了许多的观察，但我们总无法观察到所有的事例，所有的个体，归纳推论的这种缺点便可导致类推。在类推的推论里，我们由某类事物具有某种特质，而推论到同类的别的事物也会具有同样的特质。例如这就是一个类推的推论：当我们说：直至现在为止，我们所发现的星球皆遵循运动的规律而运动。因此一个新发现的星球或者也将遵循同样的规律而运动。类推的方法很应在经验科学中占很高的地位，而且科学家也曾按照这种推论方式获得很重要的结果。类推可说是理性的本能。这种理性本能使人预感到经验所发现的这个或那个规定，是以一个对象的内在本性或类为根据，并且理性本能即依据这个规定而作进一步的推论。[①] 此外，类推可能很肤浅，也可能很深彻。譬如当我们说：卡尤斯这人是一学者，提图斯也是一个人，故提图斯大概也是一学者。——像这样，无疑地是一个很坏的类推。这是因为一个人的有无学问并不是无条件地以他所属的类为根据。但类似这样的肤浅的类推，我们却常可以遇到。所以常有人这样推论说，例如：地球是一个星球，而且有人居住；月球也是一个星球，故月球上很可能也有人居住。这一类推较之上面所提及的类推，一点也不更好。因为地球所以有人居住，这并不只基于它是一个星球，而是建立在别的条件上，如为大气所围绕，与此相联系就存在着水与空气等等。而这些条件，就我们现在所知，正是月球

① 《列宁全集》第 38 卷第 194 页摘录了这句话。——译者注

所没有的。近来我们所称为自然哲学的,大部分都是用一些空疏外在的类推来做无聊的游戏。这样的类推把戏还要自诩为高深玄妙,结果适足以使对于自然界的哲学研究受到轻蔑。

(3)必然的推论(Schluss der Notwendigkeit)

§ 191

必然的推论,就它的单纯的抽象的特性看来,以普遍性为中项,犹如反思的推论以个体性为中项一样,——后者属于推论的第二式,前者属于推论的第三式(§187)。在这里普遍是明白设定为本质上具有特殊性的。(一)首先,就特殊被理解为特定的类或种而言,则特殊就是两极端之间起中介作用的规定〔中项〕。——直言推论就是这样。(二)就个体是指直接的存在而言,则个体既是起中介作用的中项,也同样是被中介了的极端。——假言推论就是这样。(三)把有中介作用的普遍设定为它的特殊环节的全体,并设定为个别的特殊事物或排他的个体性。——选言推论就是这样。所以选言推论中的诸项,只是表示同一个普遍体的不同的形式罢了。

§ 192

推论是被认作与它所包含的差别相一致的。这些差别的发展过程所取得的一般结果,即在于它们自己扬弃自己并扬弃概念在自身之外的存在。并且我们看到,(一)每一环节皆表明其自身为各环节的全体,因而为整个的推论。所以它们(各个环节)彼此是自在地同一的。(二)对各环节之间的差别的否定,和对它们的中介过程的否定,构成它们的自为存在,所以那存在于这些差别的形式之中的,以及那建立它们的同一性的,也还是那同一个普遍体或概念。在各环节的这种理想性里,推论的活动可以说是本质上保持否定它在推论过程中所建立的规定性那种规定,换言之,推论的活动也可说是扬弃中介性的过程。——也可认作使主词不与他物相结合,而与扬弃了的他物相结合,亦即与自身相结合的过程。

附释:在普通逻辑教本里,关于推论的学说常被认作第一部分或所谓初步理论(要素论)的结束。第二部分随着就是所谓方法论。方法论所要指明的,即是初步理论研究的思维形式如何可以应用到当前的客体,以便产生出全部科学知识。但当前的这些客体是从哪里来的?客体一般讲来与思想的客观性之间的关系究竟怎样?对于这些问题,知性逻辑却不能进一步给予任何解答。* 在知性逻辑这里,思维被认为是一种单纯主观的和形式的活动,而客观的东西则和思维相反,被认为是固定的和独立自存的东西。但这种二元论并不是真理,并且武断地接受主观性与客观性两个规定而不进一步追问其来源,乃是一种没有思想性的办法①。不论主观性或客观性,两者无疑地都是思想,甚至是确定的思想。这些思想必须表明其自身是建立在那普遍的和自身规定的思维上面的。就主观性而论,这里初步是做到了。我们已经认识到,主观的概念(包括概念本身,判断及推论)乃是逻辑理念最初两个主要阶段(即

① 《列宁全集》第38卷第195页摘录了 * 号后的两句话,并对其余部分作了摘要。——译者注

存在和本质两阶段)的辩证发展的结果。说概念是主观的或只是主观的,在一定程度内是对的,因为概念无论如何总是主观性本身。至于判断和推论,其主观的程度当然不亚于概念。判断和推论以及所谓思维规律(同一律、相异律及充足理由律)构成普通逻辑学里所谓初步理论的内容,也同样是主观的。但我们还须进一步指出的,就是这里所谓主观性和它的规定、概念、判断、推论等内容,都不可认作像一套空架格似的,要先从外面去找些独立自存的客体加以填满。反之,我们应该说主观性自身既是辩证发展的,它就会突破它的限制,通过推论以展开它自身进入客观性。

§ 193

在概念的这种实现的过程里,共体就是这一个返回到自己的全体,这全体中有差别的各环节仍然同样是这一全体,并且这全体通过扬弃中介性被规定为直接的统一性。——概念的这种实现就是客体[①]。

〔**说明**〕这种由主体、由一般的概念,确切点说由推论发展到客体的过渡,初看起来,好像很奇怪,特别是当我们只看见理智的推论,并且把推论只当作是一种意识的活动时,我们愈会觉得奇怪。但我们却并不因这种奇怪之感而将这种由主体到客体的过渡说得使通常的表象感到好像有道理。我们只须考虑,我们通常对于所谓客体的表象是否大致符合于这里所理解的客体。但是通常一般人所了解的客体,并不单纯是一抽象的存在,或实存的事物,

① 《列宁全集》第38卷第195页摘录了这句话。——译者注

或任何一般现实的东西,而是一具体的自身完整的独立之物,这种完整性就是概念的全体性。至于客体又是与我们对立的对象和一个外在于他物的东西,俟后面讲到客体与主体的对立时,将有较详的说明。目前单就概念由于它的中介过程而过渡到客体来说,这客体仅是直接的朴素的客体,同样,概念也只有在与客体对立之后,才可具有主体的规定性。

再则,一般说来,客体是一个本身尚未经规定的整体、整个客观的世界、上帝、绝对客体。但客体自身内也具有差别性,也分裂为无数不确定的杂多性(作为客观世界)。而且它的每一个个体化了的部分也仍是一个客体、一个自身具体的、完整的、独立的定在。

正如客观性曾用来与存在、实存和现实性相比较,同样,到实存和现实性的过渡(不说到存在的过渡,因为存在是最初的、最抽象的、完全直接的东西),也可以与向客观性的过渡相比较。实存所自出的根据、一种扬弃自身而过渡到现实性的反思关系,不是别的,只不过是尚未充分实现的概念。换言之,它们只是概念的抽象方面,——根据只是概念的本质性的统一,关系只是仅仅应该返回自身的真实方面的联系。概念是两者的统一,而客体不仅是本质性的,而且是自在的普遍性的统一,不仅包含真实的差别,而且包含这些差别在自身内作为整体。

此外很明显,在所有这些过渡里,其目的不仅在于一般地指出思维与存在或概念与存在的不可分离性。常常有人说,存在只不外是简单的自身联系,而且这种贫乏的范畴当然包括在概念里,或者也包括在思想里了。这些过渡的意义,并不是仅将那包含在里面的各种规定或范畴予以接受(如像关于上帝存在的本体论证明那样，认为存在只是许多实在中之一），便算了事。这些过渡的意义乃在于理解概念作为概念本身所应有的规定性（那远为抽象的存在，或者甚至客观性，与这种概念还并不相干），并且单就概念本身所应有的规定性来看这规定性能否并如何过渡到一种不同于属于概念并表现在概念中的规定性的形式。

如果我们将这种过渡的产物，客体与概念（这概念，按照它特有的形式来说是消失在客体中的）建立在关系之中，那么，对于所得结果我们可以很正确地这样表述：概念（或者也可说是主观性）与客体潜在地是同一的。但是同样，我们也可以很正确地说，概念与客体是不同的。既然这两种说法都同样正确，也同样都不正确。因此，这类的说法是不能表达真实关系的。这里所说的“潜在”乃是一种抽象，比起概念自身来还更为片面，而这种片面性，当概念扬弃其自身而发展为客体、为正相反对的片面性时，一般说来，它就在这过程中被扬弃了，因此这种潜在性，也必须通过否定其自身，而被规定为实在性。无论何处，思辨的同一，决不是刚才所说的那种肤浅的主体与客体的潜在的同一。——这个意思我们已经重说过多少遍，但如果想要根本消除对于这种肤浅思辨同一性陈腐的完全恶意的误解，无论重说多少遍也不能说是太多，——因为要想消除这种误解，是很难有合理的希望的。

如果完全一般地去了解概念与客体的统一，不管统一的潜在存在的那种片面形式，那么，这种统一，如众所熟知，即是上帝存在的本体论证明的前提，甚且被认作最完善的统一性。就首先提出本体论证明这一非常值得注意的思想的人安瑟尔谟（Anselm)[①]看来，无疑地他原来的意思仅论及某种内容是否在我们思维里的问题。他的话简略地说是这样的："确定无疑的，那个对于它不能设想一个比它更伟大的东西，不可能仅仅存在于理智中。因为如果它仅仅存在于理智中，我们就可以设想一个能够在事实中存在的比它更伟大的东西。所以如果那个不能设想一个比它更伟大的东西，仅仅存在于理智中，那么它就会是这样一种东西，对于它可以设想一个比它更伟大的东西。但确定无疑的，这是不可能的。〔因此，那个对于它不能设想一个更伟大的东西，必定既在理智中，又在实在中。〕"[②]——按照这里所提出的说法，有限的事物的客观性与它的思想，这就是说，与它的普遍本性，它的类和它的目的是不一致的。笛卡尔和斯宾诺莎等人曾经很客观地说出了概念与客体的统一。但那些坚持直接确定性或信仰的原则的人，却较多地按照安瑟尔谟原来的主观方式去了解这种统一，即认为上帝的观念与上帝的存在在我们的意识里有不可分离的联系。持信仰说者甚至认为外界的有限事物的存在与它们的被意识或被知觉也有不可分离的联系，因为在直观里，事物与实存这一规定是联系着的。这种说法当然是不错的。但是如果以为有限事物的存在与我们对于有限事物的观念在我们意识里联系着，其联系的情形与上帝的存在和上帝的观念，在我们意识里联系着的情形是同样的，那就会太缺乏思想性了。因

① 安瑟尔谟(1034—1109)意大利经院哲学家，是第一个用神学方式，提出本体论证明的人。——译者注

② 这一大段是从安瑟尔谟拉丁文原著《前论》(Proslogion)引来，〔　〕符号内的一句话，是从黑格尔《哲学史讲演录》中译本第三卷第 292 页较长的同一段引文中转引过来，以补足理智与实在、概念与客体的统一性这个论点的语意。——译者注

为这样一来，就会忘记了有限事物乃是变化无常飘忽即逝的。这就是说，实存与有限事物的联系仅是暂时的，即不是永恒的，而是可分离的。总之，按照我们在这里所用的范畴或术语说来，说一物有限，即是说它的客观存在与它的思想、它的普遍使命、它的类和它的目的是不相协调的。所以安瑟尔谟不管出现在有限事物中那样的统一，而仅宣称唯有最完善者才不仅有主观方式的存在，而且同时也有客观方式的存在，这确有其相当的理由。表面上人们无论如何高叫反对所谓本体论的证明，并反对安瑟尔谟对最完善的存在的规定，其实仍无济于事。因为本体论的证明仍然原样地潜存于每一素朴的心灵中，并且不断返回到每一哲学中，甚至为它自身所不知道，并违反它的意愿，正如在直接信仰的原则里那样。

安瑟尔谟论证的真正缺点，也是笛卡尔和斯宾诺莎以及直接知识的原则所共有的缺点，就在于他们所宣称为最完善者或主观地当作真知识的**统一体**只是**预先假定**的，这就是说，只被认作**潜在的**。思维与存在的这种抽象的同一，立刻就可由于两个规定的**不同**而对立起来，即如老早以前所提出的对于安瑟尔谟的批评，正是如此。这就是说，事实上把**有限**事物的观念和存在与无限的东西对立起来了。因为正如前面所指出的那样，有限的事物具有这样一种客观性，这客观性与它的目的、本质和概念并不同时相符合，而是有了差异的。换言之，它是那样一种观念或一种主观的东西，其本身并不包含存在。这种分歧和对立只有这样才能解除，即指出有限事物为不真，并指出这些规定，在**自为存在**〔分离〕中乃是片面的虚妄的，因而就表明了它们的同一就是它们自身所要过渡到的，并且在其中可得到和解的一种同一。

B. 客体(Das Objekt)

§ 194

客体是直接的存在,由于在它里面差别是已当作被扬弃了的,所以客体对差别来说,是漠不相关的。此外客体本身又是一全体,同时因为这种同一性仅是它的各环节之潜在的同一,所以对于客体的直接的统一说来,它同样是漠不相干的。它于是便分裂为许多有差别的事物,其中每一事物本身又是一全体。因此客体就是杂多事物的完全独立性、与有差别的杂多事物同样地完全无独立性之间的绝对矛盾。

〔**说明**〕"绝对是客体"这一界说可说是最明确地包含在莱布尼茨的"单子"论中,每一单子都是一客体,但它是一个潜在地表象着世界的客体,甚至是世界表象的全体。在单子的简单统一性里,一切的差别只是观念性的,非自身独立的东西,没有任何东西从外面进入单子里面。单子就是整个概念的本身,其差别所在只取决于这概念自己较大或较小的发展。这个简单的全体同样分裂为无穷复多的差别体,从而每一差别体都是一独立的单子。在单子中之单子和它们内在发展的预定的谐和里,这些实体又同样归结为非自身独立性和观念性。所以莱布尼茨的哲学代表完全发展了的矛盾。

附释一:如果认绝对(上帝)为客体,并且停止在那里,那么正如新近费希特所正确地强调的那样,这种看法一般地代表了迷信和奴隶式的恐惧的观点。无疑地上帝是客体,并且甚至可说是绝对的客体，与这客体比起来，我们特殊的主观的意见和意志，是没有真理和没有效力的。但即使作为绝对的客体，上帝也并不是当作一个黑暗的与主观性相对立的敌对的力量而毋宁是包含着主观性在内作为他自身的主要环节。这个道理基督教的教义表示得最明白，如说：上帝愿意所有的人皆得救，上帝愿意所有的人皆有幸福。人之得救，人之有福，这是由于人能达到与上帝合一的意识，于是上帝对人便停止其为外在的单纯的客体，因而不再是一畏惧和恐怖的对象，特别是如像神对于罗马人的宗教意识那样。再则，在基督教里上帝又被理解为“爱”，而且上帝启示其自身于他的儿子里，他的儿子与他为一，这样，上帝，即作为个别的人启示其自身给人类，由此人类就得到解救。这就无异于宣称，客观性与主观性的对立便自在地被克服了。至于如何去分享这种解救，如何放弃我们直接的主观性（摆脱掉那旧的亚当），并证悟到上帝即是我们真实的本质的自我，那就是我们自己的事情了。

正如宗教和宗教崇拜在于克服主观性与客观性的对立，同样科学，特别是哲学，除了通过思维以克服这种对立之外，没有别的任务。认识的目的一般就在于排除那与我们对立的客观世界的生疏性，如人们所常说的那样，使我们居于世界有如回到老家之感。这就无异于说，把客观的世界导回到概念，——概念就是我们最内在的自我。从这一番讨论里也可懂得，认主观性和客观性为一种僵硬的抽象的对立，是如何地错误了。两者完全是辩证的。概念最初只是主观的，无须借助于外在的物质或材料，按照它自身的活动，就可以向前进展以客观化其自身。同样，客体也并不是死板的、没有变动过程的。反之，它的过程即在于证实它自身同时是主观的，这种过程形成了向理念进展。任何人由于不明白主观性和客观性两范畴〔的辩证关系〕，想要抽象地坚执着这两个范畴，他就会不自知觉地猝然发现这些抽象的范畴会从他的手指间溜走，而他所说的话恰好会是他想要说的话的反面。

附释二：客观性包含有机械性、化学性和目的性三个形式。机械性的客体就是直接的无差别的(indifferente)客体。诚然，机械的物体包含有差别，不过这些机械物体的差别彼此是漠不相干的(gleichgultig)，而它们的联系也只是外在的。反之，到了化学性的阶段，客体本质上表现出差别，即客体之所以如此，只是由于他们彼此的关系，而这种差别构成它们的质。客观性的第三形式，目的的关系，这是机械性和化学性的统一。目的，也如机械的客体那样，是一个自成起结的全体[①]。但又被从化学性中展开出来的质的差别的原则所丰富了，这样，目的便使它自身与和它对立的客体相联系了。所以目的的实现就形成了到理念的过渡。

(a)机械性(Der Mechanismus)

§ 195

客体(1)在它的直接性里只是潜在的概念，客体最初总是把概

① 自成起结的全体(in sich beschlossene Totalität)直译应作自身完成(in sich-vollendene)或自身决定的全体是指起点即是终点，首尾相应的圆圈式的整个过程而言。本书旧版译成"自包的全体"，英译本作 self-contained totality，都未能明确表达黑格尔认全体或整个体系是圆圈之圆圈的意思。如把它译成"自身封闭的全体"或"自身封闭的圆圈"，容易引起误解，以为黑格尔所谓全体、圆圈、体系是没有辩证发展过程的静止东西。参看《列宁全集》第 38 卷第 251 页。——译者注

念看成是外在于它的主观的东西，客体的一切规定性也是外在地被设定起来的东西。因此作为许多差别事物的统一，客体是一个凑合起来的东西，是一个聚集体。它对于别的事物的作用仍然只是外在的关系。——这就是形式的机械性。这些客体虽然保持在这种外在关系和无独立性里，但仍然同样是独立的、彼此外在地互相抵抗着。

〔**说明**〕压力和冲力就是机械关系的例子。又如由死记得来的知识也可说是机械的，因为死记着的那些字眼对于我们没有意义，而是外在于感官、表象和思维的。而且这些字眼的本身也同样是外在的，一串没有意义的文字之连属在一起。行为及宗教上的虔诚也同样是机械的：如果一个人的行为、宗教信仰等等纯是为仪式的法规或由一个良心的顾问所规定的，如果他所做的事，他自己的精神和意志都不贯注在他的行为里，那么这些行为对于他便是外在的，也就是机械的。

附释：机械性，客观性的第一个形式，又是一个在观察客观世界时首先呈现其自身于反思里，并常常停留在反思里的范畴。但机械性却是一肤浅的、思想贫乏的观察方式，既不能使我们透彻了解自然，更不能使我们透彻了解精神世界。在自然里，只有那完全抽象的纯惰性的物质才受机械定律的支配。反之，凡是可以叫做狭义的物理的现象和过程（例如光、热、磁、电等现象），便不是单纯的机械的方式（即压力、冲力、各部件的机械替换等等）所能解释的。把机械的范畴转用到有机的自然里，将更显得不充分，因为这里的问题是要理解有机自然界的特殊性质，如植物的生长、营养或者甚至是动物的感觉。我们必须认为这是近代自然研究的一个本质的以至主要的缺陷：即本当用与单纯机械性范畴不同的较高的范畴去理解之时，却仍然固执地坚持着单纯用机械的范畴去解释，不顾这些机械范畴与朴素的直观所提供的情况相矛盾，因而阻碍了对于自然获得正确知识的道路。即以探讨精神世界的各种形态而论，机械观的应用也常常超出了它应有的范围。试举一例，譬如说，人是由灵魂和肉体所构成。在这句话里，灵魂和肉体好似两个各个自存之物，它们之间只有一种外在的联系。同样的机械看法，将灵魂认作仅仅是一堆彼此各个独立自存的力量和性能，彼此并列在一起的复合体。

所以一方面我们必须坚决地拒绝机械的考察方式，因为它走上来，冒充为代替了概念性认识的地位，并将机械性当作绝对范畴。但另一方面我们又须明白承认机械性具有一种普遍逻辑范畴的权利和意义。因此也不可将机械性仅仅限制在它由之得名的自然领域之内。譬如，即使我们越出机械学〔力学〕固有的范围，而在物理学和生理学里着眼于机械的活动（如重力、杠杆等类的作用），亦未始不可。但我们却不可忽视一点，即在这些范围之内，机械定律已不复是决定性的东西，而只是居于从属的地位。说到这里，还有一点须得指出，即在自然界里，当较高级的或有机的功能的正常作用遭受任何方式的扰乱或妨碍时，则原来处于从属地位的机械性便会立即占优势。譬如，一个胃弱的人只消吃少量的食物，胃里就会感到一种压力，而别的消化机能健全的人即使吃一样多的食物，却不会感到什么压力。同样，身体健康情况不佳的人，也会普遍地感到四肢沉重。即在精神世界内，机械性也有它的地位，不过仅仅具有从属的地位罢了。

人们很正确地说到机械的记忆，以及各式各样的机械行动如机械的读书，机械的写字，机械的玩弄乐器等等。特别就记忆而论，机械式的活动可以说是属于它的本质。忽视了这一事实，对于青年人的教育常引起很不良的后果，这是由于近代教育家过分热心于理智的自由发展，而忘却了机械的记忆有时也有其必需。如果一个人纯粹依据机械定律去解释记忆的性质，并径直应用机械定律去研究灵魂，那么，他将会是一个笨拙的心理学家。记忆的机械之处仅在于用纯全外在的联系以认识某些记号、声调等等，而且即在这联系里重现所记忆的东西，而无须注意到所记着的这些东西的意义和内在联系。要想认识这种机械记忆的情形，并不需要进一步去研究力学，况且力学的研究对于心理学本身也不能有什么推进。

§ 196

客体之所以有忍受外力支配的那种“非独立性”，（依上节所说）只是由于它有了独立性。客体既然被设定为潜在的概念，则它的诸规定中的一个规定（如独立性）决不能扬弃其自身于它的对方（非独立性）里，反之，客体由于否定它自身（即由于它的非独立性），就会与它自身相结合，所以它才是独立的。同时客体区别于它的外在性，并在它的独立性里否定了这种外在性，所以客体就是这种和它自身的否定的统一性、中心性、主观性。这样一来，客体自身便指向着并联系着外在事物了。但这种外在事物也同样是一自身中心，同样只与别的中心相联系，它的中心也同样在别的事物之中。这就是（2）有差别的（Differenter)机械性①(可用引力、意欲、社交本能等等为例)。

§ 197

上面所说这种关系的充分发展便形成一种"推论"(Schluss)。② 在这种推论里,内在的否定性,作为一个客体(抽象的中心)的中心个体性,通过一个中项与一些作为另一极端的非独立的客体相联系,而这中项结合起这些客体的中心性和非独立性于自身内,而成为一相对的中心。这就是(3)绝对的机械性。

§ 198

刚才所提到的推论(个体——特殊——普遍)是三重推论的结合。那些非独立的客体的不真实的个体性,亦即在形式的机械性阶段所特有的客体,由于它的非独立性,也同样是普遍性,不过只是外在的普遍性罢了。因此这些客体也是绝对中心和相对中心之间的中项(其推论的形式为:普遍——个体——特殊);因为由于没有独立性,这两者才彼此分离并形成两极端,而同时又彼此互相联

① 这里所说"有差别的机械性"是和一般的、形式的"无差别的机械性"(参看§194及其附释二和§195)相对待而说的。后者指彼此漠不相关、互不起作用,只有外在关系的那种无差别的机械性事物而言。反之,前者"有差别的机械性"事物对别的事物却不是无差别的,不是漠不相关的,而是有倾向、有作用、有一定关系的,甚至可以说有亲和力的,这种有差别的机械性是进展到化学性的过渡。参看下面§199和§200。——译者注

② 推论即三段式,在本节及此后,黑格尔有特殊用法,大意是指"三合体","三一体"或三个环节之有机的联系和矛盾发展的关系或过程而言。——译者注

系。同样，绝对中心性作为实体性的普遍物（例如长久保持同一性的重力），并且作为纯粹的否定性，同样包括有个体性在内，就是相对的中心和无独立性的客体间的中介，其推论形式为：特殊——普遍——个体。就它的内在的个体性来说，它同样主要地是一个分离的力量，正如就它的普遍性来说，它又是同一东西的结合体和宁静的自在存在。

有如太阳系那样，又如在实践的范围内的国家也是具有三个推论的体系：(1)个别的人（个人）通过他的特殊性（如物质的和精神的需要等等的进一步发展，就产生公民社会）与普遍体（社会、法律、权利、政府）相结合。(2)意志或个人的行动是起中介作用的东西，它使得在社会、法律等方面种种需要得到满足，并使得社会和法律等等得到满足和实现。(3)但普遍体（国家、政府、法律）乃是一个实体性的中项，在这个中项内，个人和他的需要的满足享有并获得充分的实现、中介和维持。三一式中的每一规定，由于中介作用而和别的两极端结合在一起，同时也就自己和自己结合起来，并产生自己，而这种自我产生即是自我保存。——只有明了这种结合的本性，明了同样的三项的三一式的推论，一个全体在它的有机结构中才可得到真正的理解。

§ 199

客体在绝对机械性里所具有的实际存在的直接性也就自在地被否定了。这是由于它们的独立性通过它们彼此的关系，也就是通过它们的无独立性的中介过程而被否定了。所以我们必须设定客体在它的实际存在里与它的对方是有差别的，或者说

〔有亲和力的,有倾向的〕。

(b)化学性(Der Chemismus)

§ 200

有差别的〔或有倾向的〕客体具有一种内在的构成它的本性的规定性。根据这种规定性,它就有了它的实际存在。但是作为概念的设定起来的全体性,客体就是它的这种全体性与它的实际存在的规定性之间的矛盾。因此客体不断地努力去扬弃这矛盾,并使得它的特定存在符合于它的概念。

附释:化学性是客观性的一个范畴,这范畴通常并未得到特殊的注重,而且大体上都被合并在机械性里一起来了解,并且在机械关系的共同名称之下,经常被提出来以与目的性相反对。其所以有这种看法,是因为机械性与化学性至少彼此有一共同之点,即它们首先只是自在地实存着的概念,反之,目的便被看成是自为地实存着的概念。这诚然不错,不过机械性与化学性彼此之间也有很确定地不同之处:机械式的客体本来只是彼此互不相干的自身关系,与此相反,化学性的客体则显得完全与他物相联系。无疑地,即,当机械性发展其自身时,已经出现了与他物的联系。但机械性的客体彼此之间的联系,最初只是一种外在的联系,所以那些彼此相联系的机械式的客体尚保留着独立的假象。譬如,在自然界里,形成我们太阳系的不同的星球彼此处于运动的关系中,由于运动而显示出它们彼此间有联系。运动作为空间和时间的统一,然而只是完全外在的和抽象的关系。因此看起来就好像这些彼此处于外在关系的星球,即使脱离了它们之间的这种相互关系,也可以保持它们的原状似的。反之,化学性却与此大不相同。化学上有差别的〔有倾向的〕对象其所以如此,显然是仅由于它们有差别性〔或倾向性〕。因此化学性的客体即是使彼此相互联系,各自完整的绝对动力。

§ 201

因此化学过程的产物就是潜在于两个紧张的极端中的中和性的东西。概念或具体的普遍性,通过诸客体的差别性〔或倾向性〕、特殊性,便与个体性〔即化合的产物〕相结合,但在这一过程中正是它与它自身相结合。同样,在这种过程里也包含有别的推论〔或结合的方式〕。作为活动的个体性以及具体的普遍性,均同样是起中介作用的东西。具体普遍性即是两个紧张的极端的本质,这本质在化合的产物里达到它的特定存在。

§ 202

化学性作为客观性的反思式的关系,不仅须以客体之有差别的〔或并非漠不相关的〕本性为前提,同时又须以这些客体之直接的独立性为前提。化学的过程即是从这一形式到另一形式变来变去的过程,而这些形式仍然是彼此外在的。——在中和的产物里,那两极端所保有的彼此不同的确定特质便被扬弃了。这产物虽说符合概念,但因为它沉陷在原来的直接性里,便没有分化作用的诱导原则存在于其中。因此这中和物仍是可以分解开的。但那能分解中和物使它还原到有差别性〔倾向性〕的紧张的两极端,与那能使得无差别性的客体彼此有差别性〔亲和力〕和诱导力的判断原则，以及那有紧张性的分解过程，均不存在于最初那种化学过程之内。

附释：化学过程仍然只是一有限的受制约的过程。只有概念本身才是这过程的内在核心，但在化学性的阶段，概念还没有达到它自己本身的实际存在。在中和的产物内化学过程业已消失，而那诱导的原因却落在这过程的外面。

§ 203

将有差别〔有倾向性〕的东西归结为中和的东西的过程和将无差别的东西或中和的东西予以分化的过程中，好像每一个过程让它们〔有差别的、无差别的或中和的东西〕显得彼此各自独立，互不相干似的。但是由于这两个过程的外在性〔即缺乏内在联系〕，在向产物过渡的过程中，却表现了它们的有限性，因为在过渡为产物的过程中，它们〔的自在自为性〕就被扬弃了。另一方面这过程表示那有差别〔有倾向〕的客体作为假定在先的直接性，乃是不真实的。——通过对作为客体的概念所陷入的外在性和直接性的否定，于是概念便得到解放，回复其独立性，并且超出其外在性和直接性，因而被设定为目的了。

附释：由化学性到目的关系的过渡，即包含在化学过程的两个形式的彼此相互的扬弃里。由于这样产生的结果，就是那原来仅潜在于机械性和化学性中的概念便得到了解放。由于这样而达到独立实存着的概念，便是目的。

(c)目的性(Die Teleologie)

§ 204

目的是由于否定了直接的客观性而达到自由实存的自为存在着的概念。目的是被规定为主观的。因为它对于客观性的否定最初也只是抽象的,因此它与客观性最初仍只是处于对立的地位。但它的这种主观的性质与概念的全体性比较起来,却只是片面的,并且是为它自身的,因为就目的本身而言,一切片面的特性,均设定为被扬弃在它自身里面。所以那假定在先的客体对于目的也只是一种观念性的自在的不实的东西。目的虽说有它的自身同一性与它所包含的否定性和与客体相对立之间的矛盾,但它自身即是一种扬弃或主动的力量,它能够否定这种对立而赢得它与它自己的统一,这就是目的的实现。在这个过程里,目的转入它的主观性的对方,而客观化它自己,进而扬弃主客观的差别,只是自己保持自己,自己与自己相结合。

〔**说明**〕目的这一概念一方面固然是多余的,但另一方面也很正当地被称为理性的概念,以与知性的抽象普遍相对立。抽象的普遍仅形式上概括了特殊,但并不以特殊为它的内在性质。〔而作为目的的概念却包含特殊性,亦即主观性,因而包含更进一步的差别在自身之内,作为它自己固有的性质。〕[①]——再则,关于作为目的因的目的与单纯的致动因[②],亦即通常所谓原因的区别,却极为

① 此句据拉松本从《哲学全书》第二版增补过来。——译者注

② Wirkende Ursache 直译应作"起作用的原因",也有译作"动力因"的,兹译为"致动因"表示它是引起或推动事物运动的原因。——译者注

重要。原因属于那尚未揭示出来的盲目必然性。因此原因便会过渡到它的对方，从而失掉其原来的原始性而成为设定的存在，且须依赖它的对方。只有就其潜在性来说或就我们看来，才可说原因唯有在效果里才成为原因，才回复它的自己。反之，目的便被设定为包含它的规定性或还表现在那里作为它的异在，即效果在它本身之内。目的既包含效果在自身内，因此在效果里目的并没有过渡到外面，而是仍然保持其自身，这就是说，目的仅通过效果而实现其自身，而且它在终点里和它在起点或原始性里是一样的。由于目的有了这种自我保持性，所以它才是真正的原始的东西。——我们须从思辨的观点来理解目的，须将目的理解为概念，这概念在它自己的各种规定的统一性和观念性里包含有判断或否定，包含有主观与客观的对立，并且也同样是对这种否定和对立的扬弃。

一提到目的，我们必不可立即想到或仅仅想到那单纯存在于意识之内的、以〔主观〕观念的形式出现的一种规定。康德提出了内在的目的性之说，他曾经唤醒了人们对于一般的理念，特别是生命的理念的新认识。亚里士多德对于生命的界说也已包含有内在目的的观念，他因此远远超出了近代人所持的只是有限的外在的目的性那种的目的论了。

人们的需要和意欲可说是目的的最切近例子。它们是人的机体内感觉到的矛盾，这矛盾发生于有生命的主体本身的内部，并引起一种否定性的活动，去对这种还是单纯的主观性的否定性〔或矛盾〕加以否定。需要和意欲的满足恢复了主观与客观之间的和平。因为那客观的事物，只要这矛盾尚存在，或只要这意欲尚未满足，虽仍站在对方或外面，但通过与主观性相结合，便同样会扬弃它的片面性。对那些大谈有限事物以及主观事物和客观事物的固定性和不可克服性的人来说，每一个意欲的活动都可以提供相反的例证。意欲可以说是一种确信，即确信主观性同客观事物一样，也并不仅仅是片面的，没有真理的。意欲复进一步充分实现了这种确信；因为意欲的活动使得对这种片面的有限性的扬弃，并使得对主观的就仅仅是并永远是主观的，客观的就仅仅是并永远是客观的这种对立的扬弃，能成为事实。

说到目的的活动，有一层还须注意，即在表示目的活动的推论里，目的通过实现的手段作为中介与其自身相结合，而主要的特点则是对两极端的否定。这种否定性即是刚才所提到的否定性，它一方面否定了表现在目的里的直接的主观性，另一方面否定了表现在手段里或作为前提的客体里的直接的客观性。这种否定性[1]与下述的精神所运用的否定性是一样的：即当精神提高到神性时，它一方面超出〔否定〕了世间的偶然事物，一方面超出〔否定〕了它自身的主观性。用知性推论的形式去证明上帝存在，便忽视并丢掉了对于这种精神提高的阐述（如在导言里和§192里所提到的），亦即忽视并丢掉了这种精神提高性质的推论和否定。

§ 205

直接的目的关系最初只是一种外在的合目的性，在这个阶段

---

① 这即指辩证的否定，以别于形式的否定；理性的推论亦即辩证的概念的推论，以别于抽象知性的形式的推论。辩证的否定同时是一种肯定。辩证的推论乃是一种内在的矛盾发展或曲折推移。——译者注

里，概念与那假定在先的客体是对立的。因此目的是有限的，一方面由于它的内容〔是主观的〕，一方面由于有一个现成的当前的客体作为它〔目的〕实现的材料或外在条件。在这种情形下，它的自身决定性只是形式的。直接性的目的还有一个特点，即它的特殊性或内容（即目的的主观性是作为形式规定而出现的）是反思自己的，因而它的内容表现出异于它的形式的全体，异于它的潜在的主观性，或概念。这种差异构成目的自身内的有限性。这样，目的的内容便是受限制的、偶然的、给予的、正如目的的客体是特殊的、现成的。

附释：一说到目的，一般人心目中总以为只是指外在的合目的性而言。依这种看法，事物不具有自身的使命，只是被使用或被利用来作为工具，或实现一个在自身以外的目的。这就是一般的实用的观点。这种观点前些时候即在科学范围内，也曾占很重要的地位，但后来却得到应得的轻视，因为大家看出了实用的观点不足以达到对于事物本性的真切识见。无疑地，有限的事物正当地应被看成非究竟的，指向于超出自身以外的。但同时须知，有限事物的否定性就是它们自己的辩证法，为了认识事物的内在辩证法，人们首先必须注意它们的积极的内容。目的论的看法常基于一种善意的兴趣，想要揭示出上帝的智慧特别启示于自然中。但必须指出，即这种寻求目的的方式，将事物作为达到目的的工具的看法，不能使我们超出有限界，而且容易陷于贫乏琐碎的反思。譬如，我们仅从葡萄树对于人们熟知的用处的观点来研究葡萄树，而且又去考察一种其皮可制软木塞的橡树，并研究这树皮如何可以剥下来作为木塞以封酒瓶。过去曾有不少的书是根据这样的作风写成的。很容易看出，这种办法既不能增进宗教的真正兴趣，也不能增进科学的真正兴趣。外在的目的性直接站在理念的门前，但仅站在门前或门外总是很不够的。

§ 206

目的的关系是一推论〔或三段式的统一体〕。在这推论或统一体内，主观的目的通过一个中项与一外在于它的客观性相结合。这中项就是两者的统一：一方面是合目的性的活动，一方面是被设定为直接从属于目的的客观性，即工具。

附释：由目的到理念的发展须经历三个阶段：第一，主观的目的；第二，正在完成过程中的目的；第三，已完成的目的。首先，我们得到主观的目的，主观目的，作为自为存在着的概念，其本身就是概念的各环节的全体。其中第一环节就是一个自身同一的普遍性，就好像那中和性的最初的水一样，这里面包含着一切，但是还没有任何东西区分开来。第二环节为这种普遍体的特殊化，通过这种特殊化过程，它就有了特定的内容了。当这特定的内容由于普遍体的活动过程而得到确立时，这普遍体便通过这种过程而回归到它自己，并且自己和它自己相结合。因此当我们提出一个目的在前面时，我们又说，我们决定要做某件事，我们从而首先好像把我们看成是开阔的，我们可以接受这一规定或那一规定。同样，我们有时进一步说，我们决心要做某件事，这意思是说，主体从它单纯自为存在着的内在性向前走出来，要与那在外的与他对立的客观性打交道。于是就形成了由单纯的主观目的到那转向外面的合目的的活动的进展。

§ 207

(1)主观目的是一推论〔或三段式的统一体〕，在这推论里，普遍性的概念通过特殊性与个体性获得这样的结合，使得具有自我决定力的个体性成为一个能下判断的主体。这就是说，个体性于下判断时不仅特殊化那尚无确定性的普遍概念，使之具有确定的内容，而且建立起主观性与客观性的对立，同时它自己又返回到它自己。因为它分析出，那同客观性对立的主观的概念与那自身结合一起的全体比较起来是有缺陷的，因此它自身同时要转向外面。

§ 208

(2)这种转向外面的活动就是个体性。因为个体性在主观目的阶段与特殊性是同一的，在特殊性以及它的内容之内，也包括有外在的客观性。这转向外面的活动是这样的个体性，它首先直接指向客体，把捉住客体，把它作为自己的工具。概念就是这种直接的力量(Macht)[①]，因为概念是和它自身同一的否定性，在这种否定性里，客体的存在仅仅完全是观念性的。——于是整个中项成为概念的这种内在的活动力量。由于具有这种活动力量，客体才作为工具，直接与概念相结合，并从属于概念的活动力量。

〔**说明**〕在有限的合目的性里，中项分裂为两个彼此外在的环

① die Macht 一词，这里出现多次，都译成“力量”，语气似乎稍嫌轻了一点。其实也应理解到，这字还包含有暴力、权力、强力、势力等较重的意思。——译者注

节，即(a)活动与(b)那用作工具的客体。目的作为力量与那客体相联系，和对象之受到目的的支配是一种直接的过程(对象受目的的支配即是整个推论中的第一前提)，因为只要在这阶段的概念或目的性里，客体只是一种自为存在的观念性，它的本身就是被设定为不实的东西。这种关系或第一前提本身成为中项，这中项同时即是推论自己，因而目的通过它包含在其中并起主导作用的这种关系、它的活动便同客观性结合起来。

附释：目的的贯彻，即是在中介方式下实现目的。但是目的的直接实现也有同样需要。目的直接地抓住客体，因为目的就是支配客体的力量，因为在目的里即包含有特殊性，而在特殊性里又包含有客观性。——有生命的存在具有一个肉体；灵魂控制住肉体，并直接客观化其自身于肉体内。为了使它的肉体成为它的工具，人的灵魂有许多工作可做。人似乎首先就须占领或控制住他的肉体，从而他的肉体才可作为他的灵魂的工具。

§ 209

(3)目的性的活动和它的工具仍然是指向外面的，因为目的仍然还没有与客体达到同一，因此它还必须利用客体为工具以求达到目的。工具作为客体在这第二前提里是与三段式中的另一极端，即假定在先的客观性、材料有了直接的联系。这种联系就是现在能服务于目的的机械性和化学性的范围，这个目的就是它们两者的真理性和自由的概念。这样，那作为支配机械和化学过程的力量的主观目的，在这些过程里让客观事物彼此互相消耗，互相扬弃，而它却超脱其自身于它们之外，但同时又保存其自身于它们之内。这就是理性的机巧(die List der Vernunft)。[①]

附释:理性是有机巧的,同时也是有威力的。理性的机巧,一般讲来,表现在一种利用工具的活动里。这种理性的活动一方面让事物按照它们自己的本性,彼此互相影响,互相削弱,而它自己并不直接干预其过程,但同时却正好实现了它自己的目的。在这种意义下,天意对于世界和世界过程可以说是具有绝对的机巧。上帝放任人们纵其特殊情欲,谋其个别利益,但所达到的结果,不是完成他们的意图,而是完成他的目的,而他〔上帝〕的目的与他所利用的人们原来想努力追寻的目的,是大不相同的。

§ 210

实现了的目的因此即是主观性和客观性的确立了的统一。但这种统一的主要的特性是:主观性和客观性只是按照它们的片面性而被中和、被扬弃。但客观性却以目的为它的自由概念,为高于它自身的力量,因而屈服于目的并遵循目的。目的则保持其自身,

① 理性的机巧,这是黑格尔唯心辩证法中一个重要的观点。(马克思《资本论》第一卷即《马克思恩格斯全集》第23卷第203页曾引证了本节附释中的前一半,而抛弃了神秘唯心的后半段。)主要是说理性是能动的,不是抽象、死板、直线式的,而好像是有机心、有权谋策略、灵活应变的,因而理性不是软弱无力,而是有威力的,能够利用客体,自然事物,甚至世界史人物作为实现它的目的的工具,及目的已经达到,时变境迁,潮流向前,它又有威力和机巧把那些工具抛在后面,而理性自己却仍向前曲折起辩证进展,不牵连其中,也不受损害。参看《大逻辑》论尺度部分谈到的"概念的机巧",《精神现象学》序言中"论思辨的知识"部分,和《历史哲学》绪论第三部分。黑格尔关于"理性的机巧"的思想对于辩证的观点和方法是一种特殊的形象的阐述,但他把理性与"天意"、"上帝"等同起来谈,其神秘、唯心的外壳,必须加以认真深入的批判。又德文List一字,据辞书本有"策略、智略、权谋,巧计、狡猾"等含义。这里译作"理性的机巧"以表示黑格尔所了解的理性的矛盾发展可以说是有策略、机动和巧计的。——译者注

反对客观事物并在客观事物之内。因为除了目的是片面的主观性，或特殊性外，它又是具体的普遍性，是主客两面之潜在的同一。这种具体的普遍性，作为简单的自身返回，是通过了推论的三项及其运动，而仍能保持它自身同一性的内容。

§ 211

但在有限的目的性里，甚至业已达到了的目的，本身也仍然是如此残缺不完的东西，正像它是中项和起始的目的那样。在这里我们所得到的，仅是一种从外面提出的、强加在那现成的材料之上的形式，这种形式由于目的的内容受到限制，也同样是一种偶然性的规定。因此那达到了的目的只是一个客体，这客体又成为达到别的目的的手段或材料，如此递进，以至无穷。

§ 212

〔有限目的的活动，就其仅为主观性和客观性的相对的全体而言，又陷于无穷的递进，由于这种活动即是一种矛盾，它使它在活动过程里所扬弃的主客对立，又重新产生出来。〕[1]但在目的实现的本身所产生的结果是：片面的主观性和那当前的客观独立性与主观性相对立的假象，都同样被扬弃了。在把捉工具的过程中，概念建立其自身为客体的自在存在着的本质。在机械和化学的过程中，客体的独立性业已自在地消逝了。而且在它

---

① 方括号内这一段是第二版所原有，但在第三版被删去，兹依拉松本补译出来。——译者注

们受目的支配的发展过程中，它们的独立性的假象，或对概念的否定性也被扬弃了。但就那实现了的目的仅仅被规定为手段或材料的事实看来，则这目的所追求的客体，立刻就被设定为一个本身不实的，只是观念性的东西。这样一来，形式与内容的对立也随之而消失了。当目的由于扬弃它的形式规定〔的片面性〕而与它自身相结合时，它那自身同一的形式因之便成为有内容的了，所以那作为形式自身活动力量的概念，仅以它自身为内容。通过这种过程，目的这一概念的性质一般便确立起来了，主观性与客观性的自在存在着的统一，现在就被设定为自为存在着的统一了。这就是理念。

附释：目的的有限性在于当实现目的时，那被利用来作为手段的材料，只是外在地从属于目的的实现，成为遵循目的的工具。但事实上客体就是潜在的概念，当概念作为目的，实现其自身于客体时，这也不过是客体自身的内在性质的显现罢了。这样看来，客观性好像只是一个外壳，这里面却隐藏着概念。在有限事物的范围内，我们不能看见或体察出，目的是真正达到了的。无限目的的实现这一看法的好处只在于去掉一种错觉：即人们总以为目的好像老没有实现似的。善，绝对的善，永恒地在世界上完成其自身，其结果是，善或至善用不着等待我们去实现它，它就已经自在并自为地在世界上实现其自身了。我们总是生活在这种错觉中，但这错觉同时也是一种推进力量，而我们对这世界的兴趣即建筑在这种力量上面。理念在它发展的过程里，自己造成这种错觉，并建立一个对立者以反对之，但理念的行动却在于扬弃这种错觉。只有由于这种错误，真理才会出现。而且在这一事实里面复包含有真理与错误，无限性与有限性的和解。扬弃了的错误或异在，本身即是达到真理的一个必然的环节，因为真理作为真理，只是由于它自身造成它自己的结果。

C. 理念(Die Idee)

§ 213

理念是自在自为的真理，是概念和客观性的绝对统一。理念的理想的内容不是别的，只是概念和概念的诸规定；理念的实际的内容只是概念自己的表述，像概念在外部的定在的形式里所表现的那样。而且概念还包括这种外部形态于它的理想性中，使它受自己的支配，从而保持它自身于其中。

〔**说明**〕“绝对就是理念”这一界说，本身即是绝对的。前此的一切界说，都要归结到这一界说。* 理念就是真理；因为真理即是客观性与概念相符合。——这并不是指外界事物符合我的观念。因为我的观念只不过是，我这个人所具有的不错的观念罢了。理念所处理的对象并不是个人，也不是主观观念，也不是外界事物。但是一切现实的事物，只要它们是真的，也就是理念。而且一切现实事物之所以具有真理性，都只是通过理念并依据理念的力量。个体的存在只是理念的某一方面，因此它还需要别的现实性，而这些现实性，同样也好像特别地有它们的独立存在似的。只有在现实事物的总和中和在它们的相互联系中概念才会实现。那孤立的个体事物是不符合它自己的概念的；它的特定存在的这种局限性构成它的有限性并且导向它的毁灭。①

理念本身不可了解为任何某物的理念，同样，概念也不可单纯理解为特定的概念。绝对是普遍的和唯一的理念，这理念由于判断的活动特殊化其自身成为一些特定理念的系统，但是这些特定理念之所以成为系统，也只是在于它们能返回到那唯一的理念，返回到它们的真理。从这种判断的过程去看理念，理念最初是唯一的、普遍的实体，但却是实体的发展了的真正的现实性，因而成为主体，所以也就是精神。

由于理念不以实存为其出发点，又不以实存为其支撑点，因此便常常被当作单纯是一种形式的逻辑的东西。人们一方面把实际存在着的事物以及许多尚未达到理念的范畴，均给予所谓实在或真正现实性的徽号；另一方面又以为理念仅仅是抽象的。其实这两种意见都是错误的，必须放弃的。就理念作为能消溶或吞并一切不真之物而言，它诚然是抽象的。但理念自身本质上却是具体的，因为它是自己决定自己，从而自己实现自己的自由的概念。如果概念，作为理念的原则，仅被当作是抽象的统一，而不是像它本来应该那样，被认作是经过否定的过程而回归其自身的主观性，那么，理念也会只是抽象的形式。

附释：* 人们最初把真理了解为：我知道某物是如何存在的。不过这只是与意识相联系的真理，或者只是形式的真理，只是“不错”罢了。按照较深的意义来说，真理就在于客观性和概念的同

① 从 399 页 * 号起直至本段末，列宁作了摘录（中间有删节），并有长段评语。见《列宁全集》第 38 卷第 209—210 页。——译者注

一。譬如，当我们说到一个真的国家或一件真的艺术品，都是指这种较深意义的真理而言。这些对象是真的，如果它们是它们所应是的那样，即它们的实在性符合于它们的概念。照这样看来，所谓不真的东西也就是在另外情况下叫做坏的东西。坏人就是不真的人，就是其行为与他的概念或他的使命不相符合的人。然而完全没有概念和实在性的同一的东西，就不可能有任何存在。甚至坏的和不真的东西之所以存在也还是因为它们的某些方面多少符合于它们的概念[1]。那彻底的坏东西或与概念相矛盾的东西，因此即是自己走向毁灭的东西。唯有概念才是世界上的事物之所以保持其存在的原则，或者用宗教上的语言来说，事物之所以是事物仅由于内在于事物的神圣的思想、因而亦即创造的思想有以使然。

一说到理念，我们用不着想象一些遥远的和超越人世的东西。理念毋宁是彻底地现在的，甚至即存在于每一个人的意识里，无论他的意识是如何混乱衰退。我们设想这世界是上帝所创造的伟大的整体，而且由于世界是这样被创造的，所以上帝即在这世界内显示其自身给我们。同样，我们认为这世界是由神意所主宰，这就包含着这样的意思，即世界内那些彼此分离的外在的事物，将永恒地从统一中发展出来并返回到统一，遵循着统一。——自来哲学的工作即在于对理念予以思维的掌握。* 凡是配得上哲学这一名称的学说，总是以绝对统一的意识为基础，这种统一的意识只有在理智看来才是分离开的。[2] ——要求为“理念就是真理”这一命题寻

① 列宁摘录了从 * 号起的这段话（中间有删节），参看《列宁全集》第 38 卷第 211 页。——译者注

② 列宁摘录了从 * 号起的这句话，参看《列宁全集》第 38 卷第 211 页。——译者注

求证明,并不须等待到现在才提出来的;前此全部思维的一切发挥和发展,都包含着对这一命题的证明。理念就是这全部过程的进展的成果。这并不是说理念似乎只是一个通过自身以外的他物而发展出来的中介性的东西。反之,理念乃是它自己发展的成果,因为如此,它既是直接的,又是经过中介的。* 前面所考察过的存在和本质以及概念和客观性这些阶段,它们的这种差别,并不是固定的,也不是以自身为基础的东西,而是证明其自身为辩证的,并且它们的真理只在于它们是理念的各个环节。①

§ 214

理念可以理解为理性(即哲学上真正意义的理性),也可以理解为主体——客体;观念与实在,有限与无限,灵魂与肉体的统一;可以理解为具有现实性于其自身的可能性;或其本性只能设想为存在着的东西等等。因为理念包含有知性的一切关系在内,但是包含这些关系于它们的无限回复和自身同一之中。

〔**说明**〕知性很不费力就可以指出一切关于理念所说的话都是自相矛盾的。但这种指斥是可以予以同样的回击的,甚或可以说,在理念里已经实际上予以回击了。而这种回击的工作就是理性的工作,当然不像知性的工作那样容易。知性当然可以举出种种理由来证明理念是自相矛盾的,因为譬如说:主观的仅仅是主观的,老是有一个客观的东西和它相对立,存在与概念完全是两回事,因而不能从概念中推出存在来。同样有限的仅仅是有限的,正

---

① 列宁摘录了从 * 号起的这句话,参看《列宁全集》第 38 卷第 211 页。——译者注

好是无限的东西的对立面，因而两者不是同一的。对于其他一切规定也都是这样。但是逻辑学所推出的毋宁正是上述说法的反面，即：凡仅仅是主观的主观性，仅仅是有限的有限性，仅仅是无限的无限性以及类似的东西，都没有真理性，都自相矛盾，都会过渡到自己的反面。因此在这种过渡过程中和在两极端之被扬弃成为假象或环节的统一性中，理念便启示其自身作为它们的真理。

用知性的方式去了解理念，就会陷于双重的误会。第一，它不是把理念的两极端（叫做两极端也好，无论怎样说，只要了解它们是在统一中就行），正当地了解为具体的统一，而是把它们了解为统一以外的抽象的东西。即使它们的关系得到明白的表述，知性也仍然会误解这种关系。譬如，知性甚至忽视了判断中的联系词的性质，这联系词表明个体即是主体，又同样不是个体，而是共体。但是，第二，知性总以为它的反思——即认那自身同一的理念包含着对它自己的否定或包含着矛盾——仅是一外在的反思，而不包含在理念自身之内。但事实上这种反思也并非知性特有的智慧，而是理念自身就是辩证法，在这种辩证过程里，理念永远在那里区别并分离开同一与差别、主体与客体、有限与无限、灵魂与肉体，只有这样，理念才是永恒的创造，永恒的生命和永恒的精神。[①] 但当理念过渡其自身或转化其自身为抽象的理智时，它同样也是永恒的理性。理念是辩证法，这辩证法重新理解到这些理智的东西、差异的东西，它自己的有限的本性，并理解到它的种种产物的独立性

① 列宁从本节＊号起连续摘录了三大段，并加了评语。参看《列宁全集》第38卷第212—214页。——译者注

只是虚假的假象，而且使得这些理智的、差异的东西回归到统一。这种双重的运动既不是时间性的，也不是在任何方式下分离了的和区别开的，——否则它又会只是抽象的理智作用，而不是辩证发展，——所以理念即是在他物中对自身的永恒直观；亦即曾经实现其自身于它的客观性内的概念，亦即具有内在的目的性和本质的主观性的客体。

对于理念的各种方式的理解，如认理念为观念与现实，有限与无限，同一与差别等等的统一，都多少不免是形式的。因为它们仅表示特定的概念的某一阶段。唯有概念本身才是自由的，才是真正的共体。因此在理念里，概念的规定性同样只是概念本身，——一种客观性，在其中作为共体的概念借以继续维持其自身，只有在客观性中概念才具有它自己的全部规定性。理念是一无限的判断[①]，这判断中的每一方面均各自为一独立的全体。正由于这样，所以每一方面既达到其自己的充分发展，也同时过渡到对方。除了概念本身和客观性外，没有任何别的特定的概念在这两方面都能达到完成的全体。

§ 215

* 理念本质上是一个过程，因为只是就理念的同一性是概念

① 判断（Urteil）在这里有特殊的含义和用法，在德文字根分析起来，Ur 有“原始”的意思，teilen 有区分或分割为部分的意思。黑格尔用 Urteil 一字经常包含有对原始根本的东西加以区分、判别、分化的意思。这里所谓“理念是一无限的判断”以及下面 § 219 所谓“概念的判断”都要这样去了解，才能看出黑格尔所谓“理念”、“概念”都有由原始的一进行区分、分化而又进展到统一，全体的辩证法意义。——译者注

的绝对的和自由的同一性来说，只是就理念是绝对的否定性来说，因此也只是就理念是辩证的来说，〔它才是个过程〕。[1] 理念的运动过程是这样的：即概念作为普遍性，而这普遍性也是个体性特殊化其自己为客观性，并和普遍性相对立，而这种以概念为其实体的外在性通过其自身内在的辩证法返回到主观性。

〔**说明**〕＊因为理念(a)是一过程，所以通常用来表述绝对的一些说法：谓绝对为有限与无限的统一，为思维与存在的统一等等都是错误的。因为这种统一仅表示一种抽象的、静止的、固定的同一性。因为理念(b)是主观性，从另一方面看来，上面那个说法也同样是错误的。因为刚才所提及的统一，仅表达真正的统一的自在性、实体性。按照这种看法，无限与有限，主观与客观，思维与存在，好像只是中和了似的。[2] 但是在理念的否定的统一里，无限统摄了有限，思维统摄了存在，主观性统摄了客观性。[3] 理念的统一是思维、主观性和无限性，因此本质上须与作为实体的理念相区别，正如这统摄着对方的思维、主观性、无限性必须与那由判断着、规定着自身的过程中被降低成片面的思维、片面的主观性、片面的无限性相区别。

附释：＊理念作为过程，它的发展经历了三个阶段。理念的第一个形式为生命，亦即在直接性形式下的理念。理念的第二个形

---

① 列宁摘录了从＊号起的这段话。见《列宁全集》第 38 卷第 214 页。——译者注

② 从本段开头到这里止，列宁曾加以引证，并有所删节。参看《列宁全集》第 38 卷第 214 页。——译者注

③ 统摄，德文原文为 Übergreifen，本具有重叠、侵略等义；英译为 overlap，有重叠、重复等义，均不能表达黑格尔这里的意思。兹译作“统摄”。统摄包含有“包括”、“超出”和“主导”三层意思。——译者注

式为中介性或差别性的形式，这就是作为认识的理念，这种认识又表现为理论的理念与实践的理念这双重形态。认识的过程以恢复那经过区别而丰富了的统一为其结果。由此就得出理念的第三个形式，即绝对理念。[①] 这就是逻辑发展过程的最末一个阶段，同时又表明其自身为真正的最初，并且只是通过自己本身而存在着。

(a)生命(Das Leben)

§ 216

直接性的理念就是生命。概念作为灵魂，而实现在肉体里，灵魂是凭借肉体的外在性，以直接地自己和自己加以联系着的普遍性。肉体同样也是灵魂的特殊化，所以肉体除了表示在它那里的概念规定外，不表示任何别的差别。最后，肉体的个体性作为无限的否定性，乃是它的彼此外在存在着的客观性的辩证法，这客观性从独立持存的假象返回到主观性。所以肉体内一切器官肢体，均彼此在不同时间内互为目的，互为手段。所以生命既是开始的特殊化作用，又是达到否定的自为存在着的统一的结果，因而生命在它的肉体里只是作为辩证的过程和它自身相结合。所以生命本质上是活生生的东西，而且就它的直接性看来，即是这一活生生的个体。在生命范围里，有限性的特点即由于理念的直接性的缘故，灵魂与肉体才是可分离的，这就构成了有生命者之有死亡性。但只有当有生命者死亡时，理念的这两方面，灵魂与肉体，才是不同的

① 列宁摘引了从 * 号起的这段话。见《列宁全集》第 38 卷第 215 页。——译者注

组成部分。

附释：肉体上各个器官肢体之所以是它们那样，只是由于它们的统一性，并由于它们和统一性有联系。譬如一只手，如果从身体上割下来，按照名称虽仍然可叫做手，但按照实质来说，已不是手了。这点亚里士多德早已说过。① 从理智的观点出发，人们常把生命认作是个神秘的甚或不可思议的东西。这足以表示理智或知性自己供认它的有限性和空疏性。事实上生命不仅不是不可思议的，甚至可以说，在生命里，我们即可看到概念本身，或确切点说，可看到作为概念存在着的直接的理念。这样也就同时说出了生命的缺陷之所在了。生命的缺陷即在于概念和实在尚未达到真正的彼此符合。生命的概念是灵魂，而灵魂则以肉体作为它的实在或实现。灵魂好像是贯注于它的肉体内，在这种情形下，灵魂才是有感觉的，但尚未达到自由自觉的存在。生命进展的过程于是就在于克服那还在束缚其自身的直接性，而这个过程本身又是三重性的，其发展的结果就出现在判断形式中的理念，亦即作为认识的理念。

§ 217

有生命之物是一推论，〔即包含有三个成分的矛盾统一体〕，这统一体里面，各环节本身又各自成一体系和推论〔或统一体〕（参看§198、§201、§207各节）。它们是主动的推论〔或推移〕过程，而在有生命之物的主观统一性内只是一个过程。所以有生命之物乃

① 列宁摘录了这段话，并有所删节。参看《列宁全集》第38卷第217页。——译者注

是自己与自己结合的过程,[①]这个结合过程本身又经历了三个过程。

§ 218

(1)第一过程就是有生命之物在它自身内部的运动过程。在这过程里它自身发生分裂,它以它的肉体为它的客体,为它的无机本性。这种无机性,作为相对的外在性,分化为它的各环节的差别与对立,这些不同的对立的环节彼此互相争夺,互相同化,在不断地自身产生着的过程中而保持自身。但有生命之物的各肢体官能的这种活动,只是那有生命的主体的一个活动,这个活动的各种产物,必须回复到主体的活动,以致在这种内部过程中,只是产生了有生命的主体,换句话说,只是那主体自身在再生。

附释:有生命之物自身的内部过程在自然界又可分为三种形式,即敏感、反感[②]和繁殖。作为敏感,有生命之物是直接简单的自我关系,即灵魂,灵魂到处弥漫内在于它的肉体内,肉体各部分的彼此外在,对灵魂来说,已根本没有真理性了。在反感过程时,有生命之物表现自身有了分裂,到了再生或繁殖的阶段则它便从它的各肢体各官能的内在差别里继续不断地恢复其自身。有生命之物仅恃自身内部这种不断地更新的过程而持续其存在。

---

① 这里所谓"自己与自己结合的过程",也就是黑格尔所谓辩证的"推论"、推移或三段式过程。——译者注

② 反感(Irritabilität)本为刺激的意思,在这里含有对外来刺激有反应、反感、抵抗之意。——译者注

§ 219

(2)但是概念的判断为了自由地前进，便放任客观的无机体，使其成为一个离它[①]而独立的全体，并且使有生命之物对自身的否定联系，成为直接的个体性，成为与它[②]自己对立的无机自然的前提。有生命之物的自身否定，正是它的概念本身的一个环节，这就表示它与它的概念(同时是一具体的普遍)相比较便有了缺陷。扬弃那自在地带有虚幻性的客体的辩证法，乃是一自身确信的有生命之物的能动性，这有生命之物于反抗它这种无机自然的过程里因而保持、发展并客观化其自身。

附释：有生命之物与一个无机的自然相对立，它是后者的主宰力量，并同化后者以充实自身。这种过程所获得的结果，并不像在化学过程里那样只是一种中和的产物，在这个产物里，那互相对立、彼此独立的两方面都同样被扬弃了。反之，那有生命之物却表明自己是统摄着它的对方的，而它的对方却不能抵抗它的力量。* 被有生命之物所征服的无机自然之所以忍受这种征服，就是因为无机自然是自在的生命，而生命则是自为的无机自然。[③] 所以有生命之物在对方里只是和它自身相结合。当灵魂离开了肉体时，客观性的那些基本力量就开始发挥它们的作用了。这些力量可说是不断地在准备着飞跃，以求在有机的肉体里开始其过程，而生命便不断地在那里与无机力量作斗争。

---

①② 这两个"它"字都是指"概念"。——译者注

③ 列宁摘引了这一句，并加以评论。见《列宁全集》第38卷第217页。——译者注

§ 220

(3)有生命的个体，在第一过程里居于主体和概念的地位，在第二过程里，它同化它的外在的客观性，因而它自身便取得一种真实的规定性，于是它现在就成为潜在的族类(Gattung)、实体性的普遍性。"族类"的特殊化就是一个有生命的主体与另一同类的主体的联系，判断就是"族类"与这些彼此对立的特定"个体"的相互关系。这就是性的差别(Geschlechtsdifferenz)[①]。

§ 221

"族类"的发展过程使它成为自为存在。因为生命还只是直接的理念，它就分裂成两方面：一方面那最初被假定为直接性的东西，现在就作为一中介性的、被产生的东西出现了。但另一方面，有生命的个体性由于它最初的直接性的缘故，与普遍性处于否定的关系中，便沉没在这个有较高力量的普遍性里。

附释：有生命之物要死亡，因为生命就是矛盾：它自在地是族类，是普遍性，但直接地却仅作为个体而存在。在死亡里，族类表明其自身为支配那直接的个体的力量。就动物来说，族类的过程乃是它的生命力的顶点。但生物在它们的族类里并不能达到自为的存在，而是屈服于族类的力量。在族类的过程里，直接的有生命之物有了自身的中介，并提高其自身以超出其直接性，但只是为了

① "差别"这里指"无差别"、"漠不相关"的反面而言。性的差别是说阳性和阴性的对立的有生命之物或个体不是无差别的或漠不相干的，而是有相互关联的。瓦拉士英译本意译为"The Affinity of the Sexes"(两性的亲和力)可资参考。——译者注

不断重新又沉陷在直接性里。因此生命最初只是没完没了地走向坏的无限进展的过程。但从概念看来，生命的过程所获得的结果，即在于扬弃并克服尚束缚在生命形态中的理念的直接性。

§ 222

但是生命的理念因而不仅必须从任何一个特殊的直接的个体性里解放出来，而且必须从这个最初的一般的直接性里解放出来。这样，它才能够达到它的自己本身，它的真理性。从而，它就能进到作为自由的族类为自己本身而实存。那仅仅直接的个体的生命的死亡就是精神的前进。

(b)认识(Das Erkennen)

§ 223

理念自由地自为地实存着，因为它以普遍性作为它的实存的要素，或者说，理念是作为概念的客观性本身，即理念以它自身为对象。理念作为被规定为普遍性的主观性，是在它自身内的纯粹差别，——是直观，这直观在这种同一的普遍性内保持其自身。但理念作为特定的差别，就是进一步的判断，它把作为全体性的自身从自身中排斥出去，因而首先假定其自身为一外在的宇宙。于是便有了两个判断，这两个判断虽潜在地是同一的，但还没有实现其同一性。

§ 224

这两个理念，就其潜在地和作为生命来说是同一的，但它们的关系却是相对的，而这种相对性便构成它们在这个范围内的有限性的规定。这就是反思关系，由于在反思关系里，理念在它自身内的区别中只是第一判断，即一种前提，还不是把它当作一种设定。因此对主观理念来说，客观性就是那直接出现在面前的世界，或者作为生命的理念就是个体的实存的现象界。同时只要一个判断是理念在它自身内的纯粹区别（参看上节），那么理念实现其自身与实现其对方，便是一回事。所以理念深信它能实现这个客观世界和它自身之间的同一性。——理性出现在世界上，具有绝对信心去建立主观性和客观世界的同一，并能够提高这种确信使成为真理。理性复具有一种内在的冲力，把那据它看来本来是空无的对立，复证实其为空无。

§ 225[①]

这种过程概括说来就是认识。在认识过程的单一活动里，主观性的片面性与客观性的片面性之间的对立，自在地都被扬弃了。但是这种对立最初只是自在地被扬弃了。因此，认识过程的本身便直接染有这个范围的有限性，而分裂成理性冲力的两重运动，被设定为两个不同的运动。认识的过程一方面由于接受了存在着的世界，使进入自身内，进入主观的表象和思想内，从而扬弃了理念的片面的主观性，并把这种真实有效的客观性当作它的内容，借以充实它自身的抽象确定性。另一方面，认识过程扬弃了客观世界

① 列宁曾指出"《哲学全书》第225节非常好"，并有扼要的评语。见《列宁全集》第38卷第224页。——译者注

的片面性，反过来，它又将客观世界仅当作一假象，仅当作一堆偶然的事实、虚幻的形态的聚集。它并且凭借主观的内在本性，(这本性现在被当作真实存在着的客观性)以规定并改造这聚集体。前者就是认知真理的冲力，亦即认识活动本身——理念的理论活动。后者就是实现善的冲力，亦即意志或理念的实践活动。

(1)认识

§ 226

认识的普遍有限性，即存在于一个判断中，存在于对立面的前提里(§ 224)的有限性，对于这种前提，认识活动的本身便包含有对它的否定。认识的这种有限性更确切地规定其自身于它自己的理念内。这种规定过程，使得认识的两个方面取得彼此不同的形式。因为这两个方面都是完整的，于是它们彼此便成为反思的关系，而不是概念的关系。因此将材料当作外界给予的予以同化，好像是接受那材料使它进入于同时外在于它的范畴，这些范畴同样显得是彼此各不相同的。这种认识过程实即是作为知性而活动的理性。因此这种认识过程所达到的真理，也同样只是有限的。而概念阶段的无限真理只是一自在存在着的目的，远在彼岸非认识所能达到。但即在认识的这种外在的活动里，它仍然受概念的指导，而概念的原则则构成认识进展的内在线索。

附释：认识的有限性在于事先假定了一个业已先在的世界，于是认识的主体就显得是一张白纸(tabula rasa)。有人说这种看法系出自亚里士多德，但其实除亚里士多德外没有人更远离这种对于认识的外在看法了。这种认识方式自身还没有意识到它是概念的活动，换言之，概念的活动在这种外在的认识过程里只是自在的，还不是自为的。一般人总以为这种认识过程是被动的，但事实上却是主动的。

§ 227①

当有限的认识把区别于它的对象当作一个先在的与它对立的存在着的东西，当作外界的自然或意识的多样性的事实时，它首先假定(1)它的活动形式是形式的同一性或抽象的普遍性。所以它的活动即在于分解那给予的具体内容，孤立化其中的差别，并赋予那些差别以抽象普遍性的形式；或者以具体的内容作为根据，而将那显得不重要的特殊的东西抛开，通过抽象作用，揭示出一具体的普遍、类，或力和定律。这就是分析的方法。

附释：人们常说到分析方法和综合方法，就好像这全凭我们的高兴，随便用这个或那个方法都可以似的。但事实上却并不如此。这完全取决于我们要认识的对象本身的性质，才可决定在两种从有限认识的概念产生出来的方法中，哪一种较为适用。认识过程最初是分析的。对象总是呈现为个体化的形态，故分析方法的活动即着重于从当前个体事物中求出其普遍性。在这里思维仅是一抽象的作用或只有形式同一性的意义。这就是洛克及所有经验论者所采取的立场。许多人说，认识作用除了将当前给予的具体对

① 列宁曾指出“《哲学全书》第 227 节——卓绝地叙述了分析的方法和它的应用”。见《列宁全集》第 38 卷第 253 页。——译者注

象析碎成许多抽象的成分，并将这些成分孤立起来观察之外，没有别的工作可做。但我们立即可以明白看见，这未免把事物弄颠倒了，会使得那要理解事物的本来面目的认识作用陷于自身矛盾。譬如，一个化学家取一块肉放在他的蒸馏器上，加以多方的割裂分解，于是告诉人说，这块肉是氮气、氧气、碳气等元素所构成。但这些抽象的元素已经不复是肉了。同样，当一个经验派的心理学家将人的一个行为分析成许多不同的方面，加以观察，并坚持它们的分离状态时，也一样地不能认识行为的真相。用分析方法来研究对象就好像剥葱一样，将葱皮一层又一层地剥掉，但原葱已不在了。

§ 228

这种普遍性(2)又是一种经过规定的普遍性。在这里，认识的活动随顺着概念的三个环节而进展。这概念在有限的认识里尚未达到它的无限性，这就是经过理智的规定的概念。将对象接受在这种形式的概念里，这便是综合方法。

附释：综合方法的运用恰好与分析方法相反。分析方法从个体出发而进展至普遍。反之，综合方法以普遍性(作为界说)为出发点，经过特殊化(分类)而达到个体(定理)。于是综合方法便表明其自身为概念各环节在对象内的发展。

§ 229

(一)　当对象在认识过程中首先被带到特定的一般概念形式内，从而这对象的类和它的普遍的规定性得到明白的表述时，于是我们便有了界说。这界说的材料和证明都是由于运用分析方法得来的(§227)。但这界说里所表述的普遍规定性仍然只是一个标志,这就是说,对于对象只说出其外在标志,而所得到的只是主观的认识。

附释:界说本身包含有概念的三个环节:普遍性或最近的类(genus proximum),特殊性或类的诸特性,和个体性或被界说的对象本身。界说所引起的第一个问题就是:界说是从何处来的?对这问题一般的回答是,界说是由分析的方式得来的。但这又会引起关于所提出的界说的正确性的争论。要解答这种争论又要看我们下界说是以什么知觉为出发点,和我们心目中所采取的是什么观点。要下界说的对象的内容愈丰富,这就是说,它提供我们观察的方面愈多,则我们对这对象所可提出的界说也就愈有差异。譬如说,关于生命、关于国家等较复杂的对象,便可有许多不同的界说。反之,几何学可以下许多好的界说,因为,它所研究的对象一空间,是一个异常抽象的对象。再则,就须下界说的对象的内容来说,也没有什么必然性。我们只须承认,有空间、有植物、有动物等等即行,几何学、植物学、动物学等等,并没有义务去证明这些对象所以存在的必然性。就这种情形看来,无论综合方法或分析方法,皆同样不适用于哲学。因为哲学首先要做的工作,就是要证明它的对象的必然性。但哲学上曾有过不少的运用综合方法的尝试。斯宾诺莎就是从界说开始的,譬如他说:实体即是自因之物。他的许多界说留下了不少最富于思辨的真理,但只是用论断的形式表述出来的。这些话也同样适用于谢林。

§ 230

（二） 对于概念的第二环节的陈述，亦即对普遍事物的规定性作为特殊化加以陈述，就是根据某一外在的观点去进行分类。

附释：关于分类据说必须求其完备。这样又须寻求分类所依据的原则或根据。这个原则必须相当概括，庶几根据它来分类才可以涵盖界说所包含的全部范围。但进一步的要求是，分类的原则必须从被分类的对象本身细绎出来。这样一来，分类才是很自然的，而不单纯是矫揉造作的，换言之，不是武断的。譬如，在动物学里，关于哺乳动物的分类所采取的原则，是以动物的牙齿和趾爪为准的。这个办法是可以理解的，因为哺乳动物彼此间的区别是基于它们身体上的牙齿和趾爪这些部分的。以这些作为关键去追溯，便不难察出不同类哺乳动物的普遍类型。一般讲来，真正的分类必须以概念为准则。而概念又包含三个环节，因此分类一般首先分为三部分。但就特殊性表现为两个方面而言，所以采取分而为四的分类法也未尝不可。在精神的范围内，应以分为三部分为主，这一点我们不能不说是康德的功绩，他曾首先促使人注意到精神应分而为三的事实。

§ 231

（三） 在具体的个体性里，当界说中简单的规定性被认作一种关系时，这对象便是许多有差别的规定的综合联系。——这就是一个定理。这些规定因为是不相同的，故它们之间的同一性是一种经过中介的同一性。要提供材料来构成中介环节，那就是“构造”的任务。而认识所赖以达到那种联系的必然性的中介过程本身就是证明。

〔**说明**〕按照通常所作出的关于分析方法和综合方法的区别，究竟要用哪一方法，好像可以完全任意选择似的。如果我们试假定从综合方法所表明为结果的具体东西开始，则我们可以从它分析出许多抽象的命题作为结论，而这些命题便构成证明的前提和材料。这样，代数关于曲线的定义，在几何学方法里就成为定理。同样，即如毕达哥拉斯的定理，如果用来作为直角三角形的界说，也可得出几何学中早经通过分析予以证明的一些定理。两个方法其所以可任意选择之故，即基于两者都是从一个外在的前提开始的。就概念的本性看来，分析方法是在先。盖因首先须将给予的具体经验的材料提高成一般的抽象概念的形式，而这些抽象概念又首须在综合方法里先行提出来作为界说。

这些方法在它们自己范围内无论如何重要，如何有辉煌的成效，但对于哲学认识却没有用处，这是自明的，因为它们是有前提的，它们的认识方式是抽象理智的方式，是按照形式的同一性而进行的。斯宾诺莎主要应用几何方法，虽说是用来表达思辨的概念，但这个方法的形式主义却很显明。乌尔夫的哲学，发挥几何方法到了学究气的极峰，即就它的内容来说，也只是理智形而上学。继几何方法及其形式主义被滥用于哲学与科学之后，在近代又有所谓构造方法的滥用代之而起。康德曾经使得下面这句话异常流行：数学构造它的概念。这句话的意思不外是说，数学所研究的不是概念，而是感性直观的抽象规定。此后，“概念的构造”一词曾经用来指谓过从知觉里抽象出来的感性特质的陈述，未经过任何概念的规定；并用来指谓将哲学和科学的对象依照某种预先设定的方式（但其余方面便以个人的任意和高兴为准）加以分类，列成一表格。这都表明了康德式的一种形式主义。在这些做法的后面，无疑地隐约提示了关于理念、概念与客观性的统一，以及理念是具体的等想法。但所谓构造这种把戏，实远未能表达出这种统一性，而只有概念才是那样的统一性。而且那种直观的感性具体性也不能表述出理性和理念的具体性。

因为几何学所研究的对象是感性的然而又是抽象的空间的直观，所以它可以毫无阻碍地用抽象的理智在空间里建立某些简单的规定。因此有限认识的综合方法，唯有在几何学里才达到它的完满性。但最值得注意的是，在综合方法的进程里，一遇到那不可衡量的和不合理的量时，便碰了壁。因为在这里要想进一步予以规定，便超出了理智原则的范围。这也足以表明"合理"和"不合理"二词常常被颠倒使用的一个例子：通常总是把"合于理智"〔常识〕的东西，认为是合理的，反而把具有合理性的开端和迹象的东西认为是不合理的。[①] 别的许多科学所研究的对象即远不像空间或数那样简单，它们会常常地而且必然地达到抽象理智的进展的限度，但它们却很轻易地便渡过了这难关了。它们打断了推演进程的顺序，于方便时随其所需接受一些外在的条件，甚至不惜违反它们所出发的前提，另外采取意见、表象、知觉或别的外在东西作

① 马克思曾在《资本论》第三卷中，简要地引证了黑格尔这段话的大意说："黑格尔关于某些数学公式所说的话，在这里也是适用的。他说，普通常识认为不合理的东西，其实是合理的，而普通常识认为合理的东西，其实是不合理的。"可供批判理解黑格尔这段话的参考。见《马克思恩格斯全集》第25卷第878页。——译者注

为出发点。这种有限的认识自己意识不到它的方法的限度和它对于认识的内容或对象的关系，使得它既不能认识在界说分类等过程里它已是必然地接受了概念规定的指导，又不能看到什么地方是它的限度，更不知道，当它超越了它的限度时，它已经进入了一个新的范围，在这里知性的规定已不复有效用，但仍然在那里以粗疏的方式被使用着。

§ 232

有限的认识在证明过程中所带来的必然性，最初也只是外在的、为了主观的识见而规定出来的必然性。但在真正的或内在的必然性里，认识本身便摆脱了它的前提和出发点、它的现成的和给予的内容。换言之，真正的必然性自在地是自己与自己联系着的概念。这样，那主观的理念便自在地达到了那自在自为地规定了的，非给予的，因之亦即内在于主体的东西。于是它便过渡到意志的理念。

附释：认识作用通过证明而达到的必然性，正是构成认识的出发点的反面。认识在它的出发点内有一个给予的偶然的内容。但到了它的运动的结束时，它却知道这内容是有必然性的，而且这种必然性是通过主观的活动的中介才达到的。同样，最初这主观性是异常抽象的，是一张单纯的白纸。但现在却证明其为一能决定的主导的原则了。这就是由认识的理念过渡到意志的理念的关键。细究起来，这个过渡的意义即在于表明，真正的普遍性必须理解为主观性、为自身运动的、能动的和自己建立规定的概念。

(2)意志

§ 233

主观的理念,作为独立自决的东西和简单的自身一致的内容,就是善。由于善有了实现自身的冲力,它的关系与真理的理念便恰好相反,所以善趋向于决定当前的世界,使其符合于自己的目的。——这个意志一方面具有藐视那假定在先的客体的确信。但另一方面,作为有限的东西,它又同时以善的目的只是主观的理念并且以客体的独立性为前提。

§ 234

意志活动的有限性因此是一种矛盾:即在客观世界的自相矛盾诸规定里,那善的目的既是实现了的,也是还没有实现的,既是被设定为非主要的,又同样是主要的,既是现实的,同时又仅是可能的。这种矛盾就被表象为善的实现的无限递进,而在这种过程里,善便被执著为仅仅是一种应当。* 但是就形式看来,这种矛盾的消除,即包含有意志的活动扬弃了目的的主观性,从而即扬弃了客观性,并扬弃了使得两者皆成为有限的那种对立;而且不仅扬弃了这一个主观性的片面性,而且扬弃了一般的主观性[①];(因为另一个这种新的主观性,亦即一个新创造出来的对立,与前面的一个

① 列宁摘录了从 * 号起的这一句话,参看《列宁全集》第 38 卷第 255—256 页。——译者注

被认为是应当存在的主观性，是没有区别的。)这种回归到自身，同时即是内容对自身的回忆，这内容就是善与主客两方面自在的同一性，——亦即回忆到认识的理论态度的前提(§224)，即：客体自身就是真的东西和实体性的东西。

附释：理智的工作仅在于认识这世界是如此，反之，意志的努力即在于使得这世界成为应如此。那直接的、当前给予的东西对于意志说来，不能当作一固定不移的存在，但只能当作一假象，当作一本身虚妄的东西。说到这里，就出现了使抽象的道德观点感到困惑的矛盾了。这个观点就其实际联系说来，就是康德的哲学甚至还是费希特的哲学所采取的观点。他们认为：善是应该得到实现的，我们必须努力以求善的实现，而意志只是自身实现着的善。但是，如果世界已是它应该那样，则意志的活动将会停止。因此意志自身就要求它的目的还没有得到实现。这样便已经正确地说出意志的有限性了。但我们却又不能老停留在这种有限性里，因为意志的过程本身即是通过意志活动将有限性和有限性所包含的矛盾予以扬弃的过程。要达到这种和解，即在于意志在它的结果里回归到认识所假定的前提，换言之，回归到理论的理念和实践的理念的统一。意志知道，目的是属于它自己的，而理智复确认这世界为现实的概念。这就是理性认识的正确态度。那虚幻不实、倏忽即逝的东西仅浮泛在表面，而不能构成世界的真实本质。世界的本质就是自在自为的概念，所以这世界本身即是理念。一切不满足的追求都会消逝，只要我们认识到，这世界的最后目的已经完成，并且正不断地在完成中。大体讲来，这代表成人的看法，而年轻的人总以为这世界是坏透顶了，首先必须予以彻底的改造。

反之，宗教的意识便认为这世界受神意的主宰，因此它的是如此与它的应如此是相符合的。但这种存在与应当的符合，却并不是死板的、没有发展过程的。因为善，世界的究竟目的，之所以存在，即由于它在不断地创造其自身。精神世界与自然世界之间仍然存在着这样的差别，即后者仅不断地回归到自身，而前者无疑地又向前进展。

§ 235

把善的真理设定为理论的和实践的理念的统一，意思就是自在自为的善是达到了的，而客观世界自在自为地就是理念，正如理念同时也永恒地设定其自身作为目的，并通过它的活动去促使目的的实现。这种由于认识的有限性和区别作用而回归到自身，并通过概念的活动而与它自身同一的生命，就是思辨的理念或绝对理念。

(c)绝对理念(Die absolute Idee)

§ 236

理念作为主观的和客观的理念的统一，就是理念的概念。——这概念是以理念本身作为对象，对概念说来，理念即是客体。——在这客体里，一切的规定都汇集在一起了。因此这种统一乃是绝对和全部的真理，自己思维着自身的理念，而且在这里甚至作为思维着的、作为逻辑的理念。

附释：绝对理念首先是理论的和实践的理念的统一，因此同时也是生命的理念与认识的理念的统一。在认识里,我们所获得的理念是处于分离和差别的形态下。认识过程的目的,即在于克服这种分离和差别,而恢复其统一,这统一,在它的直接性里,最初就是生命的理念。生命的缺陷即在于才只是自在存在着的理念,反之,知识也同样是片面的,而且只是自为存在着的理念。两者的统一和真理,就是自在自为存在着的理念,因而是绝对理念。在这以前,我们所有的理念,是经过不同的阶段,在发展中作为我们的对象的理念,但现在理念自己以它本身为对象了。这就是 υόησιs υοὴσεωs(纯思或思想之思想),亚里士多德早就称之为最高形式的理念了。

§ 237

绝对理念由于在自身内没有过渡,也没有前提,一般地说,由于没有不是流通的和透明的规定性,因此它本身就是概念的纯形式,这纯形式直观它的内容,作为它自己本身。它自己本身就是内容,因为只有当它在观念里,它才把自己和自己区别开来。这样区别开来的两方面中的一个方面,就是一个自我同一性,但在这种自我同一性中却包含有形式的全体,作为诸规定内容的体系,这个内容就是逻辑体系。在这里作为理念的形式,除了仍是这种内容的方法外没有别的了,——这个方法就是对于理念各环节〔矛盾〕发展的特定的知识。

附释:一说到绝对理念,我们总会以为,现在我们总算达到至当不移的全部真理了。当然对于绝对理念我们可以信口说一大堆很高很远毫无内容的空话。但理念的真正内容不是别的,只是我们前此曾经研究过的整个体系。按照这种看法，也可以说，＊绝对理念是普遍，但普遍并不单纯是与特殊内容相对立的抽象形式，而是绝对的形式，一切的规定和它所设定的全部充实的内容都要回复到这个绝对形式中。在这方面，绝对理念可以比做老人，老人讲的那些宗教真理，虽然小孩子也会讲，可是对于老人来说，这些宗教真理包含着他全部生活的意义。即使这小孩也懂宗教的内容，可是对他来说，在这个宗教真理之外，还存在着全部生活和整个世界。同样，人的整个生活与构成他的生活内容的个别事迹，其关系也是这样。所有一切的工作均只指向一个目的，及当这目的达到了时，人们不禁诧异，何以除了自己意愿的东西以外，没有得到别的东西。意义在于全部运动。[①] 当一个人追溯他自己的生活经历时，他会觉得他的目的好像是很狭小似的，可是他全部生活的迂回曲折都一起包括在他的目的里了。同样，绝对理念的内容就是我们迄今所有的全部生活经历（decursus vitae）。那最后达到的见解就是：构成理念的内容和意义的，乃是整个展开的过程。我们甚至可进一步说，真正哲学的识见即在于见到：任何事物，一孤立起来看，便显得狭隘而有局限，其所取得的意义与价值即由于它是从属于全体的，并且是理念的一个有机的环节。由此足见，我们已经有了内容，现在我们还须具有的，乃是明白认识到＊内容即是理念的活生生的发展。而这种单纯的回顾也就包括在理念的形式之内。我们前此所考察过的每一个阶

① 从＊号起，列宁摘录了一长段（中有删节），并加了评语。参看《列宁全集》第38卷第256页。——译者注

段，都是对于绝对的一种写照，不过最初仅是在有限方式下的写照。[①] 因此每一阶段尚须努力向前进展以求达到全体，这种全体的开展，我们就称之为方法。

§ 238

思辨方法的各环节为：(α)开始。这就是存在或直接性；它是自为的，简单的理由，因为它只是开始。但从思辨理念的观点看来，它是理念的自我规定。这种自我规定，作为概念的绝对的否定性或运动，进行判断，并设定对它自己本身的否定。那作为开始的存在，最初似乎是抽象的肯定，其实乃是否定，是间接性，是设定起来的，是有前提的。但是存在作为概念的否定（概念能在它的对方得到自身的同一性和自身的确定性），便是尚没有设定为概念的概念，亦即自在的概念。因此这种存在便是尚没有经过规定的概念，亦即只是自在的直接的特定概念，也同样可以说是普遍的东西。

〔**说明**〕如果方法意味着从直接的存在开始，就是从直观和知觉开始，——这就是有限认识的分析方法的出发点。如果方法是从普遍性开始，这是有限认识的综合方法的出发点。但逻辑的理念既是普遍的，又是存在着的，既是以概念为前提，又直接地是概念本身，所以它的开始既是综合的开始，又是分析的开始。

附释[②]：哲学的方法既是分析的又是综合的，这倒并不是说对

① 从＊号起列宁摘录了三行。参看《列宁全集》第 38 卷第 256－257 页。——译者注

② 列宁曾全部摘录了这一大段附释，见《列宁全集》第 38 卷第 257 页。——译者注

这两个有限认识方法的仅仅平列并用，或单纯交换使用，而是说哲学方法扬弃了并包含了这两个方法。因此在哲学方法的每一运动里所采取的态度，同时既是分析的又是综合的。哲学思维，就其仅仅接受它的对象、理念，听其自然，似乎只是静观对象或理念自身的运动和发展来说，可以说是采取的分析方法。这种方式下的哲学思考完全是被动的。但是哲学思维同时也是综合的，它表示出它自己即是概念本身的活动。不过哲学思维为了要达到这一目的，却需要一种认真的努力去扫除自己那些不断冒出来的偶然的幻想和特殊的意见。

§ 239

(β)进展。进展就是将理念的内容发挥成判断。直接的普遍性，作为自在的概念就是辩证法，由于辩证法的这种作用，概念自己本身就把它的直接性和普遍性降低为一个环节。因此它就成为对“开始”的否定，或者对那最初者予以规定。这样，它便有了相关者，对相异的方面有了联系，因而进入反思的阶段。

〔**说明**〕这种进展也同样既是分析的，由于通过它的内在的辩证法只是发挥出那已包含在直接的概念内的东西；又是综合的，因为在这一概念里，这些差别尚未明白发挥出来。

附释：在理念的进展里，“开始”表明其自身还是自在的东西，换言之，它是被设定的，中介性的，既不是存在着的，也不是直接性的。只有对那本身直接意识说来，自然才是开始的、直接性的东西，而精神是以自然为中介的东西。但事实上自然是由精神设定起来的，而精神自身又以自然为它的前提。

§ 240

进展的抽象形式在“存在”的范围内,是一个对方并过渡到一个对方;在“本质”范围内,它是映现在对立面内,在“概念”范围内,它是与个体性相区别的普遍性,继续保持其普遍性于与它相区别的个体事物之中,并达到与个体事物的同一性。

§ 241

在第二范围里,那最初自在存在着的概念,达到了映现;所以它已经是潜在的理念了。这一范围的发展成为到第一范围的回归,正如第一范围的发展成为到第二范围的过渡一样。唯有通过这种双重的运动,区别才取得它应有的地位,即被区别开的双方的每一方就它自己本身来看,都完成它自己到达了全体,并且在全体中实现其自身与对方的统一。唯有双方各自扬弃其片面性,它们的统一才不致偏于一面。

§ 242

在第二范围里,有差别的双方的关系发展到它原来那个样子,即发展到矛盾自己本身。这矛盾表现在无限进展里。这种表现在无限递进中的矛盾,只有在目的里才得到解除。(γ)目的。唯有在目的里,那相区别的事物才被设定为像它们在概念里那样。目的是对最初的起点〔开始〕的否定,但由于目的与最初的起点有同一性,所以目的也是对于它自身的否定。因此目的即是一统一体,在此统一体里,这两个意义的最初作为观念性的和作为环节的,作为被扬弃了的，同时又作为被保存住了的就结合起来了。概念以它的自在存在为中介，它的差异，和对它的差异的扬弃而达到它自己与它自己本身的结合，这就是实现了的概念。——这就是说，这概念包括着它所设置的不同的规定在它自己的自为存在里。这就是理念。对作为绝对的最初（在方法里）的理念来说，目的的达到只是消除了误认开始似乎是直接的东西，理念似乎是最后成果那种假象。——这就达到了“理念是唯一全体”的认识了。

§ 243

由此足见，方法并不是外在的形式，而是内容的灵魂和概念[①]。方法与内容的区别，只在于概念的各环节，即使就它们本身、就它们的规定性来说，也表现为概念的全体。由于概念的这种规定性或内容自身和形式要返回到理念，所以理念便被表述为系统的全体，这系统的全体就是唯一的理念。这唯一理念的各特殊环节中的每一环节既自在地是同一理念，复通过概念的辩证法而推演出理念的简单的自为存在。在这种方式下，〔逻辑〕科学便以把握住它自身的概念，作为理念之所以为理念的纯理念的概念而告结束。

§ 244

自为的理念，按照它同它自己的统一性来看，就是直观[②]，而

① 列宁摘录了这句话。见《列宁全集》第 38 卷第 257 页。——译者注

② 马克思引证了上面这句话，但把“自为的理念”改成“绝对理念、抽象理念”，可资参考。见《黑格尔辩证法和哲学一般的批判》第 30 页，人民出版社 1955 年版。——译者注

直观着的理念就是自然。但是作为直观的理念通过外在的反思，便被设定为具有直接性或否定性的这种片面特性。不过享有绝对自由的理念便不然，它不仅仅过渡为生命，也不仅仅作为有限的认识，让生命映现在自身内，而是在它自身的绝对真理性里，它自己决定让它的特殊性环节，或它最初的规定和它的异在的环节，直接性的理念，作为它的反映，自由地外化为自然。

附释：我们从理念开始，现在我们又返回到理念的概念了。这种返回到开始，同时即是一种进展。我们所借以开始的是存在，抽象的存在，而现在我们达到了作为存在的理念。但是这种存在着的理念就是自然。[①]

---

① 列宁摘录了这节附释的最末一句话，并结合《大逻辑》作了重要评论。见《列宁全集》第38卷第252—253页。——译者注

术语索引*

A

---

* 本索引及后面的人名索引系根据 1923 年莱比锡《哲学百科全书》第三版的索引做出,略有增删。——编者

P

Q

R

S

T

人名索引

J

K

L

N

P

图书在版编目(CIP)数据

小逻辑/(德)黑格尔(Hegel,G. W. F.)著;贺麟译. —2版. —北京:商务印书馆,1980.7(2025.3重印)
(汉译世界学术名著丛书)
ISBN 978-7-100-00558-6

Ⅰ. ①小… Ⅱ. ①黑… ②贺… Ⅲ. ①辩证逻辑 Ⅳ. ①B811.01②B516.35

中国版本图书馆CIP数据核字(2013)第063766号

汉译世界学术名著丛书
小 逻 辑
〔德〕黑格尔 著
贺 麟 译

商 务 印 书 馆 出 版
(北京王府井大街36号 邮政编码100710)
商 务 印 书 馆 发 行
北京市十月印刷有限公司印刷
ISBN 978-7-100-00558-6

1980年7月第2版　　开本 850×1168 1/32
2025年3月北京第39次印刷　　印张 14¾
定价:55.00元